高等职业教育产教融合新形态创新教材

# 油气储运技术虚拟仿真实训

主　编　祝守丽　张　晨　刘　迪
副主编　任军岗　张生贵　肖　刚　黄　波
参　编　廉　阳　李　龙　郑　洁　祁明业
徐卫兵　柳玉均　谢雨兵　刘双全

北京希望电子出版社
Beijing Hope Electronic Press
www.bhp.com.cn

## 内 容 简 介

本书全面介绍了油气储运的核心环节与实训操作，涵盖长距离管道输送、油库管理、油田联合站处理及 LNG 接收站等关键技术。通过理论与实践相结合的方式，本书详细阐述了各模块的工艺流程、设备操作及安全注意事项。

实训部分精心设计了多个仿真实训项目，包括原油管道泵站、输气管道分输增压站、油库及油田联合站等关键设施的模拟操作，旨在培养学生的实际操作能力与问题解决能力。同时，提供了丰富的思考题与实验报告模板，引导学生深入理解并掌握油气储运知识，为未来的职业发展奠定坚实基础。

本书采用工作手册式的编写模式，充分体现校企合作优势，满足企业和学校教学实际需求。

本书适合作为职业院校油气储运技术专业教材，也可作为从业人员的培训教材，以及供相关行业人员参考。

**图书在版编目（CIP）数据**

油气储运技术虚拟仿真实训 / 祝守丽，张晨，刘迪主编.
-- 北京 ：北京希望电子出版社，2024. 8（2025.4 重印）.
ISBN 978-7-83002-862-6
Ⅰ. TE89-39
中国国家版本馆 CIP 数据核字第 2024UA8424 号

出版：北京希望电子出版社
地址：北京市海淀区中关村大街 22 号
中科大厦 A 座 10 层
邮编：100190
网址：www.bhp.com.cn
电话：010-82626293
经销：各地新华书店

封面：汉字风
编辑：龙景楠
校对：周卓琳
开本：787mm×1092mm 1/16
印张：12.5
字数：296 千字
印刷：北京市密东印刷有限公司
版次：2025 年 4 月 1 版 3 次印刷

定价：42. 00 元

# 前言

在能源日益成为全球发展关键因素的今天，油气资源的稳定供应与高效利用成为国家经济安全和社会发展的基石。油气储运工程作为连接油气生产与消费的一个重要环节，其重要性不言而喻。本书正是在这一背景下应运而生，旨在为油气储运工程领域的专业技术人员、在校学生及相关爱好者提供一本集理论性、实践性和前瞻性于一体的实训教材。

本书内容涵盖了油气储运工程中的四大核心模块：油气长距离管道输送、油库、油田联合站以及LNG接收站。每个模块均通过合理的单元划分，深入浅出地介绍了各自领域的基本知识、工艺流程、关键技术和实际操作。

此外，本书特别注重实训环节的设计与实践。通过对“实训”章节的精心编排，我们引入了原油管道泵站仿真教学系统、原油管道仿真教学系统、输气管道分输增压站仿真教学系统、油库仿真教学系统、油田联合站仿真教学系统以及LNG仿真教学系统等多个仿真实训平台。这些平台不仅模拟了真实的工作环境和操作流程，还提供了丰富的实训项目和思考题，帮助读者在理论学习的基础上，通过动手实践加深对专业知识的理解和应用能力。

本书在编写过程中，始终贯彻立德树人的根本任务，将思想政治教育贯穿于专业知识传授与技能培养的全过程。通过挖掘油气储运工程领域的典型人物、重大事件和成功案例，弘扬工匠精神、安全意识和环保意识，引导学生树立正确的世界观、人生观和价值观。同时，结合国家能源战略、绿色发展理念等时代主题，培养学生的爱国情怀和社会责任感，鼓励他们为国家的能源安全和可持续发展贡献自己的力量。

为了确保教材内容的实用性和前沿性，本书采用了校企合作共编的模式。我们邀请了中国石油天然气股份有限公司新疆油田油气储运分公司和新疆新捷能源有限公司的技能专家、技术骨干共同参与了教材的编写工作。他们不仅带来了丰富的实践经验和最新的技术成果，还根据行业发展的实际需求，对教材内容进行了精心设计和优化。这种编写模式不仅增强了教材的针对性和实用性，也为学生提供了更加贴近实际工作环境的学习资源。特别感谢秦皇岛博赫科技开发有限公司为本教材“油库三维仿真虚拟实训”部分提供的视频素材。

本书在编写过程中力求反映当前油气储运工程领域的最新技术和发展趋势。同时，我们也鼓励读者在学习过程中积极思考、勇于创新，不断探索油气储运工程的新理论、新技术和新方法。

**编　者**

**2023年10月**

◎配 套 资 料
◎储 运 发 展
◎运 输 历 史
◎学 习 社 区

**AI技术导师**
**“码”上教你**

# 目　录

# 模块一　油气长距离管道输送

**导读**：管道输送依然是石油工业中不可或缺的运输方式之一，其重要性日益凸显。当前，在一些发达国家，原油通过管道输送的比例已稳定在其总输量的80%以上，成品油的长距离运输则几乎完全实现了管道化，天然气的管道输送量更是占据了其总输量的95%以上。

全球范围内，油气管道建设持续推进，截至2023年年底，全世界油气管道干线长度已远超$250\times10^4$ km。

随着我国经济的持续快速发展和能源结构的不断优化，油气管道建设迎来了新的高潮。截至2023年年底，我国已建成的油气管道总长度已突破$18\times10^4$ km，形成了一个更加庞大、高效、覆盖全国的油气管网体系。这一网络不仅横跨东西、纵贯南北，还深入内陆地区，并有效连接了海外市场，为我国能源的安全稳定供应提供了坚实保障。

随着中国对清洁能源需求的不断增加以及“双碳”目标的持续推进，预计石油、天然气及成品油运输管道的建设速度将继续加快。同时，管道建设也将更加注重智能化、绿色化的发展方向，为构建清洁低碳、安全高效的现代能源体系贡献力量。

通过对本模块的学习，学生会对长距离管道输送有一个整体的认识，包括长距离管道输送的构成和分类等，并对以后的工作环境和工作岗位有一个较为清晰的认识与理解。

## 单元1　对长距离管道输送的认识

### 单元导入

本单元主要讲解油气管道输送的分类、特点、组成以及输油管道的输送方式及输送工艺等。通过对本单元的学习，将对长距离管道输送有一个初步的认识。

### 学习目标

**1. 知识目标**

（1）掌握输油管道的组成及其特点。

（2）掌握原油长距离管道的组成。

（3）掌握输油管道的输送方式及输送工艺。

（4）掌握输油站流程，以及正输、反输、压力越站、全越站、清管器越站等工艺流程及各自优缺点。

### 2. 能力目标

（1）能正确识读输油站常用流程图。

（2）能进行输油站倒流程操作。

### 3. 素质目标

（1）具有较强的学习新知识和新技能的能力。

（2）具有查找资料和获取信息的能力。

（3）具有团结协作操作的能力。

## 基础知识

### 一、对油气储运专业的认识

1. 石油体系的分工

从寻找石油到利用石油大致经过以下5个环节：

（1）石油勘探——寻找原料。

物探：专门利用各种物探设备并结合地质资料在可能含有油气的区域确定石油层位置。

（2）油田开发——提供原料。

钻井：利用机械设备在含有油气的区域钻探出一口油井，并录取该地区的地质资料。

井下作业：利用井下设备在地面向井内放入各种井下工具或生产管柱以录取该井的各项资料，或使该井正常生产出原油或天然气并负责日后石油井的维护作业。

采油：在石油井的正常生产过程中录取石油井的各项生产资料并对石油井的生产设备进行维护。

（3）油气集输：把分散的原料集中起来，经过必要的处理使之成为油田产品的过程，并负责原油的对外输送工作。

（4）石油炼制：将输送到炼油厂的原油按要求炼制出不同的产品，如汽油、柴油、煤油等。

（5）长距离管道输送及城市输配系统等。

2. 油气储运系统任务

油气储运就是油和气的储存与运输。在石油工业内部它是联接产、运、销各环节的纽带，包括矿场油气集输及处理、油气的长距离运输、各转运枢纽的储存和装卸、终点分配油库（或配气站）的营销、炼油厂和石化厂的油气储运等，如图1-1所示。

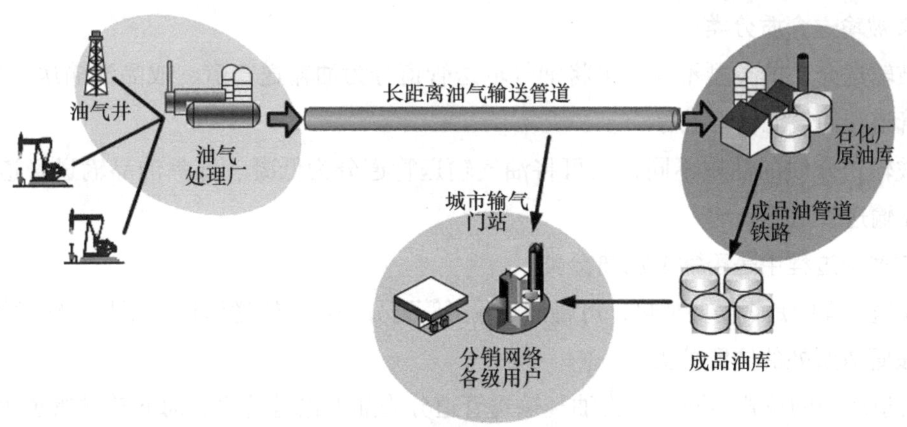


图1–1　油气储运系统任务

## 二、油气管道输送的发展

1. 世界第一条输油管道

1859年8月27日，美国宾夕法尼亚州泰特斯维尔诞生了美国第一个油田。不到半年，这里就有了24口生产井。1860年产出原油9万吨，1866年产量达27万吨。这么多油往哪里放？用什么运输？这是一个难题。最早的盛油工具是装啤酒的木桶。马车、驳船成为第一种"长距离"运输工具。1865年，铁路修进了油区，后来出现了专门的"油罐车"。1865年，美国修建了世界上第一条输油管道，1868年出现了第一台卧式铁路油罐车。

2. 世界第一条工业输气管道

为了适应天然气开采的需要，1886年美国建设了世界上第一条工业规模的长距离输气管道。该管道从宾夕法尼亚州的凯恩到纽约州的布法罗，全长140 km，管径为200 mm。

3. 我国油气管道输送的产生和发展

中国人早在1 000多年前就已经在四川自流井地区使用竹、木管道来输送天然气和卤水。这种管子叫"笕"或"枧"。我国1958年建设了第一条原油输送管道，该管道从新疆克拉玛依油田到独山子炼油厂，全长147 km，管径150 mm。1963年建设了第一条天然气输送管道，该管道从重庆巴县石油沟气田至重庆孙家湾，简称"巴渝线"。

## 三、油气输送管道的分类

1. 按长度和经营方式分类

按长度和经营方式，油气输送管道可分为两类：一类是企业内部的管道，如油气田内的集输管道，其长度一般较短，不是独立经营系统。

另一类是长距离油气输送管道，如我国的鲁宁输油管道、西气东输管道等。这类管道的管径与输量一般较大，距离较长，具有各种辅助的配套工程，是独立的经营单位。长距离油气输送管道简称"长输管道"，也称为干线输送管道。

2. 按被输送介质分类

按被输送介质的类型不同，可将油气输送管道分为油输送管道、成品油输送管道、天然气输送管道和油气混输管道等。

按被输送介质的性质不同，又可将油气输送管道分为低凝、低黏油品输送管道和高凝、高黏油品输送管道等。

3. 按输送过程中是否需要加热分类

按输送过程中是否需要加热，可将油气输送管道分为加热输送管道和不加热输送管道等。

4. 按管道所处的位置分类

按管道所处的位置不同，可将油气输送管道分为陆上输送管道和海底输送管道等。

## 四、输油管道的组成及其特点

### 思考

分析讨论铁路、公路、海运、航空交通运输各自的优缺点，并完成下题。

根据各种运输方式的特点及适用范围为下列各小题选择恰当的运输方式，并说明理由。

A. 河运　　B. 海运　　C. 铁路　　D. 公路　　E. 航空

（1）急救药品：北京—拉萨（　　）

（2）1吨活鱼：密云水库—北京城区（　　）

（3）100吨钢材：鞍山—哈尔滨（　　）

（4）5 000吨海盐：天津—广州（　　）

（5）10万吨大米：武汉—上海（　　）

从上例可以看出，每种运输方式都有其自身的特点和优势。而油气输送一般用管道输送，管道输送有其自身的特点。

**（一）输油气管道的特点**

1. 管道运输的优点

（1）运送量大。

管道输送可以连续运行，其运送量比较大。表1–1提供了在不同管径和压力条件下管道输油量的参考数据，且在管径相同时，提高输送压力，输油量还可再增大。

**表1–1　不同管径和压力条件下管道的输油量**

| 管径/mm | 529 | 720 | 920 | 1 020 | 1 220 |
|---|---|---|---|---|---|
| 压力/MPa | 5.4～6.5 | 5.0～6.0 | 4.6～5.6 | 4.6～5.6 | 4.4～5.4 |
| 输油量/（$\times 10^6$ t/a） | 6～8 | 16～20 | 32～36 | 42～52 | 70～80 |

以年输$36\times 10^6$ t的920 mm输油管道为例。若用铁路油罐车运输相同的油品，以每列火车带40节油罐，每节油罐装油50 t计算，每年需要18 000列火车、每昼夜需要50列火车、不到半小时就需要一列火车出站。可以想象，这将是一个多么庞大的铁路运输系统。

（2）运费低，损耗少。

运送成本是指运送每吨千米油品的价格。运送损耗率是指运送过程中，油品的损耗量占运送油品量的百分数。根据国内的统计资料，几种不同运输方式运送油品的成本与损耗率见表1-2。其中，公路运输的成本最高，水路运输的成本最低；铁路运输的损耗率最高，管道运输的损耗率最低。管道运输的成本略高于水路运输。

**表1-2 我国四种不同运输方式运送油品的成本与损耗率**

| 运输方式 | 管道运输 | 铁路运输 | 水路运输 | 公路运输 |
|---|---|---|---|---|
| 成本/元·$(t\cdot km)^{-1}$ | 0.008 | 0.01 | 0.007 | 0.156 |
| 损耗率/% | 0.2～0.3 | 0.71 | 0.45 | 0.45 |

（3）建设投资小，占地面积少。

管道埋地铺设，投产后约有90%的土地可以耕种，占地只有铁路的1/9，建设投资也比铁路小。

（4）运行平稳，安全性高。

管道运行，受环境、气候、人为等因素的影响较小，对环境污染、破坏小，运行平稳，安全性高。

（5）天然气的产、运、销一体化特点。

由天然气的性质决定，从气田的井口装置开始，经矿场集气、干线输气，再通过配气管网到用户，天然气所经过的各环节构成了一个连续的、密闭的水力学系统。在确定长距离输气管道建设方案时，必须同时将上游的气源建设和下游的市场开发统筹考虑。

2. 管道运输的缺点

（1）输油管道的输量一定性特点。

输油管道的输量一定性特点表现在以下两个方面：一是从经济性考虑，对一定直径的管道，有一定的经济合理的输量范围，如直径1 020 mm的管道，其经济输量为$4\ 200\times 10^4$ t/a，输量高于或低于此数值都会使运输成本增加。本书关于管道运输成本低的结论都是基于经济输量而言的。为了使管道具有较高的运行效益，应使管道的运行输量尽可能接近设计输量。二是从安全性考虑，对于已建成的管道，其最大输量受到泵的性能、管道强度等限制。对于加热输送的管道，又受到由温降确定的最小安全输量的限制。

（2）输送地点的单一性特点。

由于管道输送具有单向、定点的特点，所以其主要用于输量大、用户相对固定情况下的运输，使用起来不如车、船运输灵活、多样。

（3）专用性强，其只能运输石油、天然气及固体料浆（如煤炭等），但是在它占据的领域内，具有固定可靠的市场。

### （二）原油长距离管道的组成

长距离输油管道由输油站、线路以及辅助配套设施等部分构成（图1-2）。

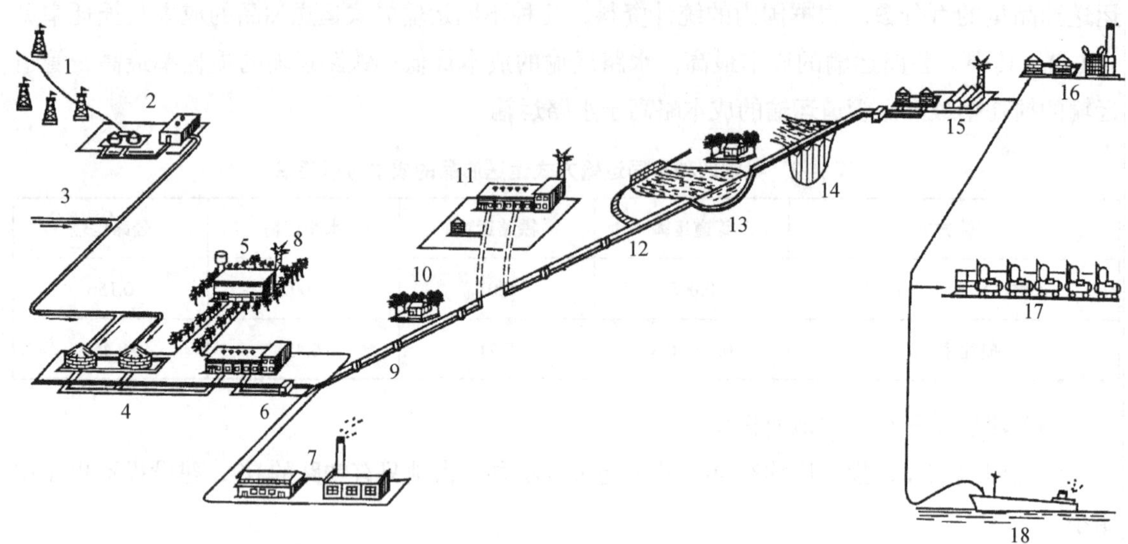


1—井厂；2—转油站；3—来自油品的输油管；4—首站罐区和泵房；5—全线调度中心；6—清管器发放室；7—首站锅炉房、机修厂等辅助设施；8—微波通信塔；9—线路阀室；10—线路维修人员住所；11—中间输油站；12—穿越铁路；13—穿越河流弯管；14—跨越工程；15—末站；16—炼厂；17—火车装油栈桥；18—油轮装油码头。

图1-2　长距离输油管道的构成

1. 输油站

首站、中间站、末站统称为输油站，是原油计量、储存、加压、加热等设备的所在地。

（1）首站。

为了将油品输入管道，并沿管道不停地流动至终点，就必须使其具有一定的能量。输油站的主要功能就是给油品加压、加热。管道起点的输油站称为首站，其任务是接收油田集输联合站、炼油厂生产车间或港口油轮等处的来油，经计量、加压、加热（对于加热输送管道而言）后输入管道。首站一般具有较多的储油设备，以及加压、加热设备和完善的计量设施，如图1-3所示。

（2）中间站。

油品在沿管道的输送过程中，由于摩擦、地形高差、温度差等原因，其压力和温度都会不断地下降。当压力和温度降到某一数值时，为了使油品继续向前输送，就必须设置中间输油站，给油品增压、升温。单独增压的输油站称为中间泵站，单独升温的输油站称为中间加热站，泵站和加热站设在一起的称为热泵站，如图1-4所示。

①正输：来油→7号阀→21号阀→炉→20号阀→16号阀→泵→17号阀→3号阀→下站。

②压力越站：来油→7号阀→21号阀→炉→20号阀→15号阀→3号阀→下站。

③反输：下站来油→4号阀→21号阀→炉→20号阀→16号阀→泵→17号阀→6号阀→上站。

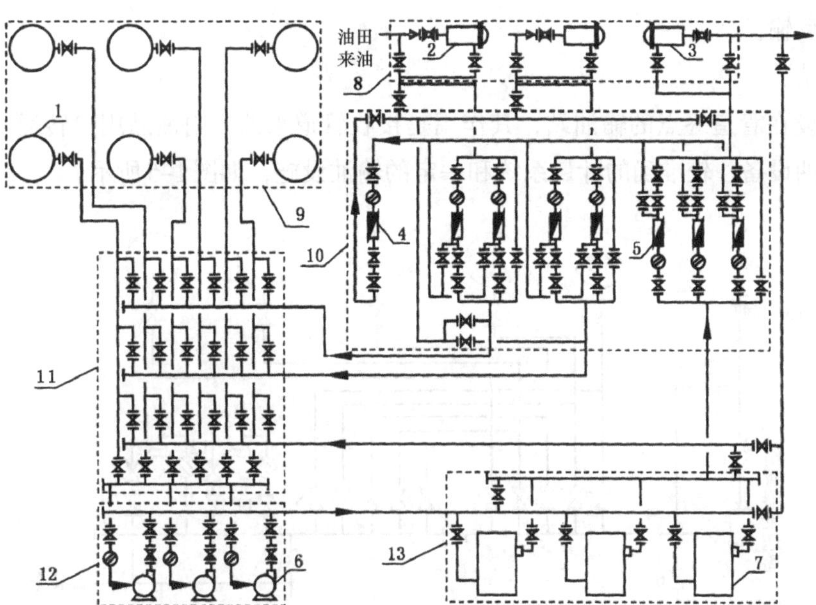


1–储油罐；2–清管器收筒；3–清管器发筒；4–流量计标定装置；5–流量计；6–输油泵；7–加热炉；8–收发球区；9–罐区；10–计量间；11–阀组间；12–输油泵房；13–加热炉区。

图 1–3　输油首站流程图

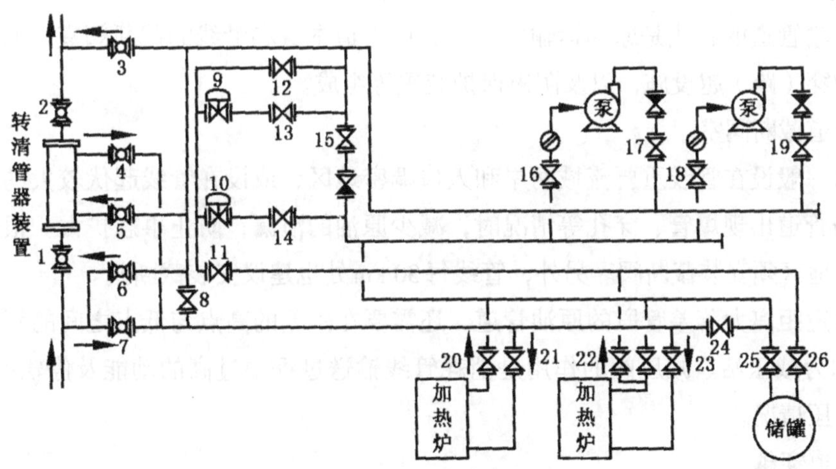


1 ～ 7—球阀；8、11 ～ 26—截止阀；9 ～ 10—调节阀。

图 1–4　输油中间站流程图

④反输压力越站：下站来油→4 号阀→21 号阀→炉→20 号阀→15 号阀→6 号阀→上站。

⑤全越站：上站来油→1 号阀→2 号阀→下站。

⑥清管器越站：上站来油→1 号阀→4 号阀→炉→泵→5 号阀→2 号阀→下站。

反输的目的：一是为了投产前热水预热管道；二是在末站原油出路不畅通、储油罐油装满，或者首站油源不足，而被迫借正反输维持管道最低输量时采取的应急措施；三是当管道发生局部破裂事故，造成一个站间管道停输时，如不能很快恢复输油，全线其他站间管段应组织交替正反输。

（3）末站。

末站是设在管道终点的输油站，其作用是接收管道来油，向油品用户转运。末站一般设有较多的储油设备、较准确的计量系统和一定的输油设施，如图1–5所示。

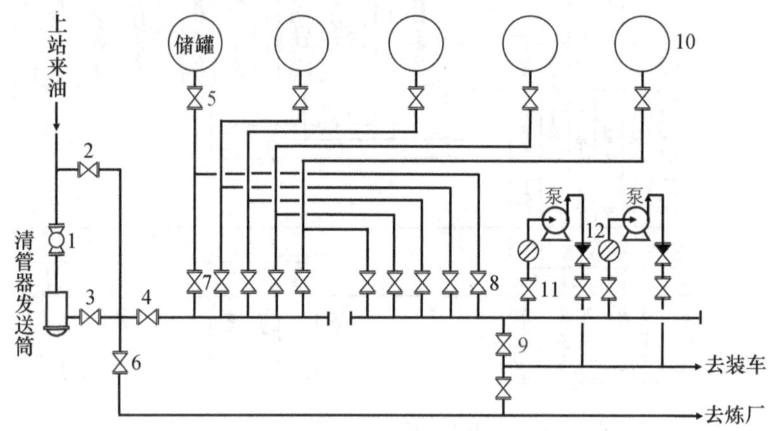


1—球阀；2～12—截止阀。

图1–5　输油末站流程图

2. 管线

原油长输管道的管线是原油运输的通道，由管道本身和沿线的截断阀室，通过河流、公路、铁路的穿（跨）越设施，以及阴极保护装置等组成。

（1）管道截断阀室。

截断阀一般设在管线重要流域两岸和人口稠密地区，或设在管线起伏较大的地域。其主要作用是当管道出现爆管、穿孔等情况时，减少原油的泄漏，防止事态扩大。根据国家现行标准，上述地区须安装截断阀。另外，管线每30 km处也建议安装截断阀。

对于有短距离大落差管段的原油管道，还需要在落差的高点与低点之间的管道安装减压阀，也常称为减压站。减压阀的作用是消耗管线输送过程中过高的动能及停输时的高静压，防止出现超压情况。

（2）管道穿越。

管道穿越是指管道经过公路、铁路、河流及障碍物时，管道从其下面跨过的一种方式。目前，管道经过公路、铁路、河流及障碍物时，主要通过这种方式实现。

（3）管道跨越。

管道跨越是指管道经过公路、铁路、河流及障碍物时，管道从其上面跨过的一种方式。但目前较少采用这种方式，主要是在一些不通船的小型河流、水渠上采用管道跨越的方式。

## 五、输油管道输送方式及输送工艺

### （一）输送方式

根据管输原油的特性，管道的输送方式可以分为等温输送和加热输送两大类。

1. 等温输送

对低凝原油，即输送原油凝点低于输送地区地温的管道采用等温输送方式。该输送方式管道全线沿途仅设置加压站，原油的输送过程中只考虑水力损失。

2. 加热输送

对高凝原油或输送原油的凝点高于输送地区地温的管道采用加热输送方式。对于部分高黏、低凝原油，从节约能源的角度考虑，也采用加热输送工艺。该输送方式管道全线沿途不仅设置加压站，还设置一定数量的加热站，原油的输送过程中有水力损失和热力损失。

### （二）输送工艺

原油管道最常见的输送工艺主要有两种：一是“旁接油罐”输送工艺；二是“从泵到泵”输送工艺，也称为密闭输送工艺。

如图1–6所示，旁接油罐输油流程是：上一站来的输油干线在与下一站输油泵的吸入管道相连的同时，与吸入管道上并联着的油罐相通，该油罐称为旁接油罐，故该种输送流程被称为旁接油罐输油流程。旁接油罐起到调节两站之间输量差额的作用。

密闭输送输油流程是：上一站来的输油干线与下一站输油泵的吸入管道直接相连，如图1–7所示的这种输油流程其特点是全线各站的输量相等，全线构成统一的水力系统。

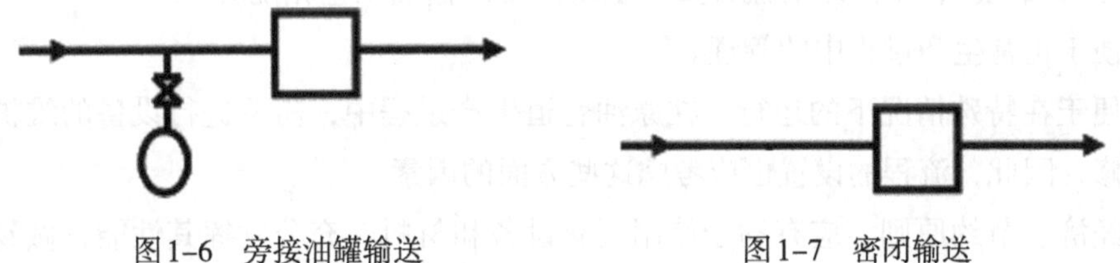

图1–6　旁接油罐输送　　　　图1–7　密闭输送

油品泵后加热，进泵油温虽低，但泵的吸入管短，有利于泵的正常工作，但加热设备承受高压，增加了钢材的消耗和投资，又不安全；油品泵前加热，入泵原油的黏度降低，提高泵效，节约电能，加热装置承压低，但要克服加热装置的压降，吸入管路摩阻大。因此，油品采用泵前加热还是泵后加热要视情况而定。一般原则是“从泵到泵”方式输油采用泵前加热；“旁接油罐”方式输油采用泵后加热。若存在辅助增压泵则在辅助增压泵之后、输油主泵之前加热最为合理。

**思考**

如图1–8所示为某中间站流程图。试分析其输送工艺流程。

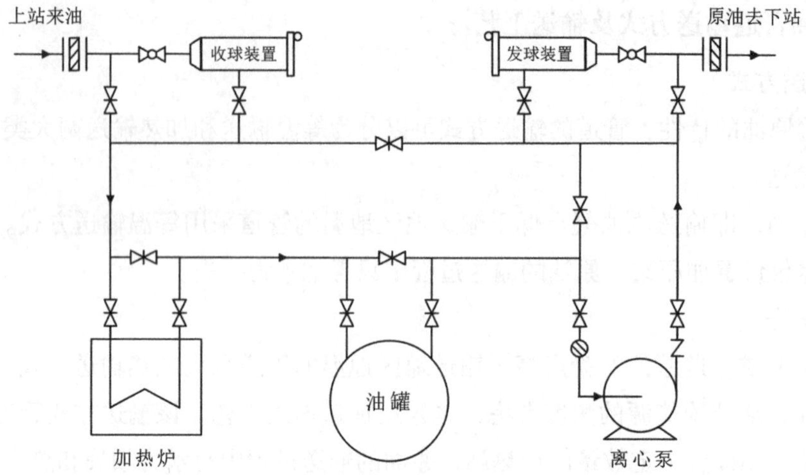


图1-8 某中间站流程图

## 六、输油站总体工艺流程

### （一）流程设置原则

为确保输油管道正常运行，输油站的流程设置一般遵循以下原则。

（1）满足输油运行各环节的需要。输油管道建成后，存在3个生产过程：试运转投产、正常输油、停输再启动，因此，输油站的流程设置应满足上述3个过程的需要。

（2）首、末站的流程要与原油的交接方式及接油、销油（注：接油、销油即接收和销售油品）的方式相适应；中间站的流程要与全线采用的输油工艺相配套。

（3）便于正常生产过程中的管理。

（4）便于在特殊情况下的运行。在原油管道生产过程中，需要进行设备的维护、检修和事故的抢修，因此，流程的设置也应考虑这些方面的因素。

（5）经济、节约原则。应有利于使用现有设备和材料，充分发挥其性能，做到既满足工艺要求，又经济合理，节约投资，减少经营费用。

（6）能促使采用最新科学技术成就，不断提高输油水平。

### （二）输油站流程的基本设置

根据管道总体设计思想，输油站一般设置以下基本流程。

1. 首站

（1）收油进罐流程：接收来油，经计量后进罐储存。

（2）正输流程。

（3）正输热力越站流程。

（4）发球流程。

（5）站内循环流程。

（6）返输收油流程。

2. 热泵站

（1）正输流程。

（2）正输压力越站流程。

（3）正输热力越站流程。

（4）全越站流程。

（5）收、发球流程（或转球流程）。

（6）站内循环流程。

3. 加压站

（1）正输流程。

（2）全越站流程。

（3）转球流程。

4. 加热站

（1）正输加热流程。

（2）全越站流程。

（3）转球流程。

5. 末站（计量）

（1）收油流程。

（2）发油计量流程。

（3）站内循环流程。

（4）收球流程。

（5）返输流程。

**（三）密闭正输倒压力越站流程操作规程**

1. 人员要求

本任务所需人数为2人。

2. 准备工作

（1）工具、用具、材料准备：300 mm × 36 mm活扳手1把，抹布2块，流程切换操作票，记录本以及笔和纸若干，联络电话1部。

（2）穿戴好劳保用品。

3. 密闭正输倒压力越站流程操作

（1）接上级调度通知后，与上、下站及本站有关岗位人员联系。

（2）填写操作票，并模拟操作无误。

（3）对所属设备进行全面检查，当上站降量以后，关闭低压泄压阀。

（4）按照操作规程停运输油泵机组。

（5）检查各部位工作状况和进、出站压力情况。

（6）向上级调度汇报，通知上、下站，并做好流程切换记录。

4. 密闭正输倒全越站流程操作

（1）加热炉按规定要求提前压火降温后停炉。

（2）接上级调度通知后，与上、下站及本站有关岗位人员联系。

（3）填写操作票，并模拟操作无误。

（4）对所属设备进行全面检查，当上站降量以后，关闭低压泄压阀。

（5）按照操作规程停运输油泵机组。

（6）开全越站阀，关进出站阀并泄掉站内余压。

（7）新流程倒通后，全面检查各部位工作状况。

（8）向上级调度汇报，通知上、下站，并做好流程切换记录。

5. 注意事项

（1）流程切换必须遵循“先开后关”原则。

（2）必须遵循“先导通低压，后导通高压”原则；新流程导通后方可切断旧流程。

（3）流程切换操作，必须有人监护方可进行。

6. 输油站流程切换原则

（1）流程的操作与切换，实行集中调度，统一指挥。非特殊紧急情况（如即将发生或已发生火灾、爆管等重大事故），任何人未经调度人员同意，不得擅自操作或改变流程。

（2）流程操作必须严格遵循“先开后关”原则，确认新流程已经导通并过油后，方可切断原流程。

（3）具有高低压衔接部位的流程，操作时必须先导通低压部位，后导通高压部位；反之，先切断高压，后切断低压。

（4）各种流程切换程序必须根据流程切换内容，填写相应的流程操作票，并在实际操作中由专人监护。

（5）流程切换操作时，不得使输油干线压力、油温超高。

## 任务实施

请完成“实训1　原油管道泵站仿真教学系统实训”，见本教材配套实训活页。

# 单元2　常温下油品的管道输送

## 单元导入

低凝、低黏油品的凝固点以及在常温下的黏度都比较低，故常采用不加热管道输送的方式进行运输。不加热管道输送的油品，在离开管道起点一定距离后，其温度等于管道铺设处的环境温度。由于在距离不是很长的情况下，某地区的环境温度在同一时间内可以认为是相同的，所以不加热输送管道也被称为等温输送管道。

本学习情境分为两个项目：一是等温输油管道的认知；二是等温输油管道的运行与管理。通过对这两个项目的学习加深对等温输油管道的认识与掌握，学会其基本知识与操作技能。

## 学习目标

**1. 知识目标**

（1）了解等温输油管道翻越点、水力坡降线、副管或变径管等基本概念。

（2）掌握用解析法与图解法分析中间泵站停输、管道沿线某处漏油、管道沿线出现局部阻塞后工况变化的方法。

**2. 能力目标**

（1）能根据已知参数绘制管道纵断面图，找出翻越点。

（2）会看泵站的布置图。

（3）会分析处理异常工况及相应事故。

**3. 素质目标**

（1）具有团结协作意识；具有理论联系实际能力，能将所学理论知识与实际生产有机结合。

（2）具体目标的确立。独立制订与实施计划的能力、选择合适方案的能力、选择工作过程的能力、分析与解决问题的能力、评估与修订计划的能力、解题的技巧与方式、现实性的评估能力，以及对目标的审查能力。

## 基础知识

### 一、基本概念

1. 管道纵断面图

在直角坐标系中表示管道长度与沿线高程变化的图形称为管道纵断面图（图1-9），它是管道工艺计算与线路施工的重要依据。

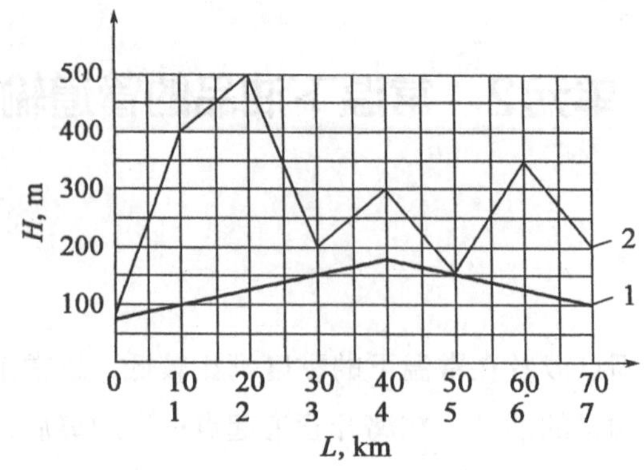


管道1—纵断面线（地形平坦）；管道2—纵断面线（地形起伏）。

图1-9　管道纵断面图

管道纵断面图中的横坐标表示管道离开起点的里程，常用的比例为1∶10 000～1∶100 000；纵坐标表示管道对应里程处的海拔高度，常用的比例为1∶500～1∶1 000。管道纵断面图是在实地测量的基础上，经坐标换算绘制的。目前常用的坐标换算有两种方法：一是在地形比较平坦的地段，根据地形起伏的大小不同，将实际测量所得的地面各点间的水平投影距离乘以1.01～1.03的系数，作为地面的实际长度；二是对于地形起伏比较大的地段，分段利用高程与水平投影长度计算地面线（斜边）长度，各段累加求出全线地面实际长度。

在理解和应用管道纵断面图时，需要注意的是，管道纵断面图上的起伏情况与管路的实际地形并不相同，图上的曲折线也不表示管道的实际长度，水平线才是管道的实际长度。

2. 水力坡降与水力坡降线

单位长度管道上的沿程摩阻损失称为水力坡降，其表达式为：

$$i = \frac{h_l}{L} = \beta \frac{Q^{2-m} \upsilon^m}{d^{5-m}}$$

以水力坡降为斜率的直线称为水力坡降线。水力坡降线的确定方法如下：

（1）按照管道纵断面图纵、横坐标比例，平行于横坐标画出一段线段$ab$（一般取$ab$的长度为10的整数倍）。

（2）由$a$点向上平行于纵坐标作线段$ac$，使线段$ac$的长度等于$ab$管段上的摩阻损失，即：$ca=iab$；

（3）连接$bc$，得到水力坡降三角形，其斜边$bc$的斜率即为水力坡降，如图1-10所示。

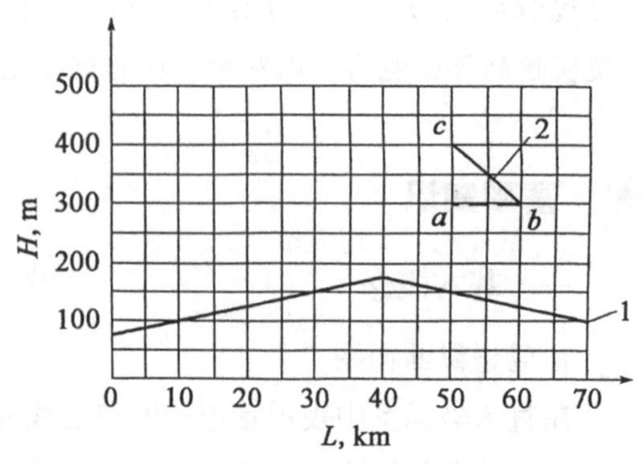


1—管道纵断面线；2—水力坡降线。

图1-10　输油管道的水力坡降线

3. 翻越点

在某些地形起伏较大的管道终端附近，可能会出现这样的点：液体从该点到终点的位差产生的势能大于从该点到终点的流动所消耗的能量。我们把具有这种能量关系的点称为管道沿线的翻越点。在管道的工艺计算中，若按管道终点与起点的位差确定总压降，任务输量下的流体将不能越过翻越点（图1–11）；若按翻越点与起点的位差确定总压降，在相同的输量与管径下，翻越点后将会出现不满流现象（图1–12）。

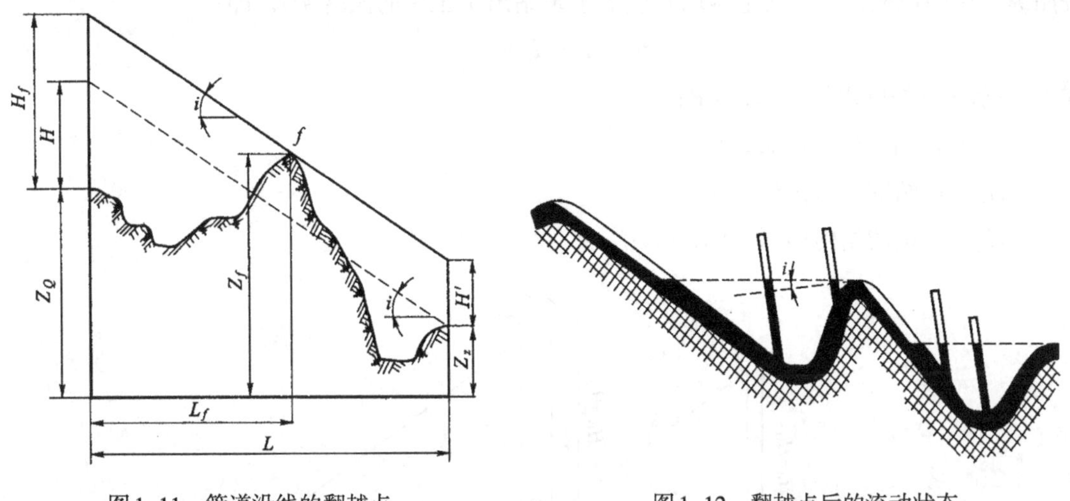


图1–11　管道沿线的翻越点　　　　图1–12　翻越点后的流动状态

4. 管道铺设副管或变径管

在输油管道的工艺设计中，常采用在管道上设置副管或变径管的方式，减少管道的能量损失。

副管一般铺设在管道末端，管径通常与主管相同。变径管一般铺设在管道末端，如图1–13所示。经验证，紊流使用副管与变径管减少压头损失的效果比层流显著。

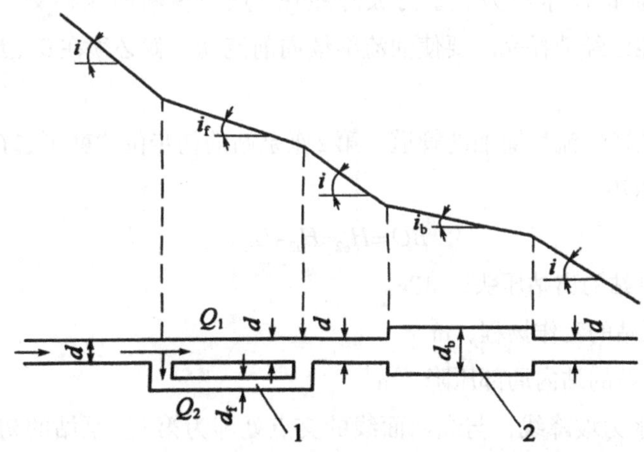


1—副管；2—变径管；$d$—主管内径；$d_f$—副管内径；$d_b$—变径管内径；$Q_1$—主管流量；$Q_2$—副管流量；$i$—主管水力坡降；$i_f$—副管水力坡降；$i_b$—变径管水力坡降。

图1–13　管道铺设副管或变径管

5. 泵站的沿线布置

在输油管道沿线布置泵站，通常是先根据管道的工作参数，在管道纵断面图上画水力坡降线，初步确定泵站的可能布置位置；再结合管道走向的人文、地质、环境、交通、生活等情况适当调整站址。其具体步骤如下：

（1）从管道的首站，即管道纵断面图的起点（如图1–14中的$A$点）开始，向上作垂线，按照纵坐标的比例，在垂线上截取长度等于泵站出站压头的段落$AO$，即：

$$AO=H_{c1}=H_{s1}+H_{i1}-H_{j1}。$$

式中：$H_{c1}$—首站的出站压头，MPa。

$H_{s1}$—首站的进站压头，MPa。

$H_{i1}$—首站的工作扬程，m。

$H_{j1}$—首站的站内局部压降，m。

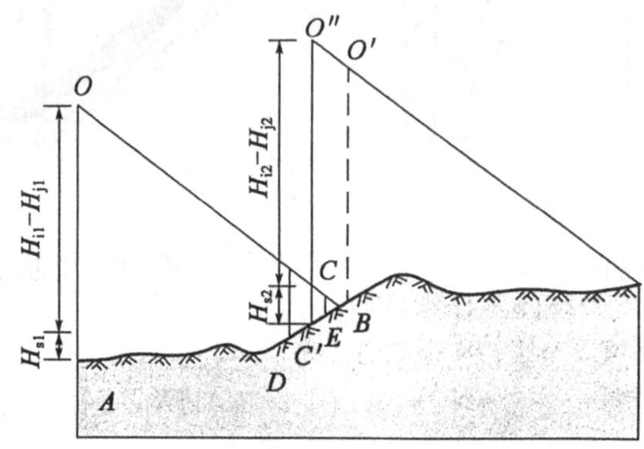


图1–14　输油管道沿线布置泵站图

（2）从点$O$向右作水力坡降线，交纵断面线于$B$点。水力坡降线与纵断面线之间的垂直距离就是管内油流的动水压力。水力坡降线在$B$点与纵断面线相交，表示油流到达$B$点时，首站提供的压能已经消耗完。要使油流继续向前流动，就必须在$B$点或$B$点前设置第2座泵站。

（3）以"旁接油罐"流程输油的管道，第2座泵站的初步位置就可选在$B$点。从$B$点向上作垂线，截取线段$BO'$：

$$BO'=H_{c2}=H_{i2}-H_{j2}。$$

式中：$H_{c2}$—第2座泵站的出站压头，MPa。

$H_{i2}$—第2座泵站的工作扬程，m。

$H_{j2}$—第2座泵站的站内局部压降，m。

从$O'$点向右作水力坡降线，与纵断面线的交点处即为第3座泵站的初步位置。其他各站的位置以此类推，直到管道的水力坡降线与管道终点或翻越点相交。

（4）以"从泵到泵"流程输油的管道，各站的进出站压力相互直接影响，上站的剩余压力可以叠加到下站。为了使下站泵的入口具有一定的压力，在布置泵站时，常留有30～80 m的动水压头作为进站压力。该压头范围所代表的区域为第2座泵站的可能布置区，如图1–14中阴影部分所表示的$DE$段。若将第2座泵站布置在$C'$点，则$H_{s2}$为第2座泵站的进站压头。

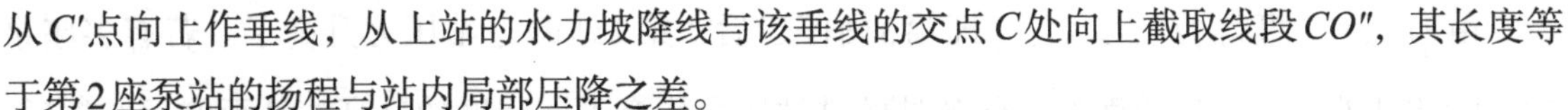

从$C'$点向上作垂线，从上站的水力坡降线与该垂线的交点$C$处向上截取线段$CO''$，其长度等于第2座泵站的扬程与站内局部压降之差。

从$O''$点向右作水力坡降线，用同样的方法确定第3座泵站的初步位置。其他各站的位置以此类推，直到管道的水力坡降线与管道终点或翻越点相交。

6. 动、静水压力

动水压力是指油流沿管道的流动过程中，各点的剩余压力。在管道沿线的纵断面图上，动水压力是纵断面线与水力坡降线之间的垂直高度。动水压力的大小，与地形的起伏、管道水力坡降和泵站的运行等因素有关。动水压力超出设计参数范围的情况，大多发生在中间泵站越站运行时。当某中间泵站由于停电、设备故障等原因引起停运时，需启动压力越站流程。中间泵站压力越站时，由于全线的总供能减少，输量降低，每座泵站的出站压头升高，因此可以通过在管道纵断面图上画水力坡降线的方法校核动水压力。

静水压力是指油流停止流动后，由地形高差产生的静液柱压力。静水压力超出设计参数范围的情况，大多发生在翻越点后的管段或管道沿途高峰后的峡谷地段。

如果动水压力或静水压力在管道某处超过了管道的设计允许范围，可采取局部加大管道壁厚，以及设置减压站、自动截断阀等措施解决。

## 二、等温输油管道事故状态分析

等温输油管道在运行过程中常见的事故状态有中间泵站停输、管道泄漏以及局部阻塞等。

1. 中间泵站停输时的工况变化分析

中间泵站的停输发生在停电、设备故障等情况下。

（1）输量的变化。

采用图解法分析运行的同一条输油管道。当系统正常运行时，由能量供求平衡关系可得管道的输量为：$Q=\left[\dfrac{H_{s1}+4A-\Delta Z}{4B+\beta d^{m-5}\upsilon^{m}L}\right]^{\frac{1}{2-m}}$

当第3座泵站停运后，管道输量变为：$Q_{*}=\left[\dfrac{H_{s1}+3A-\Delta Z}{3B+\beta d^{m-5}\upsilon^{m}L}\right]^{\frac{1}{2-m}}$

从而可知$Q>Q_{*}$，即某中间站停运后，全线的输量减少了。

（2）停运站前各站的进、出站压力变化。

为了分析第2站的进站压力在正常输送和第3站停输时的变化情况，写出第2站进站处至首站在正常输送与第3站停输时的能量平衡关系方程式：

$$H_{s1}+A-BQ^{2-m}=\beta d^{5-m}\upsilon^{m}Q^{2-m}l_{1}+\Delta Z_{2-1}+H_{S2} \tag{a}$$

$$H_{s1}+A-BQ_{*}^{2-m}=\beta d^{5-m}\upsilon^{m}Q_{*}^{2-m}l_{1}+\Delta Z_{2-1}+H^{*}_{S2} \tag{b}$$

（b）-（a）可得：$H^{*}_{S2}-H_{S2}=(B+\beta d^{5-m}\upsilon^{m}Q^{2-m}l_{1})(Q^{2-m}-Q_{*}^{2-m})$

由$Q > Q_*$，可得$H^*_{S2} > H_{S2}$。即第3站停运后，第2站的进站压力升高了。若有多座泵站，除首站外，停运站前面的其他各站的进站压力均有不同程度的升高，且距停运站越近，进站压力的升高值越大。需要注意的是，首站的进站压力为定值，不受输量变化的影响。

正常运行与第3站停运后第2站的出站压头$H_{c2}$分别为：

$$H_{c2} = H_{i2} + H_{s2} = A - B + \beta Q^{2-m} + H_{s2} \tag{a}$$

$$H^*_{c2} = H^*_{i2} + H^*_{s2} = A - B + \beta Q_*^{2-m} + H^*_{s2} \tag{b}$$

（b）-（a）可得$H^*_{c2} - H_{c2} = B(Q^{2-m} - Q_*^{2-m}) + (H^*_{s2} - H_{s2})$

由$Q > Q_*$，$H^*_{S2} > H_{S2}$，可得$H^*_{c2} > H_{c2}$。即第3座泵站停运后，第2站的出站压力升高了。若有多座泵站，同理可得，停运站前面的其他各站的出站压力均有不同程度的升高，且距停运站越近，出站压力的升高值越大。

（3）停运站后各站的进、出站压力变化。

为了分析在正常输送和第3站停输时停运站后面的各站进站压力变化情况，写出第4站进站处至末站在正常输送与第3站停输时的能量平衡关系方程式：

$$H_{s4} + A - BQ^{2-m} = \beta d^{5-m} \upsilon^m Q^{2-m}(L - l_3) + \Delta Z_{4-z} \tag{a}$$

$$H^*_{s4} + A - BQ_*^{2-m} = \beta d^{5-m} \upsilon^m Q_*^{2-m}(L - l_3) + \Delta Z_{4-z} \tag{b}$$

（b）-（a）可得

$$H^*_{s4} - H_{s4} = \left[B + \beta d^{5-m} \upsilon^m (L - l_3)\right](Q_*^{2-m} - Q^{2-m})$$

由$Q > Q_*$，可得：$H^*_{s4} - H_{s4} < 0$。即第3站停运后，第4站的进站压力降低了。若有多座泵站，同理可得，停运站后面其他各站的进站压力均有不同程度的降低，且距停运站越近，进站压力的降低值越大。

根据能量供求平衡关系，第4站的出站压力应等于第4站间管道上的压降，即：

$$H_{c4} = \beta d^{5-m} \upsilon^m Q^{2-m} l_{4-z} + \Delta Z_{z-4} + H_z \tag{a}$$

$$H^*_{c4} = \beta d^{5-m} \upsilon^m Q_*^{2-m} l_{4-z} + \Delta Z_{z-4} + H^*_z \tag{b}$$

$$H^*_{c4} - H_{c4} = \beta d^{5-m} \upsilon^m l_{4-z}(Q_*^{2-m} - Q^{2-m}) + (H^*_z - H_z)$$

其中$H_z$与$H^*_z$分别为正常运行和第3站停运后的终点剩余压力，其变化规律相当于进站压力，即$H^*_z < H_z$；又由于$Q < Q^*$，所以$H^*_{c4} - H_{c4} < 0$，$H^*_{c4} < H_{c4}$。即第3站停运后，第4站的出站压力降低了。若有多座泵站，同理可得，停运站后面其他各站的出站压力均有不同程度的降低，且距停运站越近，出站压力的降低值越大。

**总结：**

“从泵到泵”运行的输油管道某中间泵站停运后，其流量减少；停输站前面的各站进、出站压力均上升，停输站后面的各站进、出站压力均下降。

“旁接油罐”流程运行的输油管道，也可得到类似的结论：压力越站后，停输站前一站的旁接油罐液位上升，后一站的旁接油罐液位下降。为了防止各站旁接油罐的溢罐或抽空，需按停输站前一站的输量调节全线各站的输量。

某中间泵站停输后，管道沿线水力坡降线的变化情况如图1–15所示。绘制该图时应注意以下几点：某站停运后，输量下降，因而水力坡降变小，水力坡降线变平，停运站前后水力坡降相同；停运站前各站的进站压力和出站压力均升高，因而停运站前各站的水力坡降线的起点和终点均比原来高，且越靠近停输站，高出得越多；停运站后各站的进站压力和出站压力均下降，因而某中间泵站停运后，各站间的水力坡降线的起点和终点均比原来低，且越靠近停输站，低得越多。

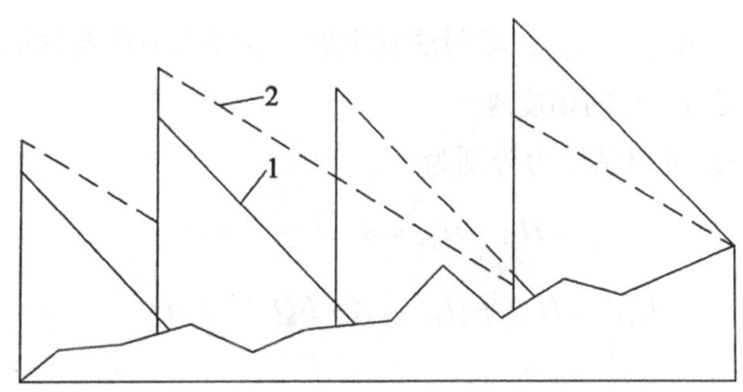


1—正常输送时的水力坡降线；2—中间泵站停输时的水力坡降线。

图1–15　输油管道中间泵站停输后的全线水力坡降变化

2. 管道沿线某处漏油后的工况变化分析

（1）管道沿线某处漏油后的输量变化。

以与前面讨论过的同一条输油管道为例，设在第3站与第4站之间有某漏油点，其漏油量为$q$。漏油前全线的输量为$Q$，若漏油后第3站的输量变为$Q_L$，则第4站的输量变为$Q_{L-q}$。分别列出漏油前后全线的能量供求平衡方程。

漏油前：$H_{s1}+4(A-BQ^{2-m})=\beta d^{m-5}\upsilon^m LQ^{2-m}+\Delta Z$

将上式整理得：

$$H_{s1}+4A-\Delta Z=(4B+\beta d^{m-5}\upsilon^m L)Q^{2-m} \tag{a}$$

漏油后：

$$H_{S1}+(3A-BQ^{2-m})+A-B(Q-q)^{2-m}=\beta d^{m-5}\upsilon^m L_1 Q_L{}^{2-m}+\beta d^{m-5}\upsilon^m(L-L_1)(Q-q)^{2-m}+\Delta Z$$

将上式整理得：

$$H_{S1}+4A-\Delta Z=(3B+\beta d^{m-5}\upsilon^m L_1)Q_L{}^{2-m}+\left[B+\beta d^{m-5}\upsilon^m(L-L_1)(Q_L-q)^{2-m}\right] \tag{b}$$

（a）（b）两式左边相等，且q>0，欲使（a）（b）两式右边也相等，必然有：

$$Q_L>Q>Q_L-q$$

即管道沿线某处漏油后，漏油点前面各站的输量大于漏油发生前的管道输量，漏油点后面各站的输量小于漏油发生前的管道输量。

（2）管道沿线某处漏油后的泵站进、出站压力变化。

分别列出漏油发生前后首站至第3站进站处的能量供求平衡方程。

漏油前：

$$H_{s1}+2(A-BQ^{2-m})=\beta d^{m-5}\upsilon^{m}L_3Q^{2-m}+\Delta Z_{3-1}+H_{s3} \quad (a)$$

漏油后：

$$H_{s1}+2(A-BQ_L{}^{2-m})=\beta d^{m-5}\upsilon^{m}L_3Q_L{}^{2-m}+\Delta Z_{3-1}+H_{s3}{}^{L} \quad (b)$$

（b）-（a）得：

$$H_{s3}{}^{L}-H_{s3}=(2B+\beta d^{m-5}\upsilon^{m}L_3)(Q^{2-m}-Q_L{}^{2-m})$$

由于$Q_L>Q$，所以$H^{L}{}_{s3}<H_{s3}$。即漏油发生后，漏油点前面各站的进站压力降低了，且越靠近漏油点的站，压力下降的幅度越大。

漏油发生前后第3站的出站压力分别为：

$$H_{c3}=H_{i3}+H_{s3}=A-BQ^{2-m}+H_{s3} \quad (a)$$

$$H_{c3}{}^{L}=H_{i3}{}^{L}+H_{s3}{}^{L}=A-BQ_L{}^{2-m}+H_{s3}{}^{L} \quad (b)$$

（b）-（a）得：

$$H_{c3}{}^{L}-H_{c3}=B(Q^{2-m}-Q_L{}^{2-m})+(H_{s3}{}^{L}-H_{s3})$$

由于$Q_L>Q$，$H_{s3}{}^{L}<H_{s3}$，所以$H_{c3}{}^{L}-H_{C3}<0$。即漏油发生后，漏油点前面各站的出站压力降低了，且越靠近漏油点的站，压力下降的幅度越大。

同理可以推得：漏油发生后，漏油点后各站的进、出站压力的变化规律与漏油点前各站相同。“旁接油罐”流程输油某站间管道发生漏油后，参数变化的规律与上述情况类似。漏油点前的站输量增加，旁接油罐可能会抽空；漏油发生后，先是漏油点后管道内的输量减少了，漏油点后泵站的输量在没有实施调节前并没有立即减小，所以，也有可能出现抽空现象。

管道沿线有分输点时，运行参数的变化规律与发生漏油的情况类似。

**总结：**

管道沿线的漏油发生在管道腐蚀穿孔、机械破坏以及人为破坏等情况下，漏油后的全线各站输量、进出站压力等参数都会发生变化。

漏油发生后，漏油点前面各站的出站压力降低了，且越靠近漏油点的站，压力下降的幅度越大。漏油发生后，漏油点后各站的进、出站压力的变化规律与漏油点前各站相同。

“旁接油罐”流程输油某站间管道发生漏油后，参数变化的规律与上述情况类似。漏油点前的站输量增加，旁接油罐可能会抽空；漏油发生后，先是漏油点后管道内的输量减少了，漏油点后泵站的输量在没有实施调节前并没有立即减小，所以，也有可能出现抽空现象。

管道沿线某点发生漏油后全线水力坡降的变化情况如图1-16所示。绘制该图时应注意以下几点：沿线某处漏油，漏油点前输量增加，水力坡降线变陡；漏油点后输量减小，水力坡降线变平；漏油点前各站的进站压力和出站压力均降低，漏油点前各站间管道水力坡降线的起点和终点均比原来低，且越靠近漏油点，低得越多；漏油点后各站的进站压力和出站压力均下降，漏油点后各站间管道水力坡降线的起点和终点均比原来低，且越靠近停输站，低得越多。

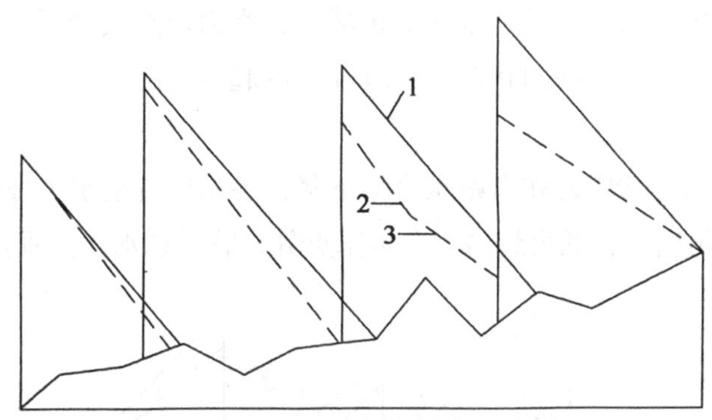


1—正常输送时的水力坡降线；2—漏油点前的水力坡降线；3—漏油点后的水力坡降线。

图 1–16　输油管道发生漏油后全线水力坡降的变化情况

3. 管道沿线出现局部阻塞后的工况变化

管道沿线的局部阻塞出现在管道的严重结垢、结蜡，阀门阀板脱落，清管器卡住以及其他异物阻塞等情况下。

（1）局部阻塞对管道输量的影响。

同样以前面分析的输油管道为例，设在第3站与第4站之间的管道某处$x$出现局部阻塞，则局部阻塞出现前后的能量供求平衡关系分别为：

阻塞发生前：

$$H_{s1}+4(A-BQ^{2-m})=\beta d^{m-5}\upsilon^{m}LQ^{2-m}+\Delta Z \tag{a}$$

阻塞发生后：

$$H_{s1}+4(A-BQ_x^{\ 2-m})=\beta d^{m-5}\upsilon^{m}LQ_x^{\ 2-m}+\Delta Z+h_j \tag{b}$$

（b）－（a）得：$(B+\beta d^{m-5}\upsilon^{m}L)(Q^{2-m}-Q_x^{\ 2-m})=h_j$

由于局部阻塞损失 $h_j>0$，所以 $Q>Q_x$。即管道出现局部阻塞后，全线的输量减少了。

（2）局部阻塞对进、出站压力的影响。

按照与前面的分析相同的方法，分别列出局部阻塞发生前后的能量供求平衡关系，并进行比较，可得出如下结论：管道沿线发生局部阻塞后，阻塞点前面各站的进、出站压力上升了；阻塞点后面各站的进、出站压力下降了；越靠近阻塞点的站，压力变化程度越大；“旁接油罐”流程输油时，阻塞点前一站的旁接油罐有可能溢罐，阻塞点后一站的旁接油罐有可能抽空。

**总结：**

输油管道出现局部阻塞后，全线的输量减少了。阻塞点前面各站的进、出站压力上升了；阻塞点后面各站的进、出站压力下降了；越靠近阻塞点的站，压力变化程度越大；“旁接油罐”流程输油时，阻塞点前一站的旁接油罐有可能溢罐，阻塞点后一站的旁接油罐有可能抽空。

输油管道沿线发生局部阻塞时全线水力坡降的变化情况如图1–17所示。绘制该图时应注意以下几点：沿线发生局部阻塞时，全线输量减少，水力坡降线变平；阻塞点前面各站的进站压力和出站压力均升高，各站间管道水力坡降线的起点和终点均比原来高，且越靠近阻塞点高得越多。

阻塞点后面各站的进站压力和出站压力均下降，各站间管道水力坡降线的起点和终点均比原来低，且越靠近阻塞点，低得越多；在阻塞点处，管道动水压力垂直下降。

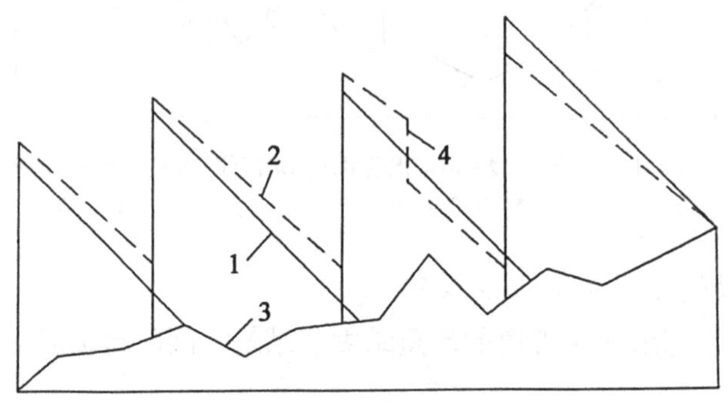


1—正常输送时的水力坡降线；2—发生局部阻塞时的水力坡降线；
3—管道沿线纵断面线；4—局部阻塞压降。

图1–17　输油管道沿线发生局部阻塞时全线水力坡降的变化情况

## 任务实施

请完成“实训2　原油管道仿真教学系统实训”“实训8　油气储运环道实训”，见本教材配套实训活页。

# 单元3 长距离天然气管道输送

## 单元导入

长距离的输气管道使各个油气田与城市、工矿企业等用户相连，是天然气输送的大动脉。进入21世纪以来，我国的天然气管道建设进入高潮，先后建成了由涩北经西宁至兰州（涩宁兰）的天然气管道和西气东输管道，此后还将启动“俄气南送”工程和东南沿海天然气管网工程等。我国还计划在不久的将来建成七个大的区域性管网：东北三省、京津冀鲁晋、苏浙沪豫皖、两湖及江西、西北的新青陕甘宁、西南的川黔渝和东南沿海管网，这七个管网与西气东输、中俄管道相连，将形成与市场需求相匹配的全国性管网，大中城市有2～3个气源。届时，矿场集输、高压长输、中压配气三类管道长度将增加（8～10）$\times 10^4$ km。这些输气管道对改善我国的能源结构将发挥重大的作用。

## 学习目标

**1. 知识目标**

（1）掌握天然气管输系统的基本组成。

（2）掌握天然气管输系统各组成部分的功能和作用。

（3）掌握输气站工艺流程。

**2. 能力目标**

识别输气生产现场工艺流程。

**3. 素质目标**

（1）具有严肃认真和实事求是的科学态度及严谨的工作作风。

（2）具有团结协作的意识。

（3）具有较强的学习新知识和技能的能力，具有查找资料和获取信息的能力。

## 基础知识

### 一、天然气管输系统

天然气的输送方式一般分为两种：一是液化输送；二是管道输送。

天然气的液化输送方式，是将从油气井采出的天然气在液化厂中进行降温压缩升压处理，使之液化，然后分装于特别的绝热容器内，用交通工具如油轮、油槽火车、汽车运至城镇等用户。天然气的液化输送，必须将天然气液化，而使天然气液化的低温条件很困难，其工艺设备复杂，技术条件严格，投资也大，因此液化输送天然气的方式目前采用得较少。对于高度分散的用量小的用户，以及偏远山区不便铺设输气管线，或铺设管线管理困难又不经济的地区，如高寒山区等，天然气液化输送方式有其特殊的灵活性和适应性。天然气液化后，其体积比气态天然气的体积缩小数百倍，这不仅给交通工具输送带来方便，而且比用管道输送大大地提高了输送能力。为此，人们正在研究技术先进的、经济效益高的天然气液化工艺技术。

天然气的管道输送方式，是将油气井采出的天然气通过与油气井相连接的各种管道及相应的设施、设备网络输送到不同地区的不同用户。天然气管道输送方式的优势是输送的天然气量大，给用户供应的天然气较为稳定，具有用户多、地域广、距离长、能连续不断供应等特点。因此管输天然气事业发展迅速，是目前天然气输送的主要方式。

1. 天然气管输系统的基本组成

天然气管输系统是一个联系采气井与用户之间的由复杂而庞大的管道及设备组成的采、输、供网络。一般而言，天然气从气井中采出至输送到用户，其基本输送过程（即输送流程）是：气井（或油井）—油气田矿场集输管网—天然气增压及净化—输气干线—城镇或工业区配气管网—用户。

天然气管输系统虽然复杂而庞大，但将其系统中的管线、设备及设施进行分析归纳，一般可分为四个基本组成部分，即：集气、配气管线及输气干线；天然气增压站及天然气净化处理厂；集输配气场站；清管及防腐站。天然气管输系统各部分之间以不同的方式相互连接或联系，组成一个密闭的天然气输送系统，即天然气是在密闭的系统内进行连续输送的。从天然气井采出的天然气（气田气），以及油井采出的原油中分离出的天然气（油田伴生气），经油气田内部的矿场集输气支线及支干线，输往天然气增压站进行增压后（天然气压力较高，能保证天然气净化处理和输送时不用增压），输往天然气净化厂进行脱硫和脱水处理（含硫量达到管输气质要求的可以不进行净化处理），然后通过矿场集气干线输往输气干线首站或干线中间站，进入输气干线。输气干线上设立了许多输配气站，输气干线内的天然气通过输配气站输送至城镇配气管网，进而输送至用户，也可以通过配气站将天然气直接输往较大用户。由此可见，天然气的管道输送系统，各个环节是紧密联系、相互配合、相互影响的，在天然气管输生产过程中，应统一调度指挥，环环紧扣，各部门按调度指挥行事，做好自己的工作，才能保证整个天然气管输系统的正常安全运行。

2. 天然气管输系统各组成部分的功能和作用

天然气管输系统的输气管线，按其输气任务的不同，一般分为矿场集气支线、矿场集气干线、输气干线和配气管线4类。

矿场集气支线是气井井口装置至集气站的管线，它将各气井采出来的天然气输送到集气站进行初步处理，如分离除掉泥沙杂质和游离的水，脱除凝析油，并节流降压和对气、油、水进行计量。

矿场集气干线是集气站到天然气处理厂或增压站、输气干线首站的管线。它将含硫的且具有较高压力的天然气由集气站送往天然气处理厂；或者将含硫但压力较低的天然气由集气

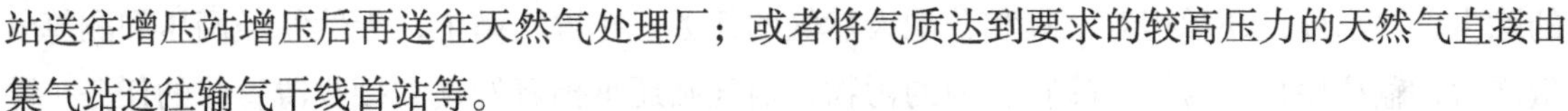


站送往增压站增压后再送往天然气处理厂；或者将气质达到要求的较高压力的天然气直接由集气站送往输气干线首站等。

输气干线是天然气处理厂或输气干线首站到城镇配气站或工矿企业一级站的管线。它将经过脱硫处理后符合气质要求的天然气，或不含硫已符合管输气质要求的天然气，由天然气处理厂或首站输往城镇配气站或工矿企业一级输气站等。

配气管线是输气干线一级站至城镇配气站以及各用户的管线，它将天然气由一级输气站送至城镇配气站，供城镇天然气公司销售，或直接将天然气由一级输气站输往各用户使用。

天然气增压站的任务是给天然气补充能量，将机械能转换为天然气的压能，提高天然气的压力。对于油气井采出来的压力较低的天然气，由于靠其自身压力不能输往净化处理厂或输气干线首站，因此要先将天然气由增压站增压，再输送到天然气处理厂或输气干线首站。

集气站可分为常温分离集气站和低温分离集气站两种。集气站的任务是将各气井输来的天然气进行节流调压，分离天然气中的液态水和凝析油，并对天然气量、产水量和凝析油产量进行计量。

天然气处理厂亦称为天然气净化厂，它的任务是将天然气中的含硫成分和气态水脱除，使之达到天然气管输气质要求，减缓天然气中的含硫成分及水对管线设备的腐蚀作用，同时从天然气中回收硫磺，供工农业等使用。

输气站与配气站往往结合在一起，它的任务是将上站输来的天然气分离除尘，调压计量后输往下站，同时按用户要求（如用气量、压力等）平稳地为用户供气。输气站还承担控制或切断输气干线的天然气气流，排放干线中的天然气，以备检修输气干线等任务。

清管站有时也与输气站合并在一起。清管站的任务是向下游输气干线发送清管器，或接受由上游输气干线进入本站的清管器，从而通过发送和接受清管器的清管作业，清除输气管线内的积水和污物，提高输气干线的输气能力。

防腐站的任务是对输气管线进行阴极保护和向输气管内定期注入缓蚀剂，从而防止和延缓埋在地下土壤里的输气管线外壁遭受土壤的电化学腐蚀及天然气中的少量酸性气体成分和水的结合物对输气管线内壁的腐蚀。

增压站除在输气干线首站前设置之外，还可根据输气工作的需要，在输气干线中设置一个或多个增压站。当天然气输送至输气干线某段，压力较低而不能满足用户需要或影响输气能力时，可设置增压站，给天然气补充压能，以利输送和满足用户需要。

天然气管输系统是一个整体，一处发生故障将影响全局，牵动着方方面面。因此，作为输气工，应认真履行职责，加强维护，规范操作，严格管理，以达到安全、平稳输供气的目的。

## 二、输气站工艺流程

一条输气干线上，建立了不同类型的场站，如增压站、防腐站、清管站、输气站等，它们分别承担着各自的任务。输气站在输气干线上是数量最多的，它除了对天然气进行进一步的除尘、除水外，还承担着汇集和分配天然气的任务。在输气站中，天然气经调压和测算气量之后，输往用户。为了清除管线内的污物，输气站还承担着发送和接收清管球的任务（除在输气干线上单设清管站外，常将清管设备安装在输气站内）。输气站还承担着控制或切断输气干线的天然气流，排放输气干线的天然气，以方便对某段输气干线检修。

1. 输气站的设备、仪表及管线组成

输气站要完成上述种种任务，得依靠站内安装的各种用途不同的设备、仪表及管线。由于不同输气站的输气量、输气压力、气质情况、用户数量等各不相同，各输气站的设备、仪表、管线的规格、数量等也就有所差异。虽然如此，输气站的设备、仪表、管线一般都有以下几种。

分离器：用来分离天然气中少量的液态水、砂粒、管壁腐蚀产物等杂质，保证天然气的气质要求。

气体过滤器：用来清除分离器未能分离除掉的粒度更小的固体杂质，如管壁被腐蚀的产物和铁屑粉末等。

气体除尘器：与气体过滤器的作用相同，用来分离除去天然气中的粉尘杂质。

清管收发球筒：用来进行清管作业，发送和接受清管器，清除管中污物。

加热设备：用以对天然气进行加热，提高天然气的温度，防止天然气中的烃与水形成水合物而堵塞管道设备，影响输气生产。一般在北方大气温度较低的地区装设。

自力式调压阀：用于自动调节输气站或用户的压力。

阀门：用以切断或控制天然气气流的压力、气量。

安全阀：管线设备超压时自动开阀排放天然气泄压，保证管线设备在允许的压力范围内工作，使生产安全无误。

流量计、温度计、压力表、计量罐：用来测量天然气输进时的各种参数，让操作人员做好天然气的调节控制工作。

输气站的管线，有计量管、排污管、放空管、汇管、天然气过站旁通管及计量旁通管等几种类型。进站旁通管在输气站检修时使用，计量旁通管在检修节流装置时使用，汇管用来汇集不同管线的来气和将天然气分配到不同管线、用户，以及实现各种作业。

2. 输气站的工艺流程及工艺流程图

为达到某种生产目标，将各种设备、仪器以及相应管线等按不同方案进行布置，这种布置方案就是工艺流程。输气站的工艺流程，就是输气站的设备、管线、仪表等的布置方案，通过输气站的设备、仪表及相应的工艺流程，就可以完成输气站承担的各种生产任务。在输气生产现场，往往将完成某一种单一任务的过程称为工艺流程，如清管工艺流程、正常输气工艺流程、输气站站内设备检修工艺流程等。

表示输气站工艺流程的平面图形，称之为工艺流程图。看懂工艺流程图，能识别各种设备、仪表，就可以了解和掌握物料（如天然气、水、凝析油等）的走向或来龙去脉。由于有些管线是埋地或架空的，特别是用户较多的较大的输气站，其管线多，而且有规则地集中铺

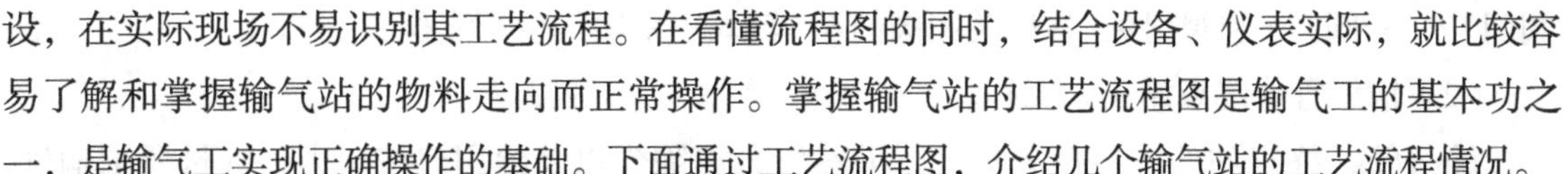

设，在实际现场不易识别其工艺流程。在看懂流程图的同时，结合设备、仪表实际，就比较容易了解和掌握输气站的物料走向而正常操作。掌握输气站的工艺流程图是输气工的基本功之一，是输气工实现正确操作的基础。下面通过工艺流程图，介绍几个输气站的工艺流程情况。

3. 典型输气站工艺流程介绍

各个输气站的工艺流程虽然不尽相同，但都能完成输气站承担的工作。这里介绍3个有代表性的输气站的工艺流程。

（1）输气管线起点站工艺流程。

如图1–18所示为某输气管线起点站工艺流程图。该站的主要任务是进行天然气的分离，排除其中的水和固体杂质，测算天然气流量，发送清管器，排放输气干线的天然气。

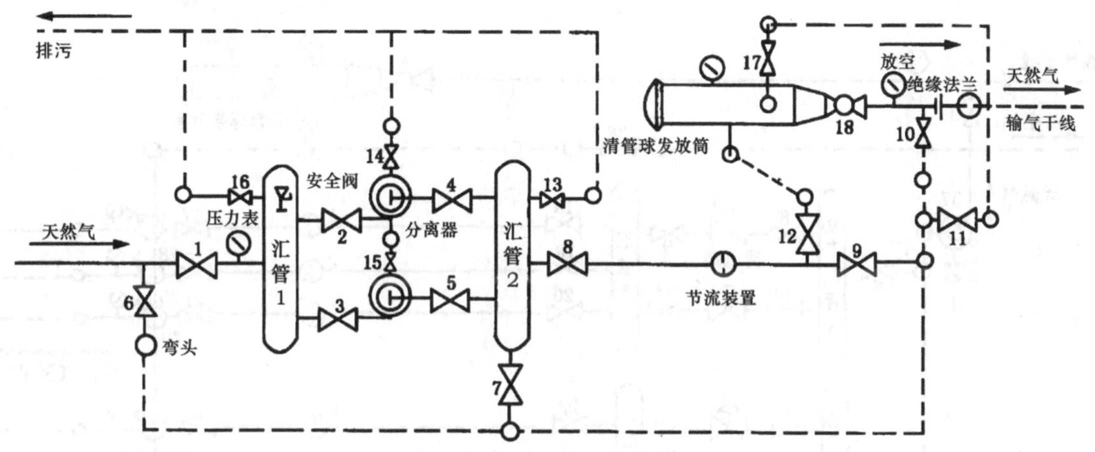


图1–18　某输气管线起点站工艺流程图

如图1–18所示，该站的正常生产流程是：天然气从图中左箭头方向进入本站，经阀门1至汇管1，然后分两路通过两台并联的离心式分离器分离出天然气中的游离水和杂质后，到汇管2，再经节流装置测算流量，然后通过阀门10进入输气干线。此时阀门6，7，11，12，13，14，15，16，17及18均处于全关闭状态。

检修节流装置流程：检修前，开阀门7，关闭阀门8和阀门9，天然气经阀门7和阀门10进入输气干线。检修完毕后，开阀门8和阀门9，关闭阀门7，转为正常输气生产流程。

当排放输气干线天然气时，关闭阀门1、阀门7和阀门9，开阀门11即可。

发送清管器的操作程序如下：开阀门17，排放发球筒内的天然气，开清管发球筒盲板，装入清管器（球）后关闭盲板，关闭阀门17，开阀门12，使球阀18的两端压力平衡，再关闭阀门12，开球阀18，然后关闭阀门10，同时开阀门12，此时天然气从清管球后推动清管球进入输气干线。待清管球发出后，开阀门10、关闭阀门12、关球阀18，天然气转入正常生产流程。同时微开阀门17放掉发球筒内的天然气，使发球筒免于长期受压。

气站的设备检修操作程序如下：开阀门6，关闭阀门1、阀门7和阀门9，然后开阀门12和阀门17排放掉站内设备中的天然气，即可进行检修工作。检修工作完成后，关闭阀门12和阀门17，开阀门1和阀门9，最后关闭阀门6，转入正常输气生产流程。

（2）输气管线终点站工艺流程。

输气管线终点站的主要任务是进行天然气分离除尘以及给用户按压力、气量要求输气，同时也完成其他任务。

如图1–19所示为某输气管线终点站工艺流程图。该站的正常生产流程是：天然气经阀门1首先进入分离器37除尘，然后通过阀门6和阀门7进入汇管1和汇管2，再经两组输出压力不等的自力式调压阀[1]或[2]，[3]或[4]调节后，分别进入汇管3和汇管4，最后分别经过节流装置计量后输往各个用户。

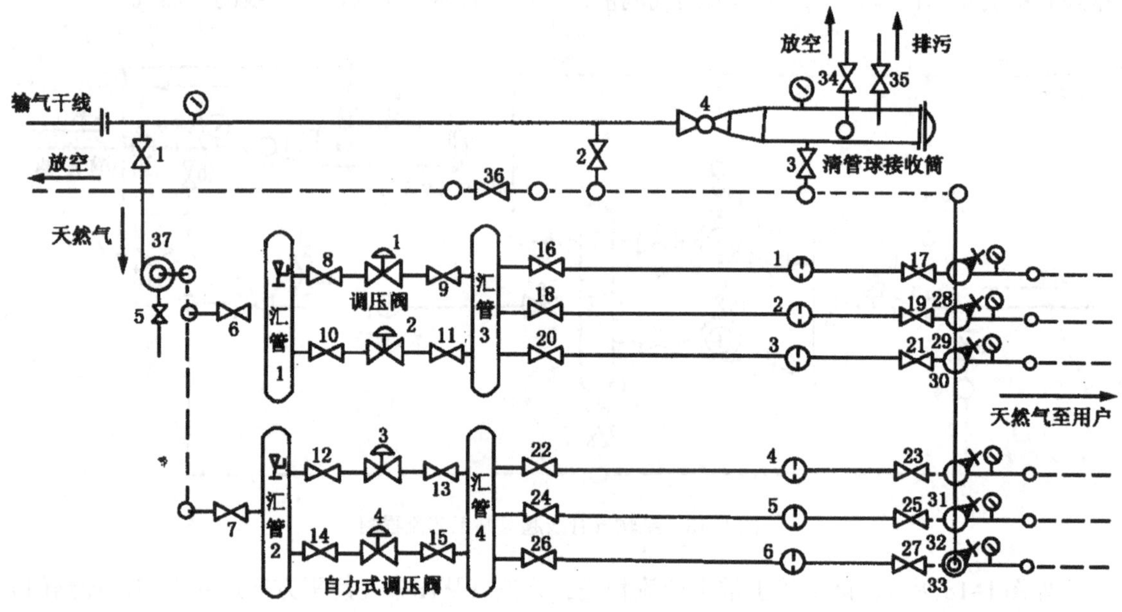


图1–19　某输气管线终点站工艺流程图

该站接收清管球的操作程序如下：当得知上站发送来的清管球到达该站之前，开阀门2和阀门3，使球阀4两端的压力平衡；然后开球阀4，关闭阀门1，开阀门34排放收球筒内的天然气，引球入站；当发现有污物喷出时开阀门35排污，同时关闭阀门34；待清管球进入收球筒后，开阀门1，关闭阀门35，然后关闭球阀4和阀门2、阀门3，转入正常生产流程；最后微开阀门34排放收球筒内的天然气，开启收球筒盲板，取出清管球。

当排放输气干线的天然气时，关闭阀门1，开阀门2和阀门36即可。

分离器等设备的检修程序如下：开阀门2和阀门28，29，30，31，32，33，关闭阀门1、阀门36以及阀门17，19，21，23，25，27，天然气由阀门2进入旁通管，由阀门28，29，30，31，32，33输往用户。设备检修完毕，开阀门1，6，7和阀门17，19，21，23，25，27，关闭阀门2和阀门28，29，30，31，32，33，开阀门36排掉管内天然气后转入输气正常生产流程。

（3）典型输气站工艺流程。

图1–20是一个较为典型的输气干线中间的某个输气站的工艺流程图。该站的主要任务是

进行天然气的分离、调压、计量，发送和接收清管球，排放输气干线的天然气以及给各用户输送天然气。

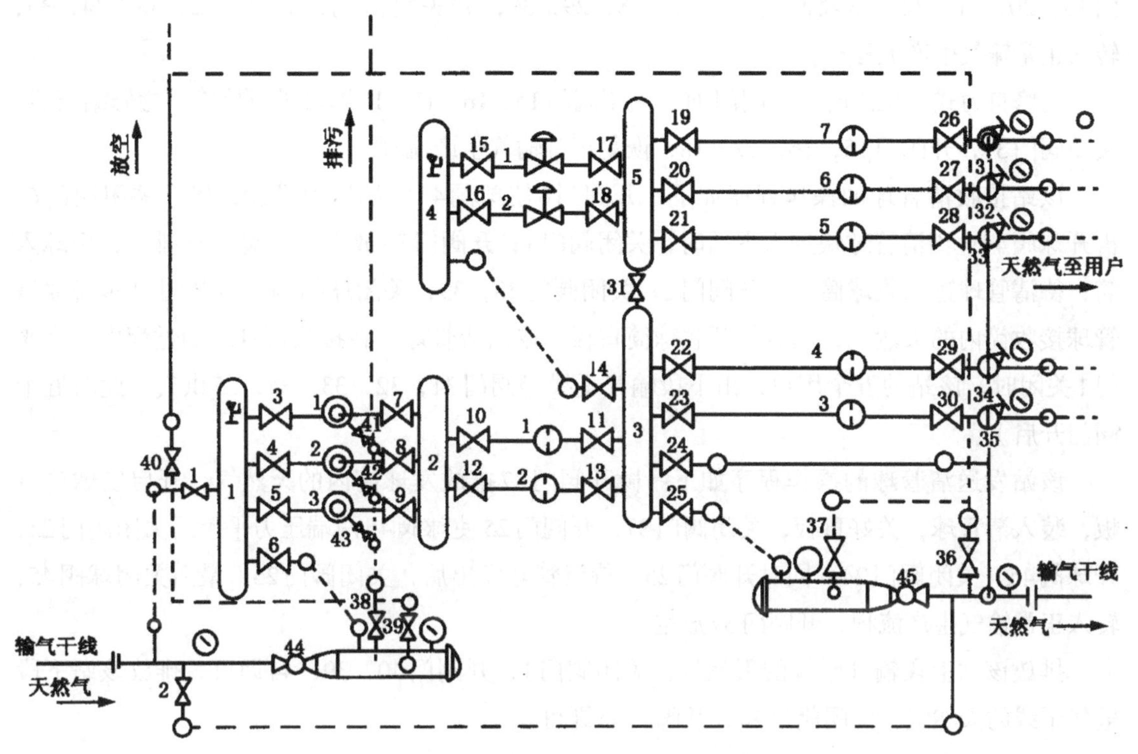


图1–20　输气干线中间的某个输气站的工艺流程图

该站的正常生产流程是：天然气从图1–20的左下方进入本站，经阀门1至汇管1后分别进入分离器1，2，3进行分离除尘作业，其分离的污物由阀门41，42，43排出。天然气经由分离器1，2，3出来后进入汇管2，然后经节流装置1和2节流，测算流量，进入汇管3。从汇管3出来的天然气分为三路：一是经由阀门14进入汇管4，再经过调压阀1和2调压，节流装置5，6，7测算流量后分别输送给三个用户，这三个用户为同一压力系统；二是天然气由阀门24出汇管3输往输气干线；三是经过节流装置3，4输往另外两个用户，它们为同一压力系统，其压力比前述的三个用户高。

站内全部设备检修操作程序如下：开阀门2，关闭阀门1，24，26，27，28，29，30，开阀门25，37排放完站内设备中的天然气，即可开始检修。同时开阀门31，32，33，34，35向各用户输气，不影响用户生产。此时，其他的天然气由阀门2输往下游输气干线。当站内设备检修完毕后，关闭阀门25，37，开阀门1，24，26，27，28，29，30，关闭阀门2，31，32，33，34，35，转入正常天然气生产流程。

该站安装的三台分离器，其中两台用来工作，一台备用。当需要检修分离器时，备用分离器调换使用。如检修分离器1时，使用分离器2和分离器3，关闭阀门3和阀门7，开阀门41放空分离器1中的天然气后即可进行检修。

检修节流装置3，4，5，6，7时，关闭阀门19，20，21，22，23及阀门26，27，28，29，30即可开始检修，同时开阀门24，31，32，33，34，35向用户供气。检修工作完成后，开阀门19，20，21，22，23及阀门26，27，28，29，30，并关闭阀门24，31，32，33，34，35，转入正常输气生产流程。

检修自力式调压阀时，开阀门31，关闭阀门15，16，17，18即可进行检修。检修结束后，关闭阀门31，开阀门15，16，17，18，恢复正常输气生产流程。

该站接收清管球的操作程序如下：开阀门6使球阀44两端压力平衡，然后关闭阀门6，再开球阀44；当清管球快进入本站时，关闭阀门1，开阀门39放空，开阀门38排污，引球入筒；待清管球进入收球筒后，开阀门1，关闭阀门38，39，关闭球阀44，再开阀门39排放清管球接收筒内的天然气，然后打开收球筒盲板，取出清管球。在接收清管球的过程中，当阀门1关闭时，该站的五个用户，由下段输气干线经阀门31，32，33，34，35供气（此时五个阀门开启）。

该站发送清管球的操作程序如下：微开阀门37排放发球筒内的天然气，开启发球筒盲板，装入清管球，关好盲板，关闭阀门37，开阀门25使球阀45两端压力平衡后关闭阀门25，开球阀45，关闭阀门24，同时开阀门25，待清管球发出后，关闭阀门25，最后关闭球阀45，转入正常输气生产流程，开阀门37放空。

排放该站上段输气干线的天然气：关闭阀门1，开阀门40，39，44即可。排放该站下段输气干线的天然气：关闭阀门24，开阀门36即可。

## 任务实施

请完成“实训3　输气管道分输增压站仿真教学系统实训”，见本教材配套实训活页。

## 课程思政

### 克拉玛依石油精神——中国第一条长输管道诞生

克拉玛依，世界上唯一一座以石油命名的城市，这里有新中国第一个大油田——新疆油田，其培育了“安下心、扎下根、不出油、不死心”的新疆石油精神。自1955年成立以来，新疆油田累计生产原油4.4亿吨，天然气1 036亿方，连续22年稳产千万吨以上。勘探开发区域位于准噶尔盆地，属于内陆五个“百亿吨级”盆地之一，有世界最大的砾岩油田——玛湖油田；有首个国家级陆相页岩油示范区——吉木萨尔页岩油。其目标是2030年实现油气新“三分天下”，2035年实现新能源“半壁江山”，2050年全面建成百年大油田。

1956年5月，克拉玛依油田发现之后，经过1年多的钻井、试油，已有74口井投产。为了解决迅猛增长的原油产量与原油运输和原油加工之间的矛盾，原石油工业部决定在克拉玛依至独山子之间修建一条输油管线。1958年12月27日，克独线全线竣工，长达147 km。1959年1月10日，克独线正式投产使用。克拉玛依至独山子输油管线的建成，结束了克拉玛依油田靠汽车拉运原油的历史，揭开了新疆油气管道储运事业的序幕。

1958年3月5日，由35人组成的第一批先遣队伍抵达克拉玛依施工工地，开始搭帐篷、砌炉灶，进行前期准备。4月5日，第2批队伍穿越星星峡，向西挺进。4月17日，第3批人马抵达目的地。

准噶尔盆地环境恶劣，被人们形容为“天上不见鸟，地上不长草，风吹黄沙起，石头满地跑”。其气温变化较大，冬季冷到−40℃以下，夏季气温高达40℃以上，几百里地荒无人烟。生活和工业用水要用罐车从克拉玛依和独山子矿区运送过来。工人们搭帐篷，修葺了一批破烂不堪的地窝子。就是在这样一个艰苦的条件下，他们开始了从来没有人干过，却技术复杂、质量要求高的输油管道工程建设。

克独管线由3条管道平行敷设组成，其中主管管径为DN150，始建于1958年；另一条称为三管（变径管），管径为DN 250/DN 200/DN 150，始建于1960年，第3条为克−独D377 mm管线，始建于1991年，管径为DN350，全长148.616 km，2007年9月独山子末站改扩建为反输首站，克−独D377 mm管线投入反输，该管道采用间歇密闭输送工艺，现运行模式为：由独石化间歇性反输哈萨克斯坦原油（以下简称“哈油”）至克拉玛依总站，管线沿途设六泵站、四泵站两座中间泵站，其中六泵站为中间加热加压工艺，四泵站为加热压力越站工艺流程，设计输量为$250\times10^4$ t/a，最大输量为$300\times10^4$ t/a，最高工作压力为6.4 MPa。

2007年哈萨克斯坦原油通过阿拉山口进入我国抵达独山子，克−独D 377 mm管线以其特殊的地理位置成为油气储运公司哈油调配枢纽中最为重要的生命线之一，用反输哈萨克斯坦来油的方式迎来了克独管线的新纪元。克独管线有着60多年的历史，20世纪末克独管线投入巨资进行了全面自动化建设，使之成为我国自动化程度最高的长输管线之一，具有管理正规、员工素质高、自动化程度高等优势。

克独管线像一道彩虹横贯准噶尔盆地西南边陲的茫茫戈壁。它的建成投产，取代了成本高、原油损耗大的汽车运输，缩短了克拉玛依与独山子之间的距离，也缩短了油田和城市之间的距离，为新中国石油管道运输工程的崛起和发展奠定了基础。管道内流淌出的一股股原油，点点滴滴都是输油管线建设者无私奉献的伟大情怀。克独管线的建成，也是克拉玛依石油精神的具体展现，体现了新中国第一代石油人为国分忧、一心为油的爱国情怀，独立自主、艰苦奋斗的创业精神，自强不息、永不言弃的顽强作风，四海为家、以苦为乐的奉献精神。回望新疆油田开发建设近70年历程，正是因为一代代石油人坚定不移听党话、跟党走的信念，怀揣“我为祖国献石油”的使命，不断为国家能源安全贡献克拉玛依力量，才沉淀出了新疆石油精神，成为克拉玛依最宝贵的财富。

2016年6月，习近平总书记指出，“石油精神”是攻坚克难、夺取胜利的宝贵财富，什么时候都不能丢，要求大力弘扬以“苦干实干”“三老四严”为核心的石油精神。石油精神是我国石油战线广大干部职工在为国家石油工业艰苦奋斗过程中所锻造的崇高理想信念、先进价值观念、高尚道德品质、优秀职业素养等精神成果，是克拉玛依精神、大庆精神、铁人精神、玉门精神、长庆油田“磨刀石”精神等各具特色的石油行业精神的总和。当然，从更大范畴上说，石油精神是中华民族精神的重要组成部分，是中国共产党人精神谱系的有机构成部分。

# 模块二 油 库

**导读**：本模块通过对油库相关理论知识的讲解，帮助学生全面了解油库的定义、油库的作用、油库的分类、油库的组成与分区及油库涉及的基本工艺流程。通过对本模块的学习，学生能基本掌握油库在油气储运过程中的重要地位与意义、油库涉及的储存与装卸工艺流程，为后续专业知识的学习奠定基础。

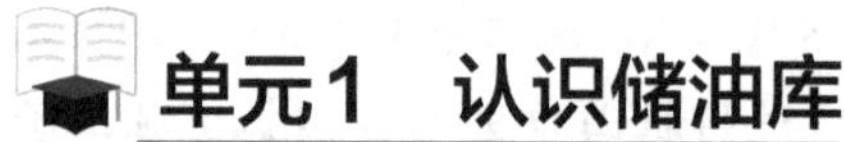

## 单元1 认识储油库

### 单元导入

同学们有没有思考过，生产、生活中所需的各种油品都储存在哪里呢？为了安全、高效地储存这些油品，我们又需要做哪些工作呢？下面让我们一起来学习储油库的相关知识吧！

本单元着重介绍储油库的定义、作用与分类，为后续专业知识的学习奠定基础。

### 学习目标

**1. 知识目标**

（1）知道储油库的定义。

（2）知道储油库的作用。

（3）掌握储油库的分类。

**2. 能力目标**

（1）能对常见的储油库进行正确的分类。

（2）能理解储油库分类的依据与意义。

**3. 素质目标**

（1）培养爱岗敬业的职业素养。

（2）培养精益求精的工匠精神。

AI技术导师
"码"上教你

◎学习社区
◎运输历史
◎储运发展
◎配套资料

## 基础知识

### 一、什么是储油库

储油库是用于接收、储存、中转和发放石油及其产品的企业和生产管理单位。它是维系石油及其产品生产、储存、加工、销售、运输及应用的纽带，是调节油品供求平衡的杠杆，同时又是国家石油及其产品供应和储备的基地。它在保障国家能源安全、促进国民经济发展中起着非常重要的作用。

### 二、储油库的分类

储油库的种类繁多，常见的分类方法如下。

1. 按管理体制和业务性质分类

按管理体制和业务性质的不同，可将储油库分为独立油库和企业附属油库两类，如表2–1所示。

**表2–1　储油库分类**

| | | | |
|---|---|---|---|
| 储油库 | 独立油库 | 民用油库 | 储备油库、中转油库、分配油库 |
| | | 军用油库 | 储备油库、供应油库、野战油库 |
| | 企业附属油库 | 油田原油库、炼油厂油库、化工厂油库、机场油库、港口油库、农机站油库、其他企业附属油库 | |

独立油库是指专门接收、储存和发放油品的独立企业和生产管理单位，其特点是自主经营、独立核算、自负盈亏。

企业附属油库是各企业为了满足本部门生产、经营需要而设置的，如油田原油库（首站）、炼油厂原油及成品油库等均属于企业附属油库。

2. 按建库形式分类

按建库形式的不同，储油库又可分为地上油库、地下油库、半地下油库、山洞油库、水封石洞油库和海上油库等。

（1）地上油库。

地上油库的储油罐等主要设施建在地面上，具有节省投资、建设速度快、便于使用管理、易于检查维修等特点，是目前主要的建库形式；但其占地面积大，且由于地面昼夜温差大，油品的蒸发损耗较严重，着火的危险性也较大。另外，这种储油库因建于地面上，目标明显，战时易遭受攻击，不适宜作为需要防护的储备油库和某些重点油库。

（2）地下油库和半地下油库。

地下油库和半地下油库的储油罐等主要设施部分或全部建在地下。这种储油库储油温差小，油品的蒸发损耗小，着火的危险性也小；但其投资大，工期长，使用和管理不便，检修也较为困难。

（3）山洞油库。

山洞油库是将储油罐等主要设施建在人工开挖的洞室或天然的山洞内，其施工困难，时间长，造价高；但隐蔽性较好，具有较强的防护能力，而且油品蒸发损耗小。战略石油储备库和军用油库等多采用这种建库形式。

（4）水封石洞油库。

水封石洞油库是指利用油、水不能互溶的特性，采用水封原理储存油料。它是在有稳定地下水位的岩体内开挖人工洞室，利用稳定的地下水位，将油品封存于地下洞室中。这种储油库容量大，油品损耗少，隐蔽和防护能力强，建设费用较低；但施工时间长，需要有良好的岩层和稳定的地下水位，技术条件要求较高，库址选择较为困难。

（5）海上油库。

海上油库主要是为适应海上石油开采而发展起来的一种储油形式，主要用于接收和转运海上采出的原油，其形式可分为漂浮式和着底式两类。

漂浮式海上油库是指将储油设施制成储油船或储油舱，让其漂泊在海面上组成储油系统。这个系统既可建在沿海海域，也可建于石油开采的海域。

着底式海上油库是指将储油设施制成储罐，并让其固着于海底，形成水下储油系统。其中储油罐往往同其他生产设施结合起来组成一个整体性结构，如利用水下储油罐作为采油平台的基础等。

3. 按储油能力分类

储油库主要储存原油、成品油等易燃易爆介质，油库容量越大，发生火灾或爆炸等事故造成的损失也越大。因此从安全防火的角度出发，根据油库总容量的大小，将油库分为若干等级并制定与其相对应的安全防火标准，以保证油库安全。依据《石油库设计规范》（GB 50074—2014），按储油库的储油能力不同，可将石油库分为特级、一级、二级、三级、四级和五级，其具体划分标准见表2-2。

**表2-2　石油库的等级划分**

| 等级 | 石油库储罐计算总容量 $TV/m^3$ | 等级 | 石油库储罐计算总容量 $TV/m^3$ |
|---|---|---|---|
| 特级 | 1 200 000 ≤ $TV$ ≤ 3 600 000 | 三级 | 10 000 ≤ $TV$<30 000 |
| 一级 | 100 000 ≤ $TV$<1 200 000 | 四级 | 1 000 ≤ $TV$<10 000 |
| 二级 | 30 000 ≤ $TV$<100 000 | 五级 | $TV$<1 000 |

注：①表中总容量$TV$不包括零位罐、中继罐、放空罐的容量；

②甲A类液体储罐容量、Ⅰ级和Ⅱ级毒性液体储罐容量应乘以系数2计入储罐计算总容量，丙A类液体储罐容量可乘以系数0.5计入储罐计算总容量，丙B类液体储罐容量可乘以系数0.25计入储罐计算总容量。

石油库储存液化烃、易燃和可燃液体的火灾危险性分类见表2-3。

表2–3 石油库储存液化烃、易燃和可燃液体的火灾危险性分类

| 类别 | | 特征或液体闪点 $F_t$ |
|---|---|---|
| 甲 | A | 15 ℃时的蒸气压力大于0.1 MPa的烃类液体及其他类似的液体 |
| | B | 甲A类以外，$F_t$<28 ℃ |
| 乙 | A | 28 ℃≤$F_t$<45 ℃ |
| | B | 45 ℃≤$F_t$<60 ℃ |
| 丙 | A | 60 ℃≤$F_t$≤120 ℃ |
| | B | $F_t$>120 ℃ |

注：①操作温度超过其闪点的乙类液体应视为甲B类液体；
②操作温度超过其闪点的丙A类液体应视为乙A类液体；
③操作温度超过其沸点的丙B类液体应视为乙A类液体；
④操作温度超过其闪点的丙B类液体应视为乙B类液体；
⑤闪点低于60 ℃但不低于55 ℃的轻柴油，其储运设施的操作温度低于或等于40 ℃时，可视为丙A类液体。

此外，还可按运输方式将油库分为水运油库、陆运油库和水陆联运油库等；按照储存油品的种类将油库分为原油库、成品油库等。

## 三、储油库的作用

按照储油库性质的不同，可将储油库的作用概括为以下四个方面：

（1）作为原油生产基地，用于集积和中转油品。

油田矿场原油库、海上油库是一种集积和中转性质的储油库，其业务特点是油品储存品种单一，收发量大，周转频繁。

油田矿场原油库是油田输转储存油品的核心单位，它关系到油田和炼油厂等单位的正常生产。油田矿场原油库一般从油田集输联合站通过管道来油，利用长输管线向原油用户输油，其储油容量及输送能力必须保证油田生产和用户用油的需要。因此，油田矿场原油库一般都拥有较大容量的储油设备和输油泵房，以便及时地接收和输转油田来油。

海上油库一般是集积海上平台生产的原油，并输转到相关单位。当海上平台离岸比较近时，原油可经海底管线送往陆上油库；当平台位置离陆地较远或在储油量大、海上气象条件不良的地区时，建立海上油库则是经济和必要的。

（2）作为油品供应基地，用于协调消费流通领域的平衡。

销售企业的分配油库和部队的供应油库都是直接面向油品消费单位的流通部门，其业务特点是油品周转频繁，经营品种较多，每次数量相对较少，一般是铁路或油轮（水运油库）来油，桶装、汽车油罐车或油驳向外发油。这类油库有较大的收发油系统和较多的桶装仓库、桶堆场和相应的修洗桶设备，有的还有油品调和及再生装置。

（3）作为企业附属部门，用于保证生产。

炼油厂的原油库、成品油库以及机场、港口等油库是企业附属油库，其主要任务是保证

生产的正常进行。

炼油厂的原油库和成品油库是炼油厂接收原油和发放成品油的部门。为了保证生产的需要，原油库中常设置一些脱盐、脱水的预处理设备；成品油库多设有油品调和等设备，以便将上一级油品处理装置送来的半成品油按照国家标准调制成符合质量标准的成品油。

机场或港口油库是一种专业性很强的油库，其主要任务是给飞机和船舶加油，油库的设施和容量根据飞机和船舶的要求确定。这类油库多设在机场和港口附近，并尽可能地加以隐蔽和防护。

（4）作为石油战略储备基地，保证国家非常时期需要。

国家石油战略储备油库的主要任务是为国家储存一定数量的战略油料，以保证市场稳定和在紧急情况下的用油。储备油库的容量和位置一般是根据经济和国防的要求来确定的，其特点是容量大，储存时间长，周转系数小，品种比较单一。因储备油库大多具有重要的战略意义，对油库本身的防护能力和隐蔽要求都较高，因此，储备油库大都建成地下油库或山洞油库。

## 四、储油库的分区

围绕油品的收发和储存作业要求，储油库内应设置必要的设施，这些设施宜分区布置。根据业务性质的不同，储油库一般可分为储罐区、易燃和可燃液体装卸区、辅助作业区和行政管理区等多个区域，其平面布置如图2-1所示，区内主要建（构）筑物见表2-4。

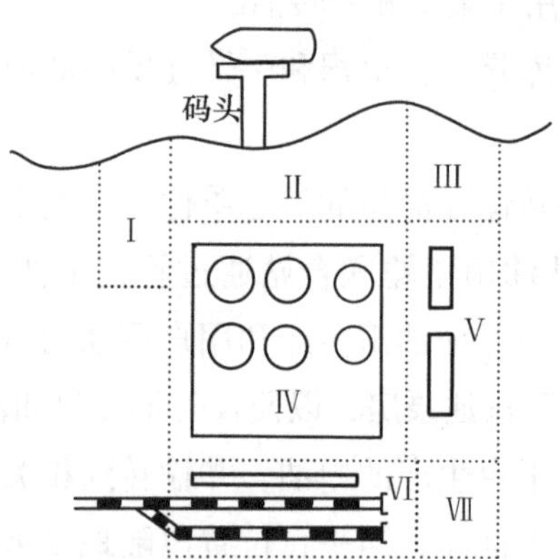


Ⅰ—含油污水处理区；Ⅱ—水运装卸区；Ⅲ—辅助作业区；Ⅳ—储罐区；
Ⅴ—汽车罐车和桶装油发放区；Ⅵ—铁路装卸区；Ⅶ—行政管理区。

图2-1　储油库分区示意图

**表2-4　储油库各区内的主要建（构）筑物或设施**

| 分区 | | 区内主要建（构）筑物 |
|---|---|---|
| 储罐区 | | 储油罐组、易燃和可燃液体泵站、变配电间、现场机柜间等 |
| 易燃和可燃液体装卸区 | 铁路装卸区 | 铁路罐车装卸栈桥、易燃和可燃液体泵站、桶装易燃和可燃液体库房、零位罐、变配电间、油气回收处理装置等 |

续表

| 分区 | | 区内主要建（构）筑物 |
|---|---|---|
| 易燃和可燃液体装卸区 | 水运装卸区 | 易燃和可燃液体装卸码头、易燃和可燃液体泵站、灌桶间、桶装液体库房、变配电间、油气回收处理装置等 |
| | 公路装卸区 | 灌桶间、易燃和可燃液体泵站、变配电间、汽车罐车装卸设施、桶装液体库房、控制室、油气回收处理装置等 |
| 辅助作业区 | | 修洗桶间、消防泵房、消防车库、变配电间、机修间、器材库、锅炉房、化验室、污水处理设施、计量室、柴油发电机间、空气压缩机间、车库等 |
| 行政管理区 | | 办公用房、控制室、传达室、汽车库、警卫及消防人员宿舍、倒班宿舍、浴室、食堂等 |

1. 储罐区

储罐区又称为储油区，是储油库储存油品的区域，也是储油库的核心部位，其主要设施是储油罐，根本任务是保证储油安全、防止火灾和泄漏事故发生。

在储罐区布置时，要根据《石油库设计规范》（GB 50074—2014）要求布置储油罐的位置，一般将轻油与黏油分开布置；同时设置消防系统，采取防雷、防静电、安全监视等综合安全措施，确保储油库作业安全。

此外，地上油罐和半地下油罐的油罐组都应设置防火堤，其作用主要是防止发生火灾时罐区内的油品外溢扩散，阻止火势蔓延。

2. 易燃和可燃液体装卸区

易燃和可燃液体装卸区是油品进出储油库的一个通道，其主要任务是灌装和接卸油品，主要设施是装卸油泵房及其配套设施。根据装卸作业形式的不同，可将其分为铁路装卸区、水运装卸区、公路装卸区3种。

3. 辅助作业区

辅助作业区是为了保证储油库正常生产而设置的辅助性设施作业区，主要包括锅炉房、变配电间、机修间、器材库、化验室、污水处理设施及消防泵房等。这些设施在操作上具有一定的特殊性（如用火、用电、有污染等），又有相对的独立性，因此，在进行平面布置时，为便于安全管理，应尽可能将它们集中在一个区域。

4. 行政管理区

行政管理区是储油库的行政和业务管理区域，其主要设施有办公用房、控制室、警卫及消防人员宿舍等。为了便于管理，方便来往，该区一般布置在库内靠近大门的位置。

此外，油库生活设施，如家属宿舍、娱乐活动场所等应设置在库区外，并与库区有一定距离。

## 五、储油库基本工艺流程

储油库工艺流程是对储油库内部油品流向的总说明，它通过管线、阀门、泵等将装卸油设施、储油罐、灌装设备等有机地联系起来，是指导储油库安全生产和作业调度的重要依据。

储油库的工艺流程有各种不同的设计，但一般应满足下列要求：

（1）在满足储油库正常生产的前提下，做到安装操作检修方便，运行经济，安全可靠，调度灵活，减少周转。

（2）尽量采用新技术、新工艺、新设备，合理利用各种能量，确保工艺流程的先进性。

（3）充分考虑储油库投产运行、事故处理、停产和正常生产等方面的要求并予以满足。

（4）尽量避免管线的交叉，做到美观、简化，节省投资。

**（一）油罐区工艺系统**

1. 单管系统

如图2–2所示，单管系统是在每组油罐上各设一根输油管，其特点是流程简单，所需管道少，建设费用低。但油罐只有一条管道兼作进出油管道，因此同一时间只能进行发油作业或收油作业，不能同时收发油，且同组油罐间无法输转；一条管线发生故障时，同组的所有油罐均不能操作。这种系统一般应用在品种单一、收发业务量较少、通常不需要输转作业的罐区。

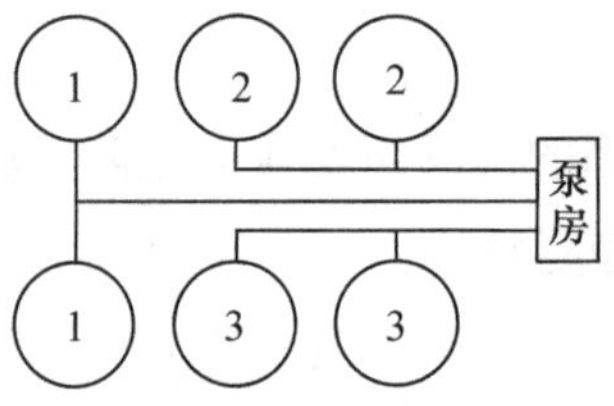


图2–2　单管系统

2. 独立管道系统

如图2–3所示，独立管道系统是在每个油罐上单独设置一根管道通入泵房，其特点是布置清晰，专管专用，操作方便，不用排空；但其管材消耗大，泵房管组多，造价高。这种流程在罐区应用也较多，一般用于润滑油管道，针对品种数量多、品质要求高、油品间不能相混，同时业务量相对较少、不需要经常倒罐的油品。

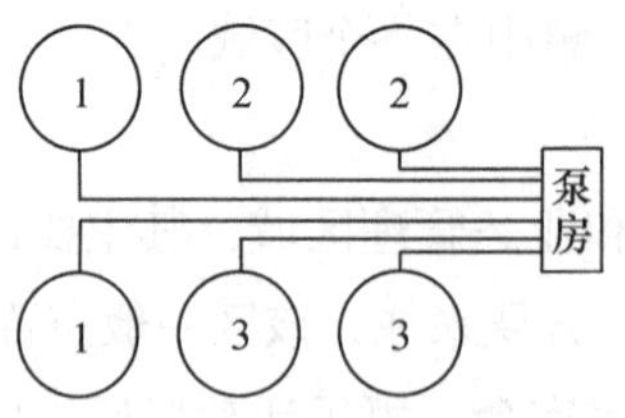


图2–3　独立管道系统

3. 双管系统

如图2–4所示，双管系统是在每组油罐上设两根输油管，分别用于收油作业和发油作业。其特点是同组油罐间可以互相输转，也可同时进行收发油作业；但双管系统在进行转输作业时，不能再进行收发作业。作业量较大、同组油罐大于两个以上的油库常采用双管系统。

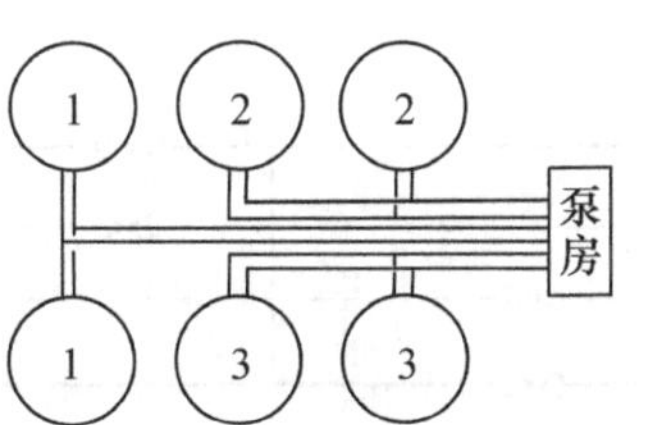

图2-4 双管系统

4. 多管系统

如图2-5所示，多管系统是同一油罐组的两个或两个以上油罐共用两根以上管道。该系统操作方便，互不干扰，能够满足生产与经营的各种需要，但流程复杂，投资较大。多管系统特别适合石油炼化企业的储运系统油库。

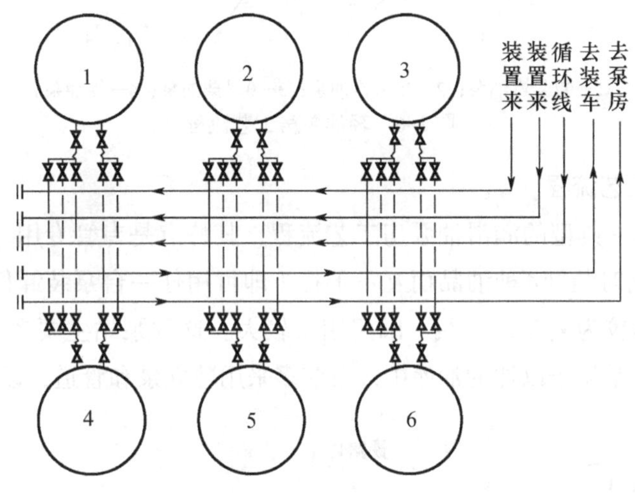

图2-5 多管系统

综上所述，不同类型的油库特点各异。一般而言，临时性油库或容量较少的地方油库多采用单管系统，而油罐数量较多、油品品种繁多的油库多采用双管或多管系统，并辅以单管系统或独立管道系统。

**（二）油库泵房工艺流程**

油库泵房工艺流程是油库工艺流程的重要组成部分，油品的收发和输转都是依靠泵房内的泵机组和管路联合工作完成的。因此，泵房流程设计得是否合理，将直接影响到油库内各项作业能否顺利完成。

1. 轻油泵房工艺流程

轻油泵房工艺流程如图2-6所示，其特点是专管专用，专泵专用，调度灵活，操作方便，既可同时装卸4种油品而互不干扰（92号汽油泵和95号汽油泵、0号煤油泵与柴油泵可双双互为备用泵），又可实现相互并联或串联运行；但流程较为复杂，管线、阀门用量较大，日常生产易因阀门内漏造成窜油，适合品种较多、规模较小的油库。

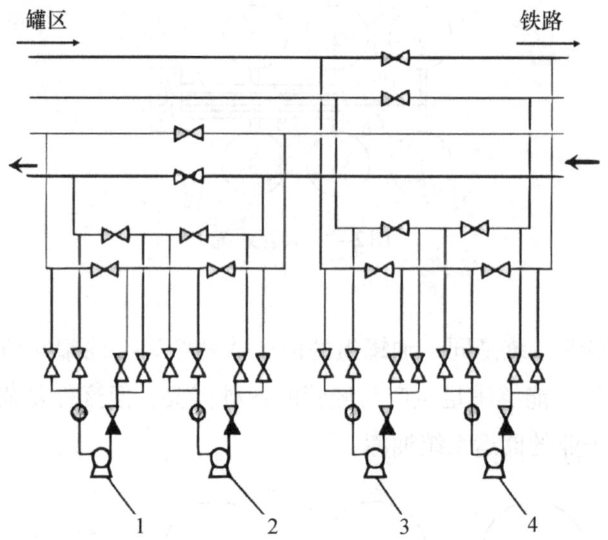

1—92号汽油泵；2—95号汽油泵；3—0号柴油泵；4—煤油泵。

图2-6　轻油泵房工艺流程

2. 润滑油泵房工艺流程

如图2-7所示为一典型的润滑油泵房工艺流程，其特点是专管专用，专泵专用，操作灵活，调度方便，可同时装卸4种油品而互不干扰（即可用任一台泵装卸任一种油品，各泵又互为备用）；但流程较为复杂，管线、阀门用量较大。这种泵站主要考虑润滑油品种较多、销售量较小的情况，常见于以往的油库中，目前多采用独立泵和管道，以防止油品混窜。

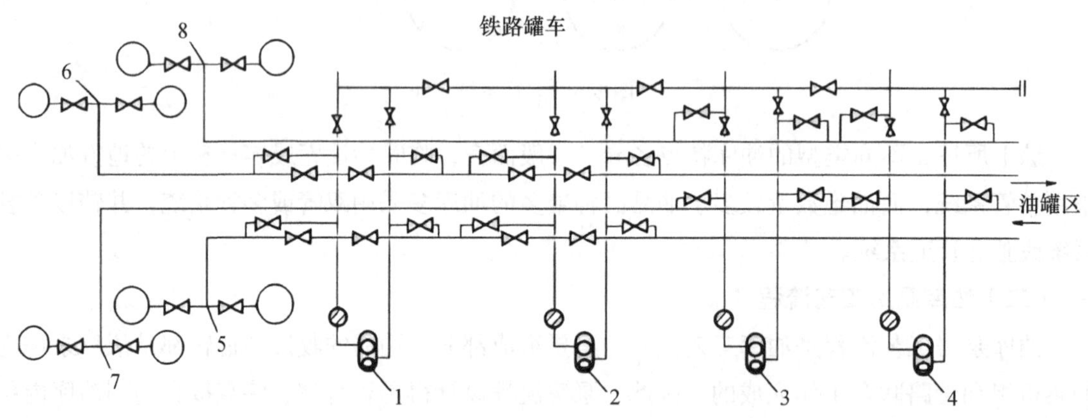

1—汽油机油泵；2—柴油机油泵；3—齿轮机油泵；4—机械油泵；5—汽油机油；6—柴油机油；7—齿轮机油；8—机械油。

图2-7　典型的润滑油泵房工艺流程

3. 标准泵房工艺流程

如图2-8所示为石油、石化销售系统目前常用的一种标准泵房工艺流程。这种工艺流程的特点是不管油品输向什么地方，都可与泵前的两条汇油管按同一方式连接，泵间的汇油管用盲板或阀门隔开；正常输油时，各泵输送各自规定的油品，当某台泵机组发生故障时，可打开阀门或拆除盲板，由另一泵机组代输，相邻的泵机组都可互为备用，具有设计简单、排列整齐、操作方便等特点。

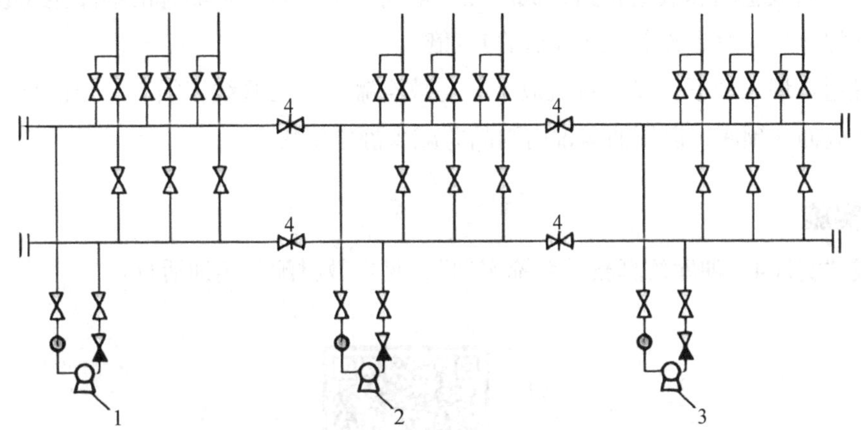


1—汽油泵；2—煤油泵；3—柴油泵；4—闸阀。

图2-8 标准泵房工艺流程

在不同的油库，标准泵房具体的流程可能会有所变化，但是功能上仍类似。

4. 真空系统

轻油泵房大多采用离心泵。由于离心泵启动前要先灌泵，在油库泵房系统一般都设置一套真空系统。真空系统由真空泵、真空罐、气水分离器和管路系统组成，如图2-9所示。

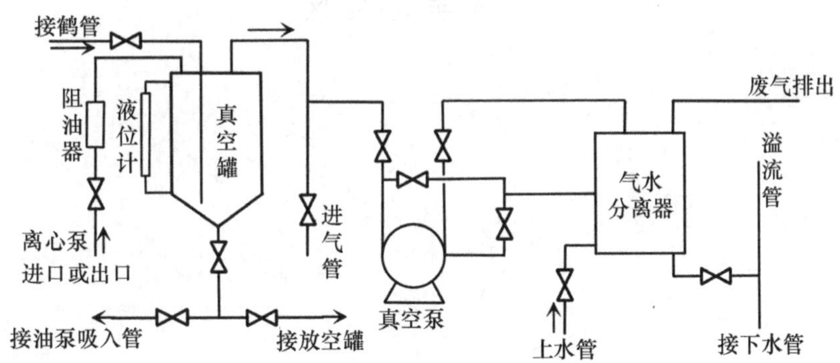


图2-9 泵房真空系统

真空系统的作用如下：

（1）离心泵启动时灌泵。

（2）抽吸油罐车底油。

（3）当夏季气温高时，可利用真空卸油造成虹吸。

5. 放空系统

设备与管线放空的目的一是当用一根管线输送几种油品时防止混油；二是当输送含蜡和黏度较高的油品时，防止停输时油品凝结。

放空系统由放空罐和放空管路组成。在一般情况下，每一种品牌的油品至少设一个放空罐。放空罐的容积一般为放空管路容积的1.5倍。

放空罐通常埋入地下，以便自流放空。与放空罐连接的管线，须有一定的坡度，并坡向放空罐，还应伸入罐底，以便抽净罐内油品并减少静电聚集。

## 任务实施

请完成“实训4　油库仿真教学系统实训”，见本教材配套实训活页。

# 单元2 储油库装卸工艺流程

## 单元导入

油品是通过各种不同的运输方式输送进油库并储存在其中的，根据生产的需要再利用不同的运输方式将油品从油库中运送出去。本单元我们一起来学习油品出入库的工艺流程与设备组成。

## 学习目标

**1. 知识目标**

（1）掌握储油库基本装卸工艺流程。

（2）掌握储油库装卸工艺流程的主要设备。

（3）知道油库收发油操作的注意事项。

**2. 能力目标**

（1）会进行基本的收发油操作技能。

（2）能理解不同装卸工艺之间的区别与联系。

**3. 素质目标**

（1）培养爱岗敬业的职业素养。

（2）培养精益求精的工匠精神。

## 基础知识

### 一、储罐的容量与液位

储罐是储存油品的主要容器，其种类很多，按材质可分为金属储罐和非金属储罐，其中金属储罐最为常见；按结构形状可分为立式罐、卧式罐、球形罐等类型。大型储罐多以立式罐为主，其罐体呈立式圆柱形，按罐顶的结构不同可分为拱顶罐、浮顶罐和内浮顶罐。拱顶罐的单座容积一般在500～10 000 $m^3$，国内较大的拱顶罐容积一般约30 000 $m^3$，国外较大的拱顶罐可达50 000 $m^3$。我们以拱顶罐为例，介绍储罐的4种容量。

#### （一）储罐的容量

1. 名义容量

储油罐的名义容量也称为理论容量[图2-10（a）]，它是按储油罐罐壁总高度计算的。该容量是储油罐设计时确定储油罐高度$H$和直径$D$的依据。

2. 储存容量

由于储油罐上部有泡沫产生器、高液位报警或内浮盘等装置，实际储油时，并不能装到储油罐的上边缘，一般都留有一定距离$A$[图2-10（b）]，以保证储油安全。$A$的大小根据储油罐种类以及安装在罐壁上部的设备（如泡沫发生器等）决定。储油罐的名义容量减去$A$部分占去的容量（当储油罐下部有加热设备时，还应减去加热设备占去的容量）便是储存容量。储油罐储存容量是计算库存的基础数据。

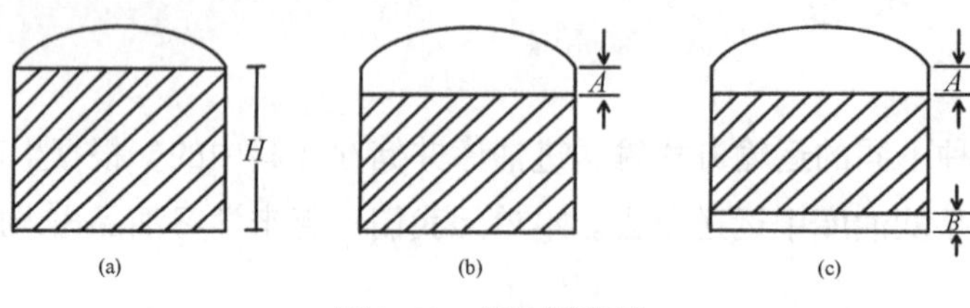


图2-10　储油罐容量

通常，我们把储油罐储存容量和名义容量之比称为储油罐利用系数，用$\eta$表示。在一般情况下，轻油储罐取$\eta$=0.95，重油储罐取$\eta$=0.85，储存重质油的非金属储罐取$\eta$=0.75。重油储罐η取小的原因是考虑到加热设施占去了一部分容量。

3. 作业容量

使用储油罐时，出油管下部的一些油品并不能发出，成为储油罐的“死藏”。因此，储油罐的实际作业容量等于储存容量减去$B$部分的“死藏”[图2-10（c）]。$B$的大小根据出油管的安装高度确定。储油罐作业容量是储油库计量工、司泵工进行合理调度、安全操作的基础数据。

4. 公称容量

公称容量是为了设计、使用、维修方便而标准化了的储罐容量规格，既不是储罐实际容量，也不是作业容量，而是与设计容量接近的一个整数值。例如，我们通常所说的1 000 m$^3$拱顶罐，这里1 000 m$^3$就是拱顶罐的公称容量，设计制造按照1 000 m$^3$这一规格进行，但储罐的实际容量通常小于1 000 m$^3$（设计制造误差以及内部附件所占空间）。

需要特别注意的是，以上是按照标准圆柱形几何尺寸来说明油罐四种容量的，但由于油罐实际建造误差、罐内附件所占空间容量、罐底不平（实为锥形底）等原因，得出来的容量结果仍会存在一些偏差。所以，要求较高的油罐，其储存容量和作业容量最终需要通过容积标定来确定。

**（二）储罐的液位**

立式储罐储油时，其容量与液位高度存在一定的对应关系。容积表是反映储油设备的高度与容积对应关系的表格，在应用时，只要测得油品在容器中的液位高，便可从对应表中直接查得其体积。

1. 容积表的编制方法

1）实测法

实测法就是将准确计量的一定数量的水注入储油罐中，同时测量其在储油罐内的液位高度，然后计算在此高度范围内所对应的容积，并编制成表。这种方法操作简单、直接，但需

要大量的实验介质，同时受到标准计量工具精度、测量误差等因素的影响，其精确度难以控制，故多适用于形状不规则的小型容器。

实测法编制储油罐容积表的步骤如下：

（1）选用标准计量工具（标准容器或流量计）。

（2）将被测容器的高度以cm为单位进行分格。

（3）将通过标准计量的水或其他液体缓缓注入储油罐中，同时记录不同高度下注入液体的体积。

（4）重复步骤（3）的过程2～3次，取各次结果的平均值，列成表格，即编制成该容器的容积表。

2）计算法

计算法是先测量出储油罐的几何尺寸，然后计算其高度范围内（以cm为单位）的对应容积，并编制成表。该法适合于形状规则的大型容器，具有精度高、操作简单、不需要实验介质等特点，但计算工作量较大。

2. 容积表的应用

1）立式金属油罐容积表

立式金属油罐是国际间石油化工产品贸易结算的主要计量器具之一，也是我国国内贸易结算的重要计量器具。立式金属油罐容积表一般包括：

（1）底量表。

由于施工工艺等原因，罐底很难呈规则的几何形状，因此在计算储油罐容量时，有时将确定高度下（罐底最高点平面以下）的容量作为一个固定量（罐底量）处理，编制容积表时，将这个固定量（罐底量）和它所对应的高度作为主容积表的编表起点值。

（2）主容积表。

从计量基准点起，通常以间隔1 dm高对应的容积，累加至安全储液高度所对应的一列有效容积值，如表2-5所示。

**表2-5 立式储油罐主容积表** 编号：1#

| 高度/m | 容积/dm³ | 高度/m | 容积/dm³ | 高度/m | 容积/dm³ | 高度/m | 容积/dm³ |
|---|---|---|---|---|---|---|---|
| 0.10 | 21 805 | 0.90 | 322 490 | 1.70 | 623 329 | 2.50 | 923 978 |
| 0.20 | 59 357 | 1.00 | 360 095 | 1.80 | 660 934 | 2.60 | 961 555 |
| 0.30 | 96 926 | 1.10 | 379 699 | 1.90 | 698 513 | 2.70 | 999 132 |
| 0.40 | 134 488 | 1.20 | 435 304 | 2.00 | 736 091 | 2.80 | 1 036 710 |
| 0.50 | 172 070 | 1.30 | 472 909 | 2.10 | 773 668 | 2.90 | 1 074 287 |
| 0.60 | 209 675 | 1.40 | 510 514 | 2.20 | 811 245 | 3.00 | 1 111 865 |
| 0.70 | 247 280 | 1.50 | 548 119 | 2.30 | 848 823 | 3.10 | 1 149 442 |
| 0.80 | 284 885 | 1.60 | 585 724 | 2.40 | 886 400 | 3.20 | 1 187 019 |

续表

| 高度/m | 容积/dm³ | 高度/m | 容积/dm³ | 高度/m | 容积/dm³ | 高度/m | 容积/dm³ |
|---|---|---|---|---|---|---|---|
| 3.30 | 1 224 597 | 4.30 | 1 600 496 | 5.30 | 1 976 477 | 6.30 | 2 352 666 |
| 3.40 | 1 262 174 | 4.40 | 1 638 094 | 5.40 | 2 014 075 | 6.40 | 2 390 292 |
| 3.50 | 1 299 752 | 4.50 | 1 675 692 | 5.50 | 2 051 673 | 6.50 | 2 427 917 |
| 3.60 | 1 337 329 | 4.60 | 1 713 290 | 5.60 | 2 039 287 | 6.60 | 2 465 543 |
| 3.70 | 1 374 908 | 4.70 | 1 750 889 | 5.70 | 2 126 913 | 6.70 | 2 503 168 |
| 3.80 | 1 412 506 | 4.80 | 1 784 887 | 5.80 | 2 164 538 | 6.80 | 2 540 794 |
| 3.90 | 1 450 104 | 4.90 | 1 826 085 | 5.90 | 2 202 164 | 6.90 | 2 578 419 |
| 4.00 | 1 487 702 | 5.00 | 1 863 683 | 6.00 | 2 239 789 | 7.00 | 2 616 045 |
| 4.10 | 1 525 300 | 5.10 | 1 901 281 | 6.10 | 2 277 145 | 7.10 | 2 653 670 |
| 4.20 | 1 562 898 | 5.20 | 1 938 879 | 6.20 | 2 315 041 | 7.20 | 2 691 296 |

（3）小数表。

按圈板高度和附件位置划分区段，给出每区段高度1～9 cm和1～9 mm的一列对应的有效容积值（dm³），见表2-6。

**表2-6 立式储油罐小数表** 编号：1#

| 0.001～0.058 m | | | | 0.059～0.250 m | | | | 0.251～0.453 m | | | |
|---|---|---|---|---|---|---|---|---|---|---|---|
| cm | 容积 | mm | 容积 | cm | 容积 | mm | 容积 | cm | 容积 | mm | 容积 |
| 1 | 2 356 | 1 | 236 | 1 | 3 757 | 1 | 376 | 1 | 3 756 | 1 | 376 |
| 2 | 2 970 | 2 | 297 | 2 | 7 515 | 2 | 751 | 2 | 7 512 | 2 | 751 |
| 3 | 3 727 | 3 | 373 | 3 | 11 272 | 3 | 1 127 | 3 | 11 269 | 3 | 1 127 |
| 4 | 4 630 | 4 | 463 | 4 | 15 030 | 4 | 1 503 | 4 | 15 025 | 4 | 1 502 |
| 5 | 5 239 | 5 | 524 | 5 | 18 787 | 5 | 1 879 | 5 | 18 781 | 5 | 1 878 |
| 6 | 6 001 | 6 | 600 | 6 | 22 545 | 6 | 2 254 | 6 | 22 537 | 6 | 2 254 |
| 7 | | 7 | | 7 | 26 302 | 7 | 2 630 | 7 | 26 293 | 7 | 2 629 |
| 8 | | 8 | | 8 | 30 060 | 8 | 3 006 | 8 | 30 050 | 8 | 3 005 |
| 9 | | 9 | | 9 | 33 817 | 9 | 3 382 | 9 | 33 806 | 9 | 3 381 |
| 0.454～1.807 m | | | | 1.808～3.692 m | | | | 3.693～5.540 m | | | |
| cm | 容积 | mm | 容积 | cm | 容积 | mm | 容积 | cm | 容积 | mm | 容积 |
| 1 | 3 760 | 1 | 376 | 1 | 3 758 | 1 | 376 | 1 | 3 760 | 1 | 376 |
| 2 | 7 521 | 2 | 752 | 2 | 7 515 | 2 | 752 | 2 | 7 520 | 2 | 752 |
| 3 | 11 281 | 3 | 1 128 | 3 | 11 273 | 3 | 1 127 | 3 | 11 279 | 3 | 1 128 |
| 4 | 15 042 | 4 | 1 504 | 4 | 15 031 | 4 | 1 503 | 4 | 15 039 | 4 | 1 501 |
| 5 | 18 802 | 5 | 1 880 | 5 | 18 789 | 5 | 1 879 | 5 | 18 799 | 5 | 1 880 |
| 6 | 22 563 | 6 | 2 256 | 6 | 22 546 | 6 | 2 255 | 6 | 22 559 | 6 | 2 256 |

（4）静水压力容积修正表。

在罐内油品的液压作用下，储油罐各圈板随着深度变化有着不同的变形，各圈板都向外膨胀，如不考虑这种变形，储油罐的有效容量计算结果将会偏小。静压力增大值是油罐装油后受到液体静压力的影响，罐壁产生弹性变形，使得油罐的容量比空罐时大出的那部分量。一般按介质为水的密度1 g/cm$^3$编制，储存高度从基准点起，以1 dm间隔累加至安全高度所对应的一列罐容积增大值（dm$^3$，编表从1 m开始），见表2–7。当测得值不为表载值时，按就近原则取相邻近的值。

**表2–7　静水压力容积修正表**

| 液高/m | 0 | 0.1 | 0.2 | 0.3 | 0.4 | 0.5 | 0.6 | 0.7 | 0.8 | 0.9 |
|---|---|---|---|---|---|---|---|---|---|---|
| 1 | 23 | 31 | 38 | 45 | 53 | 60 | 68 | 75 | 82 | 90 |
| 2 | 97 | 110 | 123 | 136 | 149 | 163 | 176 | 189 | 202 | 215 |
| 3 | 228 | 247 | 266 | 286 | 305 | 324 | 343 | 362 | 381 | 400 |
| 4 | 420 | 446 | 472 | 498 | 525 | 551 | 577 | 604 | 630 | 656 |
| 5 | 683 | 716 | 750 | 784 | 818 | 852 | 886 | 920 | 945 | 988 |
| 6 | 1 022 | 1 064 | 1 107 | 1 150 | 1 192 | 1 235 | 1 277 | 1 320 | 1 363 | 1 405 |
| 7 | 1 448 | 1 498 | 1 548 | 1 599 | 1 649 | 1 699 | 1 750 | 1 800 | 1 850 | 1 901 |
| 8 | 1 951 | 2 009 | 2 067 | 2 125 | 2 183 | 2 241 | 2 300 | 2 358 | 2 416 | 2 474 |
| 9 | 2 532 | 2 595 | 2 658 | 2 721 | | | | | | |

## 二、铁路装卸作业

铁路装卸作业是目前我国成品油装卸作业的主要形式。根据装卸油品的性质不同，可分为轻油装卸系统和黏油装卸系统；根据装卸工艺的不同，又可分为上部卸油、下部卸油、自流和泵送装车等。

### （一）铁路装卸系统

1. 轻油装卸系统

轻油装卸系统如图2–11所示，主要用于装卸各种牌号的汽油、煤油等黏度较小的轻质油品，主要由装卸油鹤管、抽真空设备、放空扫线设施、输油泵、集油管线、输油管线等组成。

其中，装卸油鹤管、集油管、输油管和输油泵等构成了装卸系统的转输油主体部分；真空泵、真空罐、真空管线和扫舱短管等组成了抽气引油灌泵（或填充鹤管）及收净油罐车底油的部分；放空罐和放空管线的作用是在油品装卸完毕后，将管线中的油品放空，以免下次输送其他油品时造成混油现象或易凝油品冻结于管线中。放空罐多以地下卧式油罐形式布置在油泵房附近，以实现自流放空。

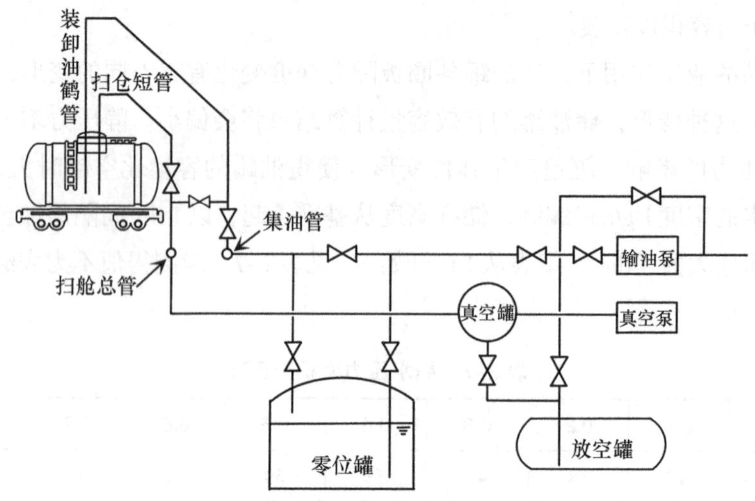


图2-11　轻油装卸系统

2. 黏油装卸系统

黏油装卸系统主要用于装卸各种牌号的润滑油、燃料油等黏度较大的油品，其构成与轻油装卸系统基本类似，但黏油罐车多采用下部卸油方法，而且配以吸入能力较强的往复泵或齿轮泵等设备抽吸，因此不需要设置真空系统。但为了满足油品加热的需要，应设置相应的加热设施，如加热盘管和蒸汽甩头等。

3. 铁路装卸区管网的连接

1）鹤管与集油管的连接

（1）专用单鹤管式。

如图2-12所示，这种连接方式的集油管布置在铁路作业线一侧，在集油管上每隔12 m或12.5 m设置一根鹤管，即在每个车位上对应一根鹤管。这种连接方式主要用于装卸质量要求较高的油品或装卸量较大的油库。

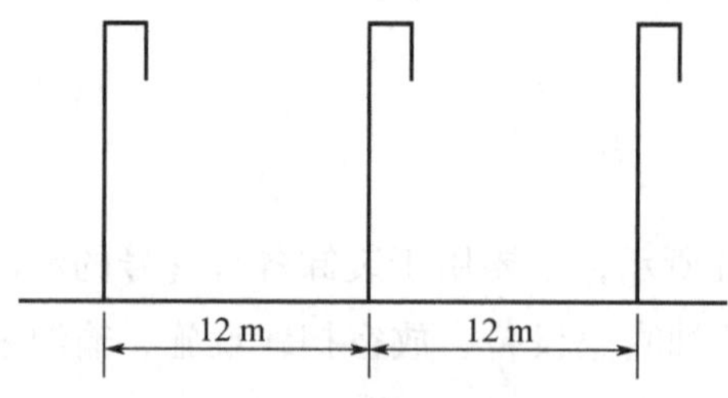


图2-12　专用单鹤管式

（2）多用单鹤管式。

如图2-13所示，这种连接方式的每个鹤管分别与两条或多条集油管相连，可以在一个车位上装卸两种或多种油品。鹤管间的距离根据铁路作业线的股数确定，单股作业线鹤管间距一般为12 m或12.5 m，双股作业线鹤管间距一般为6 m或6.25 m。这种连接方式多用于汽油、柴油的装卸系统中。

（3）双鹤管式。

如图2–14所示，这种连接方式每组有两个鹤管分别与各自的集油管线相连，鹤管数的多少根据油品种类数确定。这种连接方式适用于装卸油品品种多、收发量小，但对产品质量要求较高的油品，如润滑油等。

2）输油管与真空管的连接

真空管通常由泵房埋地敷设到栈桥下的真空管道汇管（真空集油管），再由汇管沿鹤管通至栈桥面。

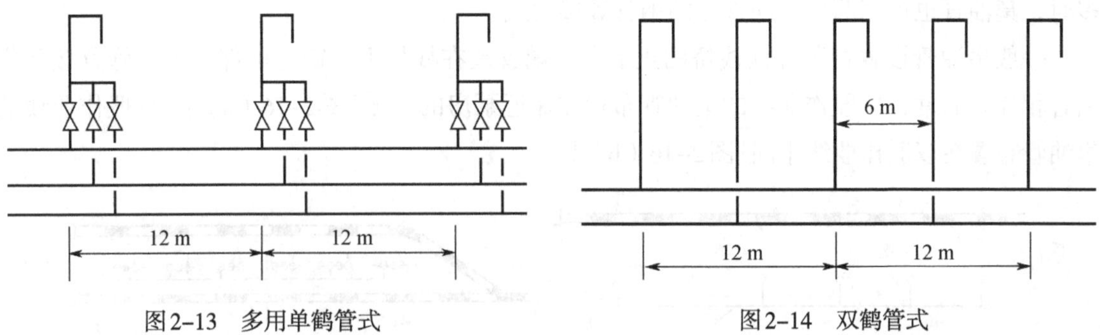


图2–13　多用单鹤管式　　　　图2–14　双鹤管式

输油管与真空管的连接有两种方式：一种是在每根鹤管控制阀门的上部引出一条短管与真空集油管相连，如图2–15（a）所示，这种连接方式所需抽真空的容积小，造成鹤管虹吸速度快。若采用泵卸油时，在操作上需要打开泵的出口阀或泵的放气阀，依靠油品的自流将吸入管路的气排出，然后才能启动泵；另一种方式是将真空管与输油管在泵入口附近相连，如图2–15(b)所示，使用时，启动真空泵，使卸油泵吸入管路中的气体全部由真空系统排出。这种连接方式造成鹤管的虹吸速度慢，但可以避免离心泵的开阀启动。

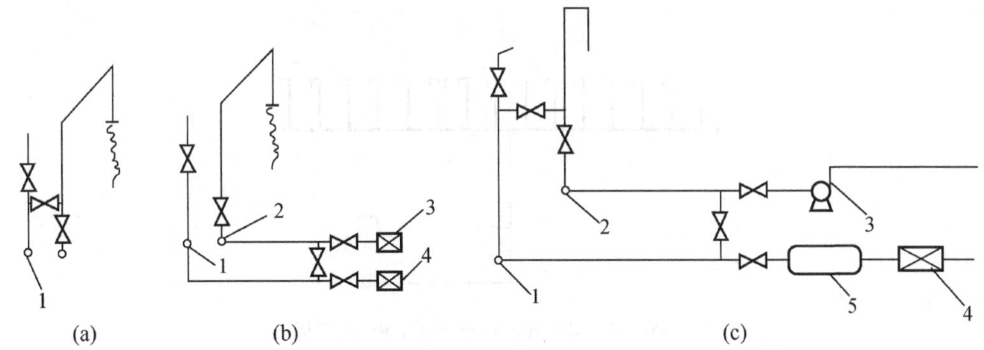


1—扫舱总管；2—集油管；3—输油泵；4—真空泵；5—真空罐。

图2–15　输油管与真空管的连接方式

真空集油管只用于扫舱。在铁路装卸系统设计时，这两种连接方式往往同时采用，如图2–15（c）所示。管线放空时按照吸入管线、输油管线、泵房（站）管组顺序依次进行放空。放空时，现场值班（现场指挥）员通知油罐区人员打开输油管线放空阀。司泵员在确认放空罐内有足够空余容量后，打开放空罐阀门，并密切注意放空罐的油面上升情况，防止溢油。

放空完毕，现场值班（现场指挥）员通知各岗位作业人员关闭所有阀门并上锁。

3）集油管与输油管

集油管与输油管是输油系统中连接鹤管与油泵的通道。集油管和输油管的长度和位置应根据油罐车位数和装卸区的平面布置确定，其管径一般根据设计任务要求的装卸油量、允许的装卸时间、油品的性质、泵的吸入性能及经济流速等确定。

（1）集油管。

集油管是一条平行于铁路作业线的鹤管汇集总管，一般用无缝钢管制成。当鹤管数目较多时，集油管也可用两种不同管径的钢管焊接而成。

一般集油管设置在装卸油栈桥的正下方，鹤管装在栈桥上，鹤管下部的垂直管直接和集油管相连。通常，单股作业线的集油管布置在靠近泵房的一侧[图2–16（a）]，双股作业线的集油管布置在双股作业线中间[图2–16（b）]。

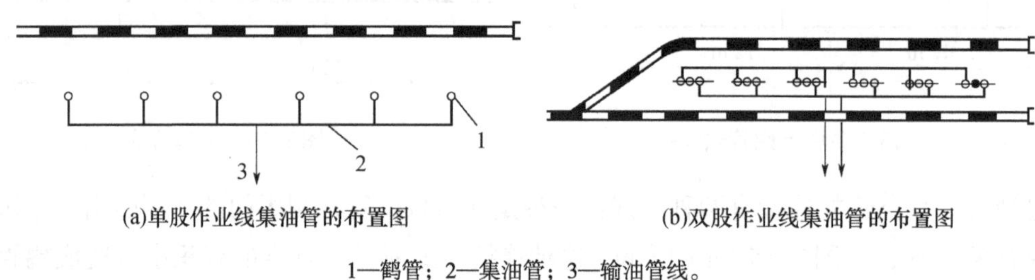


(a)单股作业线集油管的布置图　　(b)双股作业线集油管的布置图

1—鹤管；2—集油管；3—输油管线。

图2–16　作业线集油管的布置

（2）输油管。

输油管是连接集油管和输油泵的管线，在一般情况下都是从集油管中间引出至泵房，其结构如图2–17所示。

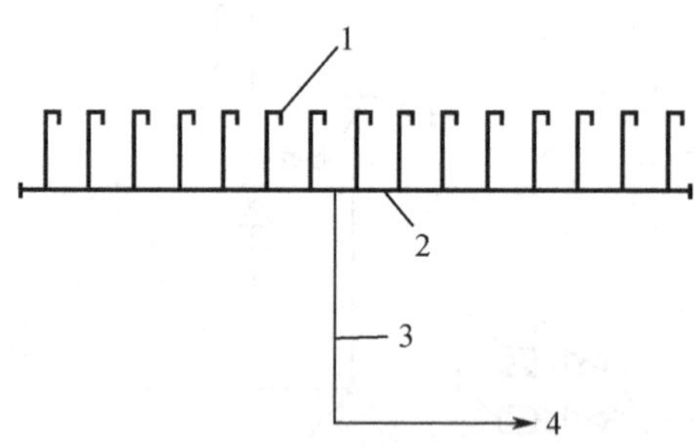


1—鹤管；2—集油管；3—输油管；4—至泵房。

图2–17　输油管与集油管的连接

集油管和输油管都是按一定的坡度敷设的，以保证装卸油作业结束后，积存在管路中的油品能够自流放空。集油管自两端（或一端）向下坡向输油管接口，输油管向下坡向泵房。一般轻油最小坡度为0.002，黏油为0.003。

集油管和输油管的连接，多采用焊接方式，在特殊情况下可用法兰连接，但在连接处需设检查井，以便检修。

### （二）铁路装卸工艺

铁路装卸作业采用何种工艺，需综合考虑油库的地形条件、油罐车的结构型式及所装卸油品性质等因素。

1. 铁路油罐车的卸油工艺

1）上部卸油

上部卸油是将鹤管端部的橡胶软管或活动铝管从油罐车上部的人孔插入油罐车内，然后用泵或虹吸设备卸油。这是我国铁路卸油广泛采用的方法，其不足之处是接卸速度慢，容易发生气阻，而且油品蒸发损耗大，易造成环境污染，危害员工健康。该方法主要有泵卸法、自流卸油、潜油泵卸油和压力卸油等。

（1）泵卸法。

泵卸法工艺流程如图2–18所示。卸油时，油品在真空泵的作用下从罐车引出到泵，再经过卸油泵打到指定的储油罐。如果储油区和装卸区距离不太远，可利用图中虚线流程直接将油品输至储罐区。反之，当储油区和装卸区距离较远，而且位差较大，采用一台泵难以满足快速接卸并输入罐区时，则可采用如图2–18所示的实线流程。

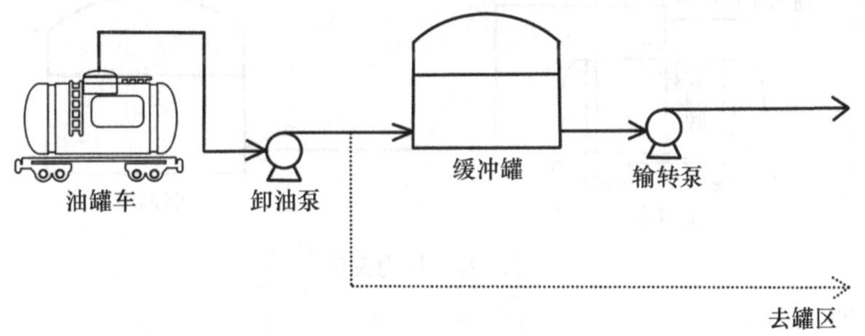


图2–18　泵卸法

该卸油流程中的卸油泵具有大排量、低扬程等特点，输转泵具有小排量、高扬程等特点，可满足快速装卸要求，并可将油罐车内的油品不经过零位油罐直接送至储油罐，减少了油品的损耗；但必须设置高大的鹤管、栈桥和真空系统等，设备多，操作复杂，容易形成气阻，影响正常卸油。

（2）自流卸油。

当油罐车液面高于储油罐液面并具有足够的位差时，可采用虹吸自流卸油，如图2–19所示，但必须具备抽真空或填充鹤管虹吸设备。其优点是：设备少，操作简单；缺点是：增加了零位油罐，多一次转输，增加了油品损耗。

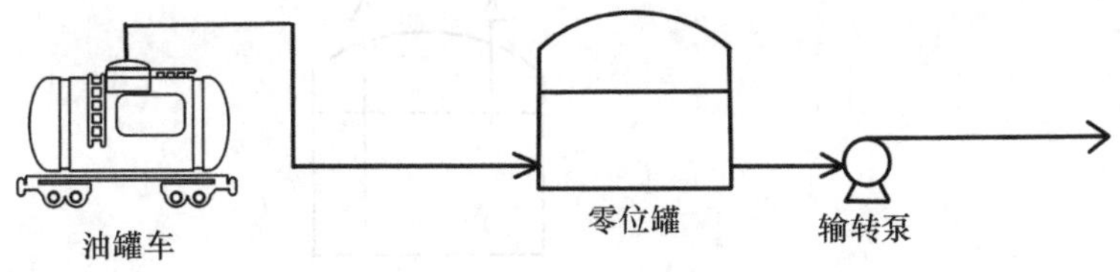


图2–19　自流卸油

（3）潜油泵卸油。

潜油泵卸油是将潜油泵安装在卸油软管末端的一种卸油方法，如图2–20所示。潜油泵是利用电动机传动的，二者共装于密闭的外壳中，电动机由油罐车内的油品冷却。这种卸油方法灵活方便，适用于野外作业，可以有效地克服气阻的发生。该卸油工艺通常是潜液泵配合离心泵卸油，容积泵扫舱。

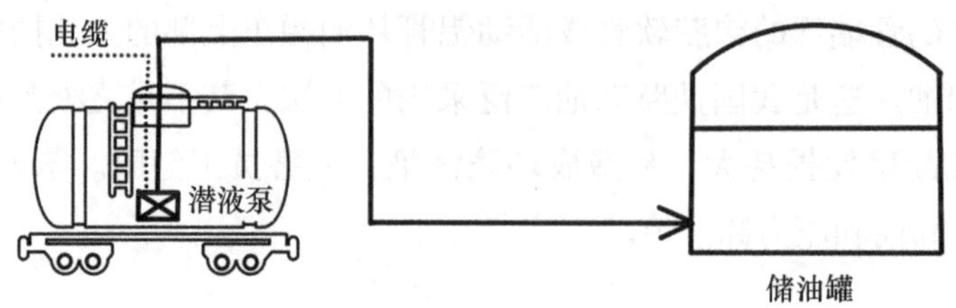


图2–20　潜液泵卸油

（4）压力卸油。

压力卸油就是将油罐车顶部的人孔密封起来，然后向油罐车液面上通入一定压力的氮气或惰性气体，通过增大吸入液面压力来实现卸油作业，如图2–21所示。

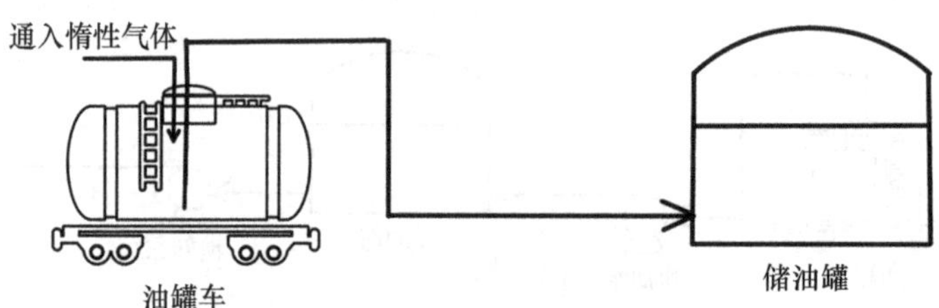


图2–21　压力卸油

2）下部卸油

下部卸油系统主要由油罐车下卸器、集油管和输油泵等组成，如图2–22所示。油罐车下部的下卸器与集油管连接是靠橡胶管或铝制卸油臂来完成的。这种卸油方法设备少，结构简单，操作方便，但油罐车下卸器由于经常开关磨损及行驶中振动等原因，容易出现渗漏，危及油库及沿途油罐车的安全，故这种卸油方法主要用于接卸黏性较大的油品。

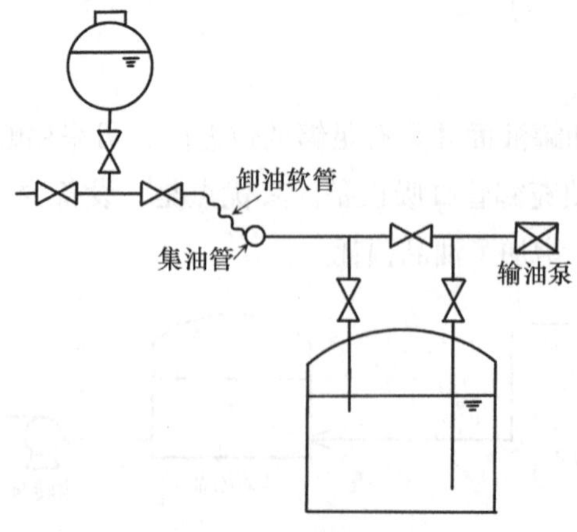


图2–22　下部卸油

2. 铁路油罐车装油工艺

铁路油罐车装油工艺有自流装车和泵送装车两种。

1）自流装车

自流装车是利用储油罐与油罐车之间的位差装油的方法，如图2–23所示。这种方法所用设备少，结构简单，节省投资，操作方便，运营费用少，安全可靠，节省能源，但必须具有可供利用的地形高差，故这种装油工艺易受地理条件限制。

2）泵送装车

凡在地形条件不适宜自流装车时，采用泵送装车，如图2–24所示。

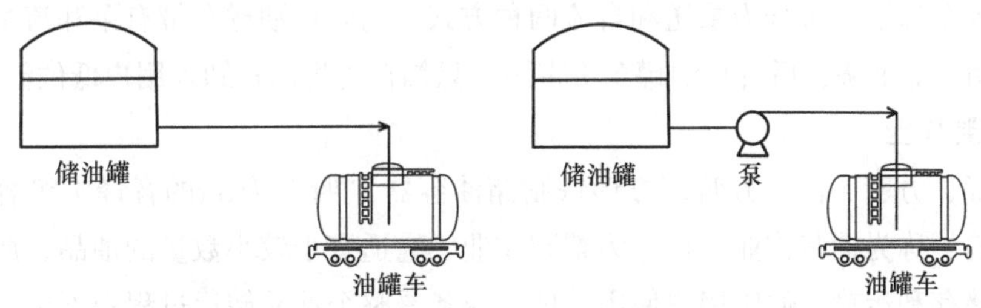


图2–23 自流装车　　图2–24 泵送装车

## 三、公路装卸作业与桶装作业

### （一）公路装卸作业

油品的公路运输分为散装运输和整装运输。汽油、柴油、液化石油气等大宗油料主要采用散装运输，各种润滑油、润滑脂等一般采用听装、桶装的整装运输。这里主要介绍公路装卸作业与桶装作业的基本工艺及设施。

公路装卸油系统工艺流程如图2–25所示。

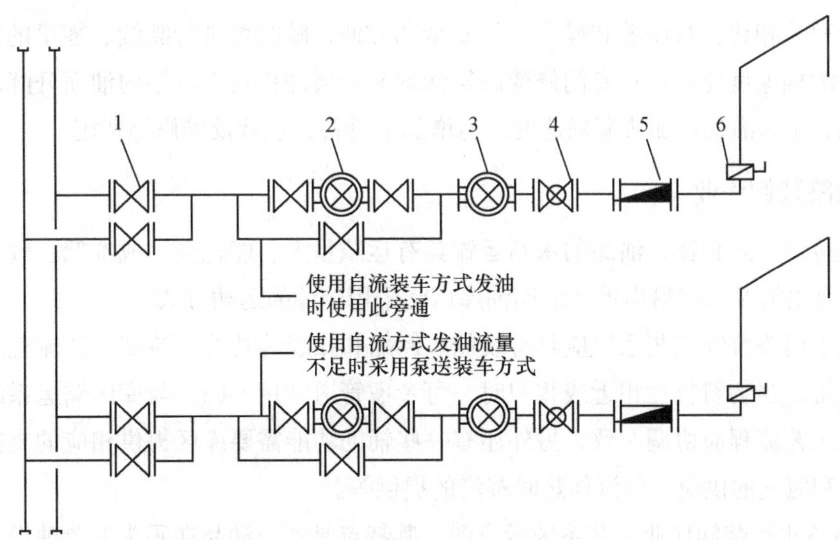


1—闸阀；2—管道泵；3—过滤器；4—电动阀；5—流量计；6—蝶阀。

图2–25 公路装卸油系统工艺流程

汽车油罐车有泵送装车和自流装车两种方式，可分为上装和下装两种形式。在我国除了液化石油气罐车外，大部分汽车油罐车采用密闭浸没式的上部装油（民航机场加油车有采用下部装油的）。

泵送装车是用输油泵从储油罐中抽油，经输油管道、流量计、装车鹤管进入汽车油罐车。这种方法装车速度快，容易实现自动控制，已被广泛采用。

自流装车可分为储油罐自流装车和高架罐自流装车两种方式。当装车位置较低，而储罐位置地势较高，有足够势能可以利用时，就可由储油罐直接自流装车。若受地形限制，可用泵将油料泵入高架罐，再从高架罐进行自流装车。

汽车油罐车卸油也可分为泵送和自流两种方式。前者指油罐车带有泵和流量计，可用泵将油料卸入用户储油罐；后者指油罐车不带泵，只靠自流将油料卸入用户低位储油罐。

**（二）桶装作业**

利用铁桶、方听（注：方听即方形铁制储油容器，“听”为tin的音译）等容器进行油料的储存和运输，称为桶装作业，也称为整装作业。它适宜于较小数量的油品、质量要求严格的润滑油的储存和运输，便于用户使用。桶装业务是整个油品储运过程中不可缺少的一个环节，尤其是商业销售系统和部队的供应油库，桶装作业更为繁重。储油库的桶装作业包括油品的灌装、收发与储存，旧油桶的回收、整修和清洗，新油桶的存放和保管等。下面介绍两种常用的油桶灌装方式。

常用的油桶灌装有自流灌装和泵送灌装两种方式。

自流灌装是以储油罐液面和灌油栓出口之间的高差为能量灌装油品的，其灌装速度取决于两者的位差。有条件的地方应尽量利用自然地形造成的位差实现自流灌装。也可建造高架油罐，先用泵将油品打入高架罐，再从高架罐自流灌装。泵送灌装是利用泵输送油品直接进行灌桶作业。

与泵送灌装相比，自流灌装操作比较安全和方便，随时可进行断续、零星的灌桶；但当位差不大时灌桶速度比较慢；专门修建高架油罐又会增加投资，且罐内油面升降增加了油品的蒸发损耗。泵送灌桶可加快灌桶速度，但增加了设备、经营及维修等费用。

## 四、水路装卸作业

与其他运输方式相比，油品的水路运输具有运载量大、能耗少、成本低、效率高、投资少等特点，是沿海及江河沿岸地区的储油库广泛采用的油品运输方式。

石油化工码头装卸工艺系统应具有装船、卸船和扫线等功能。装卸工艺流程宜根据物料特性分别设置，当物料特性相近或相似时，可考虑管道共用。码头与库区储运系统的功能应相互适应，工艺流程应协调一致，另外还有一些辅助功能需要库区提供相应的支持，如扫线时压缩空气和氮气的供应、蒸汽伴热时蒸汽的提供等。

图2-26是水运装卸作业工艺系统示意图，其特点是每组油品在码头上单独设置一组装卸油管路，在集油管线上设置若干分支管路，支管间距一般为10 m左右。其装船工艺（当储油

罐的地理位置很高时，可充分利用地形能量进行自流装船）为：

储油罐→库区装船泵（或自流）→流量计→输油臂（或软管）→油船。其卸船工艺为：油船→卸油输油泵→输油臂（或软管）→流量计→储油罐。

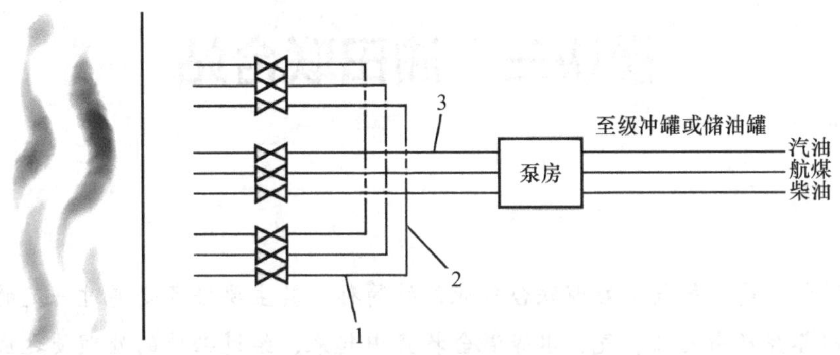


1—分支装卸油管；2—集油管；3—泵吸入管。

图2–26 水运装卸作业工艺系统

总体而言，油船装卸工艺应满足以下基本要求：

（1）应能满足油港装卸作业和适应多种作业的要求。

（2）同时装卸几种油品时互不干扰。

（3）管线互为备用。

（4）泵能互为备用，必要时数台泵可同时工作。

（5）发生故障时能迅速切断油路，并有可靠有效的放空措施。

## 任务实施

请完成“实训5 油库三维仿真虚拟实训”，见本教材配套实训活页。

# 模块三　油田联合站

**导读：** 联合站是油气集中处理联合作业站的简称。其主要任务是通过一定的工艺过程把分散的油气田各井产出的油、气、水等混合物集中起来，经过必要的处理使之成为符合国家或行业质量标准的原油、天然气、轻烃等产品以及符合地层回注水质量标准的污水，并将原油和天然气分别输往炼油厂、长输管道首站、储油储气库等场站，将达标污水输送至注水站进行回注。

联合站主要包括油气分离、原油脱水、原油稳定、天然气净化、轻烃生产、油气田污水处理等工艺环节。

通过对本模块的学习，学生能够全面熟悉联合站的功能和工艺流程，掌握各工艺环节常用的处理方法。

## 单元1　油气分离

### 单元导入

本单元主要介绍油气分离的机理、分离设备及分离工艺。

### 学习目标

**1. 知识目标**

（1）掌握油气分离的机理。

（2）了解常见分离设备的种类及其工作原理。

（3）掌握分离工艺的分类及其特点。

**2. 能力目标**

（1）能够理解各工艺环节的功能和意义。

（2）能够掌握各类处理工艺适用的条件，根据混合物的不同性质选择合适的处理工艺及参数。

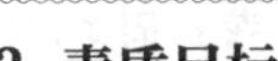

**3. 素质目标**

（1）专业基础扎实，常见工艺流程熟记于心。

（2）掌握处理规范标准，养成科学严谨的工作态度。

（3）养成独立思考，分析问题、解决问题的能力。

## 基础知识

油井产物是油、气、水、砂等多形态物质的混合物。为了得到合格的石油产品，油气集输的首要任务就是进行气液分离。由于水和砂等物质均不溶于油，所以气液分离主要是原油和天然气进行分离，通常称为油气分离。

原油和天然气的主要成分都是烃类化合物。在一定的温度、压力等条件下，它们会混合在一起；在合适的温度、压力等条件下，它们又会分离开来。

由于原油与天然气的性质有较大的差别，无论是出矿前的计量、处理和储存等，还是出矿时及出矿后的加工、利用、输送等都需要将原油和天然气分离开来。

### 一、油气分离的机理

根据油气分离机理的不同，目前常用的分离方法有重力分离、碰撞分离和离心分离等。

#### （一）重力分离

重力分离是利用原油与天然气的密度不同，在相同条件下所受地球引力不同的原理进行分离的。这是目前所用的最基本的油气分离方法。实现重力分离的基本途径是使油气混合物所处的空间增大，压力降低，溶于原油中的天然气在重力差的作用下分离出来。

#### （二）碰撞分离

碰撞分离是根据分子运动的机理，在油气分子运动的碰撞接触过程中进行的。这种分离方法主要用于从天然气体中除油，是一种辅助的油气分离方法，常用的如过滤式分离器中的除雾器等。当含微液量的天然气通过分离器的滤管时，发生碰撞作用，使分散于气体中的雾状原油聚结成较大的油滴从气体中分离出来。

#### （三）离心分离

离心分离是利用油气混合物做回转运动时产生的离心力进行油气分离的。这种分离方式常作为辅助手段，用在重力式油气分离器的入口作为分流器。

### 二、油气分离设备

油气混合物的分离总是在一定的设备中进行的。这种利用油气分离机理，借助机械方法，把油气混合物分离为气相和液相的设备称为气液分离器，或称为油气分离器。

#### （一）分离器的分类

按其功能不同，分离器可分为气液两相分离器和油气水三相分离器两种。两相分离器是把油井产出的油气混合物分为气相和液相。三相分离器是把含有游离水的油气混合物分为油、气、水三相。三相分离器和两相分离器除液面控制部分外，其他没有很大区别。

按其形状不同，分离器可分为卧式分离器、立式分离器、球形分离器等。卧式分离器又有主体为单筒和双筒之分。

按其作用不同，分离器可分为计量分离器和生产分离器等。

按其工作压力不同，分离器可分为真空分离器（小于0.1 MPa）、低压分离器（0.1～1.5 MPa）、中压分离器（1.5～6 MPa）和高压分离器（大于6 MPa）等。

### （二）两相分离器

#### 1. 两相卧式分离器

两相卧式分离器的工作原理示意图如图3-1所示。

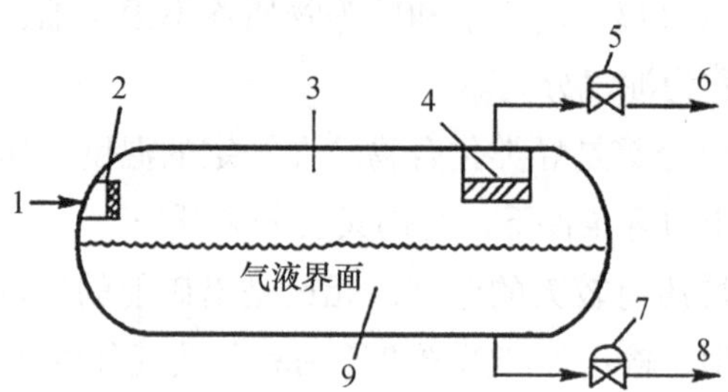


1—油气混合物入口；2—入口分流器；3—重力沉降部分；4—除雾器；5—压力控制阀；6—气体出口；7—出液阀；8—液体出口；9—集液部分。

图3-1　两相卧式分离器的工作原理示意图

气液混合物由入口分流器2进入分离器，其流向、流速和压力都有突然的变化，在离心分离和重力分离的双重作用下，气液得以初步分离；经初步分离后的液相在重力作用下进入集液部分9，气相进入重力沉降部分3，其中，集液部分和重力沉降部分是分离器的主体，都有软的体积，使得气液两相在分离器内都有一定的停留时间，以便被原油携带的气泡上升至液面进入气相，被气流携带的油滴沉降至液面进入液相；分离后的液相经液面控制器控制的出液阀流出分离器，气相经除雾器4进一步除油后通过压力控制阀5进入集气管线。

卧式分离器中的气液界面面积较大，且气体流动的方向与液滴沉降的方向相互垂直，使得集液部分原油中所含的气泡易于上升至气相空间，且气相中的液滴更易于从气流中分离出来。因而，卧式分离器适合于处理气油比较大、存在乳状液和泡沫的油井产物，而且分离效果较好。此外，卧式分离器还具有单位处理量成本较低，易于安装、检查、保养等优点；但其占地面积较大，排污困难，往往需要在分离器的底部沿长度方向设置多个排污孔。

#### 2. 两相立式分离器

两相立式分离器的工作原理示意图如图3-2所示。

立式分离器的工作原理与卧式分离器类似，所不同的是在分离器的重力沉降部分，液滴的沉降方向与气体的流动方向相反。

立式分离器的优点是占地面积小、排污方便、易于实现液面控制，适用于气油比较低、含固体杂质较多的油井产物，或海上采油等建设面积受限的场合。其缺点是处理量较小，分离效果也不如卧式分离器，所以，目前立式分离器多作为计量分离器用于井场或计量站，或用在一些场地狭小的特殊场合。

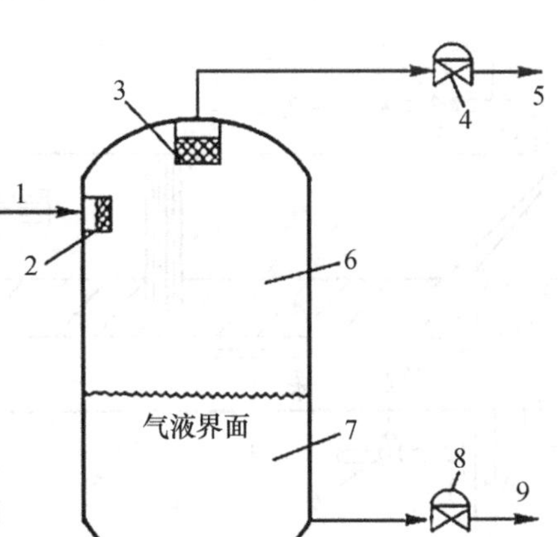


1—油气混合物入口；2—入口分流器；3—除雾器；4—压力控制阀；5—气体出口；
6—重力沉降部分；7—集液部分；8—出液阀；9—液相出口。

图3-2 两相立式分离器的工作原理示意图

### （三）三相分离器

三相分离器具有将油井产物分离为油、气、水三相的功能，适用于处理含水量较高，特别是含有大量游离水的油井产物。这种分离器在油田中高含水生产期的联合站内得到广泛应用。

常用的立式三相分离器的工作原理示意图如图3-3所示，卧式三相分离器的工作原理示意图如图3-4所示，其工作原理、使用特点等与两相分离器类似。

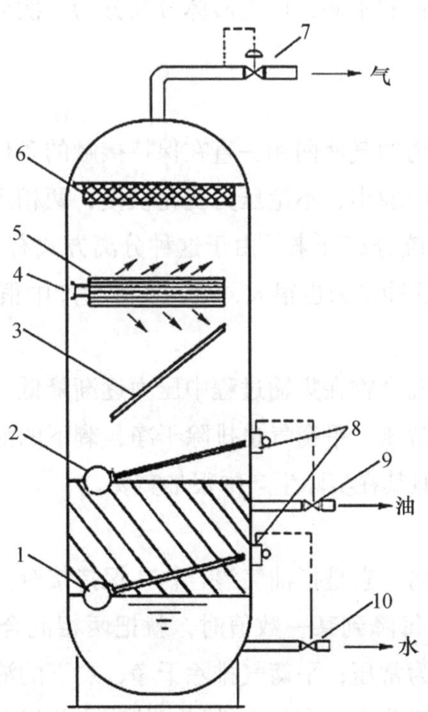


1—加重浮子；2—不加重浮子；3—折流板；4—油气混合物入口；5—进口碰撞分离部件；
6—除雾器；7—压力调节阀；8—液面控制机构；9—油位控制阀；10—水位控制阀。

图3-3 立式三相分离器的工作原理示意图

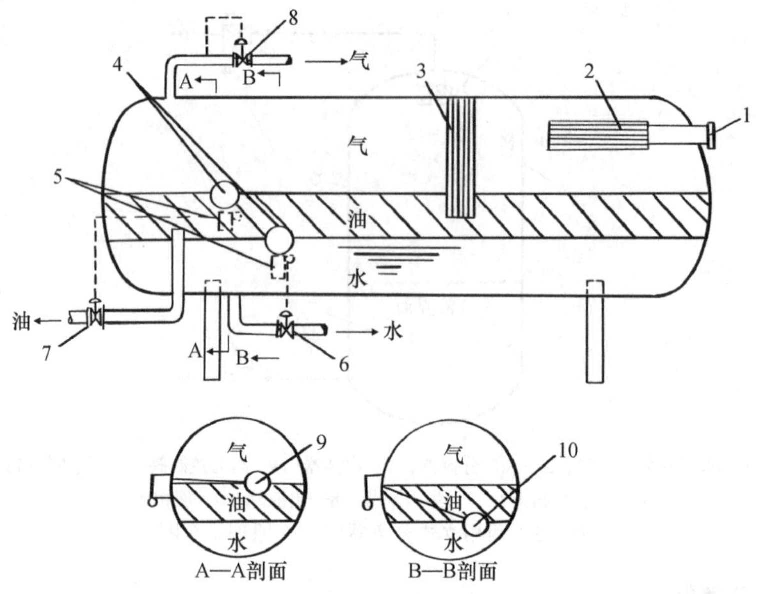


1—油气混合物入口；2—进口碰撞分离部件；3—除雾器；4—浮子；5—液面控制机构；6—水位控制阀；7—油位控制阀；8—压力调节阀；9—不加重浮子；10—加重浮子。

图3-4　卧式三相分离器的工作原理示意图

## 三、油气分离工艺

根据控制压力和操作过程的不同，可把液体分离分为一次分离、连续分离和多级分离三种分离方式。

### （一）一次分离

一次分离是指油气混合物的气液两相一直在保持接触的条件下，逐渐降低压力；随着压力的降低，气体不断从液体中逸出，不论压力变化快慢，两相系统总保持平衡；最后在常压容器中一次性将气液两相系统分离开来。由于这种分离方式有大量的气体从储液罐中排出，同时，混合物进入储液罐时的冲击力也很大，故在实际生产中很少直接采用这种方式。

### （二）连续分离

连续分离是指随着油气混合物在集输过程中压力逐渐降低，连续地将逸出的平衡气体从系统中排出；直至压力降为常压，平衡气也排除干净，剩下的液相进入储液罐。连续分离也称为微分分离或微分汽化，但其在实际生产中很难实现。

### （三）多级分离

多级分离也称为级次分离。它是指油气混合物在保持接触的条件下，随着压力的逐渐降低，气体不断逸出，在压力每降到某一数值时，就把两相混合系统中的气体排出一次；如此反复，直至系统的压力降为常压，平衡气排除干净，剩下的液相进入储液罐。在这个过程中，每排一次气，就作为一级分离；有几次排气，就称为几级分离。由于储液罐内的压力总要低于其进液管线内的压力，所以在储液罐中总还有平衡气排出，因而通常把储液罐作为多级分离的最后一级，其他各级则通过分离器来完成。所以一个分离器和一座储液罐串联构成

一个二级分离系统；两个分离器和一座储液罐串联构成一个三级分离系统，如图3–5所示。从这三种分离方式的特点来看，在油气集输的生产实际中，多级分离是最常用的分离方式。一级分离与三级分离的效果比较见表3–1。

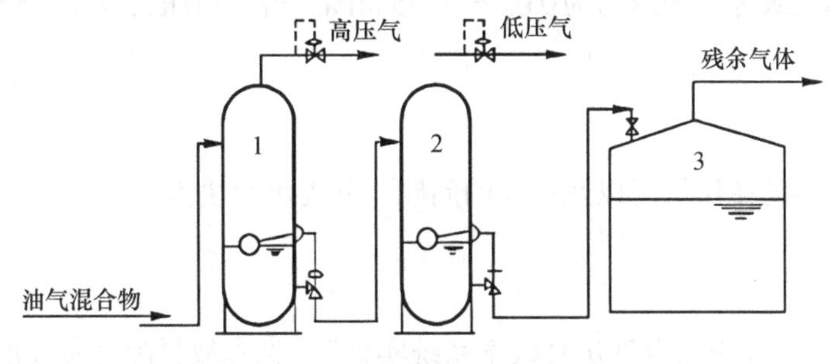


1—高压分离器；2—低压分离器；3—储液罐。

图3–5　三级油气分离流程

**表3–1　一级分离与三级分离的效果比较**

| 组分 | 一级分离 L=0.397 4 | | 三级分离 | | | | | |
|---|---|---|---|---|---|---|---|---|
| | | | L=0.582 3 | | L=0.845 9 | | L=0.947 1 | |
| | $W_{Li}$/kg | $W_{gi}$/kg | $W_{Li}$/kg | $W_{gi}$/kg | $W_{Li}$/kg | $W_{gi}$/kg | $W_{Li}$/kg | $W_{gi}$/kg |
| $C_1$ | 1.34 | 537.66 | 79.14 | 459.86 | 6.59 | 72.55 | 0.42 | 6.17 |
| $C_2$ | 1.38 | 97.62 | 45.34 | 53.66 | 15.40 | 29.94 | 4.28 | 11.12 |
| $C_3$ | 6.04 | 130.96 | 96.26 | 40.74 | 61.07 | 35.19 | 33.96 | 27.11 |
| $C_4$ | 13.83 | 112.17 | 108.15 | 17.85 | 87.97 | 20.18 | 67.74 | 20.23 |
| $C_5$ | 26.60 | 69.40 | 90.30 | 5.70 | 83.91 | 6.39 | 76.56 | 7.35 |
| $C_6$ | 92.65 | 98.35 | 185.80 | 5.20 | 180.18 | 5.62 | 173.41 | 6.77 |
| $C_7$及以上 | 8 168.88 | 644.12 | 8 793.08 | 18.92 | 8 772.16 | 20.92 | 8 746.78 | 25.38 |
| 合计 | 8 309.71 | 1 690.29 | 9 398.06 | 601.94 | 9 207.28 | 190.79 | 9 103.5 | 104.13 |
| 密度/（$kg/m^3$） | $\rho_g$=1.260 3<br>$\rho_L$=890 | | $\rho_g$=0.824 6<br>$\rho_L$=870 | | $\rho_g$=1.151 3<br>$\rho_L$=880 | | $\rho_g$=1.992 3<br>$\rho_L$=882 | |

表3–1中分离器的原油处理量都是$10^4$ kg/d，分离温度都是49 ℃；一级分离压力是0.1 MPa，三级分离中的第一、二、三级压力分别为3.40 MPa、0.44 MPa和0.1 MPa。

## 四、分离级数和分离压力的选择

从理论上分析，分离级数越多，储罐中原油收率越高，但过多地增加分离级数，将会大幅度地增加投资和经营费用，而对原油收率的影响又不十分明显。实践证明，在一般情况下，采用三级或四级分离，经济效益最好；对于气油比较低的低压油田，采用二级分离时，经济效益较高。在选择分离压力时，要考虑原油组成和油井井口压力。各油田的油井压力和原油组成差别较大，难以提出适合各种具体情况的各级压力计算公式，通常是拟定多种分离方案，经相平衡计算比较后，选其优者。一般来说，采用三级分离时，第一级分离的压力为0.7 ～ 3.5 MPa，第二级分离的压力为0.07 ～ 0.55 MPa。若井口压力高于3.5 MPa，就应考虑采用四级分离。

### 思考

调查油气分离器的使用情况以及存在的问题，并提出解决方法。

## 任务实施

请完成“实训6　油田联合站仿真教学系统实训”，见本教材配套实训活页。

◎配 套 资 料
◎储 运 发 展
◎运 输 历 史
◎学 习 社 区

# 单元2　原油脱水

## 单元导入

本单元主要介绍原油含水的类型、原油脱水的方法及常见工艺流程。

## 学习目标

**1. 知识目标**

（1）掌握原油含水的类型。

（2）掌握原油脱水的方法及常见工艺流程。

**2. 能力目标**

（1）能够理解不同含水类型决定了脱水方法、工艺的不同。

（2）能够绘制常见原油脱水工艺流程图。

**3. 素质目标**

（1）专业基础扎实，对常见工艺流程熟记于心。

（2）掌握处理规范标准，养成科学、严谨的工作态度。

（3）养成独立思考，分析问题、解决问题的能力。

## 基础知识

原油含水不但直接影响原油的质量，而且增加了后续处理工艺和输送过程中的动力、热力消耗，易引起金属管道和设备的腐蚀；水中携带的泥砂、碳酸盐等，易对输送管道和设备造成磨损，形成结垢等。另外，原油含水还会影响炼制加工过程的正常进行。因此，含水量是出矿原油的重要技术指标。经过气液分离得到的油水混合物，在进入下一级处理工艺和外输之前，必须进行脱水、脱盐、脱机械杂质的净化处理。由于原油中所含的盐类和机械杂质大部分溶解或悬浮于水中，所以原油的脱水过程实际上也是脱盐、脱机械杂质的过程。

### 一、水分在原油中存在的形式

根据水分在原油中存在的形式不同，原油中的含水可分为游离水和乳化水两种。游离水在常温下用简单的沉降方法可以在较短的时间内就从油中分离出来；乳化水与油形成了一定结构的乳状液，很难用简单的沉降法直接从油中分离出来，通常需要通过一定的方式破乳后，再进行沉降脱水。因此，乳化水的脱除将是本单元研究的重点。

原油与水构成的乳状液主要有以下两种类型：

一种是水以极微小的颗粒分散于原油中，称为“油包水”型乳状液，用符号W/O表示。

此时水是内相或称为分散相，油是外相或称为分散介质，因外相液体是相互连接的，故又称为连续相。

另一种是油以极微小的颗粒分散于水中，称为“水包油”型乳状液，用符号O/W表示。此时油是内相，水是外相。

另外，还有多重乳状液，即油包水包油型、水包油包水型等，分别以O/W/O和W/O/W表示。

## 二、原油脱水的方法

根据原油含水的形式和油水混合物的性质，目前常用的脱水方法有重力沉降脱水、电场脱水、化学破乳脱水、润湿聚结脱水，以及加热脱水等。其中加热脱水法是通过加热降低原油黏度，减小原油对水滴沉降的阻力，增大内相水滴体积，使得油水界面膜变薄，直至破裂最终破坏乳状液的稳定性，但这种方法一般不单独使用，常和化学法、电法联合使用，提高脱水效果。

### （一）重力沉降脱水

重力沉降脱水是原油乳状液脱水最基础的过程。在油水混合物中，重力沉降脱水是依靠油和水密度的不同，所受重力的不同而实现的。

此法主要用于对原油中游离水的脱除，而绝大多数油井产物都有乳化水的存在，因此单独的重力沉降脱水应用较少，一般是将化学破乳、电场力破乳、重力沉降等多种形式进行不同的组合而形成复合的脱水工艺流程。

### （二）电场力脱水

电场力脱水是指将原油乳状液置于高压电场中，在电场力的作用下，削弱水滴界面膜的强度，促进水滴之间的碰撞，使其聚结沉降从原油中分离出来的方法。

此法适用于重质、高黏原油的脱水，在用其他方法尚不能达到商品原油含水率要求时，常使用电场力脱水。电场力脱水常作为原油乳状液脱水工艺的最后环节。

### （三）化学破乳脱水

化学破乳脱水是原油乳状液脱水中普遍采用的一种破乳手段。它是向原油乳状液中添加化学助剂，破坏其乳化状态，使乳化水从乳状液中分离出来，最后通过重力沉降从油中脱除的方法。这类化学助剂称为破乳剂，一般是表面活性剂或含有两亲结构的超高分子表面活性剂。

### （四）润湿聚结脱水

润湿聚结脱水又称为聚结床脱水，也称为粗粒化脱水，是在热化学沉降脱水法基础上发展起来的一种脱水方法，即在加热、投入破乳剂的同时，使乳状液从一种强亲水物质（如脱脂木材、陶瓷、特制金属环、玻璃球等）的缝隙间流过。当乳状液（W/O）中的水滴与这种强亲水物质碰撞时，水滴极易将这些物质润湿并吸附在其表面，水滴相互聚结，由小水滴聚结成大水滴（也称为粗粒化），最后沉降脱离出来。

## 三、原油脱水工艺流程

目前，油田普遍将化学破乳脱水、重力沉降脱水、电场力脱水这三种脱水方法应用于原油生产中，并且大多都需要对原油乳状液进行加热，因而形成了油田广泛应用的两种基本原油联合脱水工艺：一种为热化学沉降脱水工艺，另一种为电脱水工艺。

### （一）化学沉降脱水工艺流程

1. 一次破乳—两级沉降脱水工艺流程

一次破乳—两级沉降脱水工艺流程，如图3–6所示。经气液分离后的油水混合物，先进一次沉降罐，在重力沉降的作用下脱去游离水；再在脱水泵的抽吸、搅拌作用下加入破乳剂，并经过脱水加热炉升温后进二次沉降罐，乳状液得以破乳沉降。该流程适用于油水混合物乳化程度较轻、沉降设备较多或要求的原油含水率较高的情况。

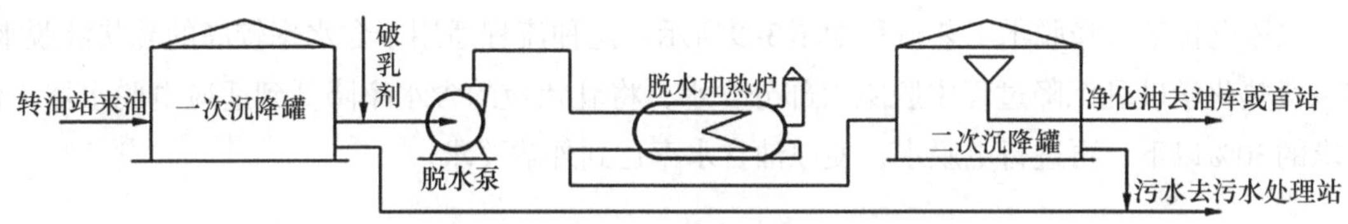


图3–6　一次破乳—两级沉降脱水工艺流程

2. 二次破乳—两级沉降脱水工艺流程

二次破乳—两级沉降脱水工艺流程如图3–7所示。经气液分离后的油水混合物，先加入一次破乳剂后，进一次沉降罐，破乳沉降，脱去原油中80%～90%的含水；再加入二次破乳剂，并经脱水加热炉升温后进二次沉降罐破乳沉降。该流程在一次破乳沉降中脱除了大部分含水，使二次破乳剂加入量、加热炉热负荷、二次沉降罐容积都大为减少，提高了脱水的运行效率和脱水效果，适用于油水混合物含水率较高、乳化较重的情况。

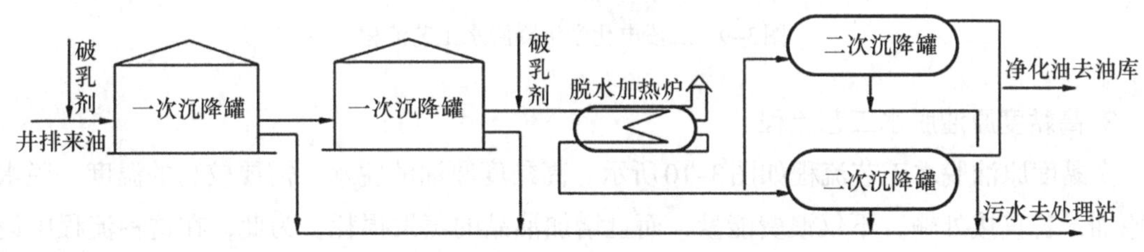


图3–7　二次破乳—两级沉降脱水工艺流程

### （二）电化学沉降脱水工艺流程

电化学沉降脱水是利用化学破乳、电场力破乳、重力沉降等多种方法的综合脱水工艺。根据乳状液的含水率、黏度等性质的不同，其工艺流程也有差别。

1. 一段电化学沉降脱水工艺流程

一段电化学沉降脱水工艺流程如图3–8所示。在该流程中，以电场力脱水为主，化学破乳为辅。这种流程适用于含水率小于20%的乳状液破乳脱水，其脱水效果较好，成本较低。

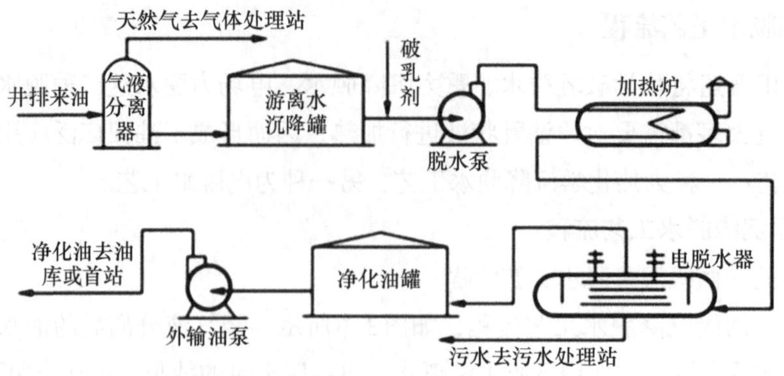


图3–8　一段电化学沉降脱水工艺流程

2. 二段电化学沉降脱水工艺流程

二段电化学沉降脱水工艺流程如图3–9所示。这种流程适用于含水率较高的乳状液脱水，在一段热化学破乳沉降过程中脱除大部分含水，将乳状液的含水率降低到适应电脱水器工作要求的30%以下，再进行电脱水，使原油含水率达到外输要求。

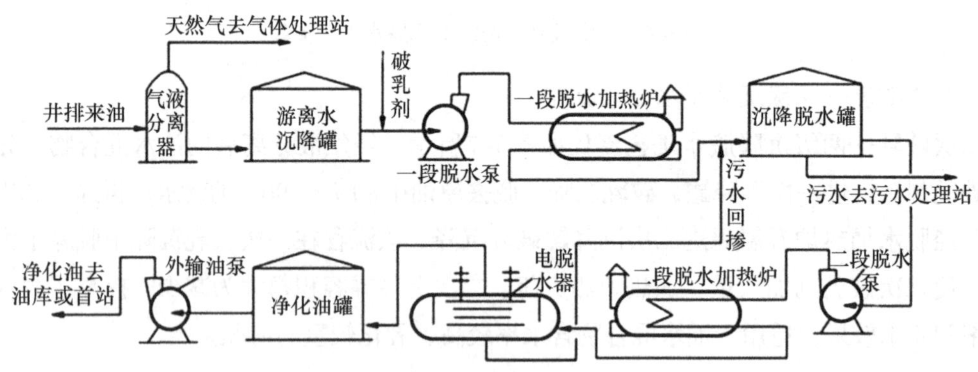


图3–9　二段电化学沉降脱水工艺流程

3. 高黏度原油脱水工艺流程

高黏度原油脱水工艺流程如图3–10所示。高黏度原油的脱水，需要较高的温度，脱水后的原油，若直接外输，不仅浪费能量，而且增加油品的蒸发损耗。为此，在这种流程中设置了换热器，将电脱水后的原油引回换热器，与加热前的原油乳状液换热后再外输，提高了热能的利用率，降低了脱水成本。

**（三）密闭脱水工艺流程**

在以上介绍的几种脱水工艺流程中，都设有常压的沉降、净化油储罐。这种工艺流程属于开式流程。其特点是运行比较可靠，自动化水平要求不高，但油品蒸发损耗多，特别是在温度较高时更为突出。另外，压能不能叠加利用，系统运行效率较低。密闭脱水工艺流程如图3–11所示。

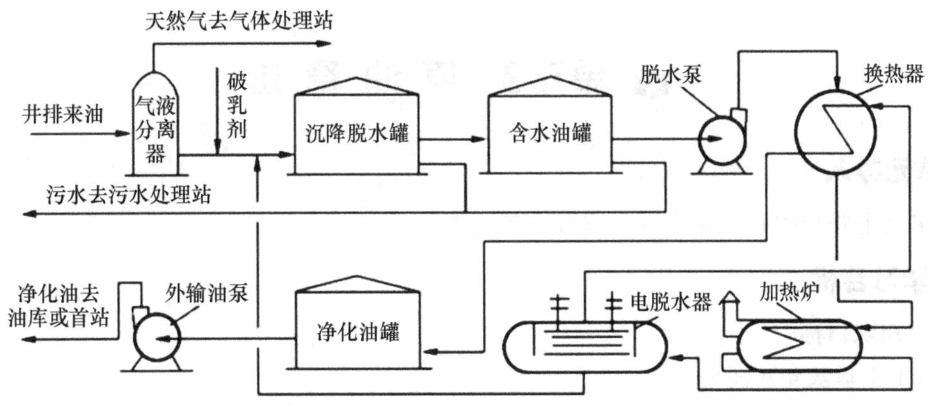

图3-10 高黏度原油脱水工艺流程

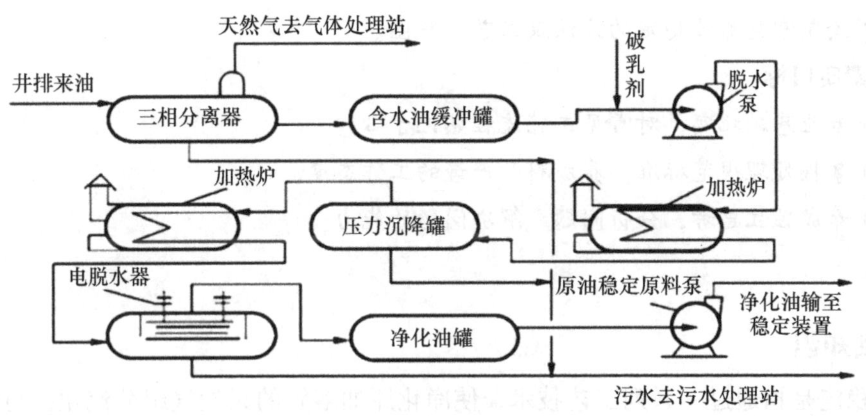

图3-11 密闭脱水工艺流程

在该工艺流程中，以三相分离器代替了开式流程中的气液分离器和一次沉降罐，可以承受一定压力的卧式缓冲罐、压力沉降罐等代替了开式流程中的立式常压罐，实现了全过程的密闭运行，具有流程简单、建设投资少、油气蒸发损耗少、避免乳状液老化、有利于实现自动化控制等优点，但运行参数的相互影响较大，对自动化水平的要求较高。

### 思考

画出负压闪蒸原理流程图，并说明其特点。

## 任务实施

请完成“实训6 油田联合站仿真教学系统实训”，见本教材配套实训活页。

# 单元3 原油稳定

## 单元导入

本单元主要介绍原油稳定的方法及工艺流程。

## 学习目标

**1. 知识目标**

（1）掌握蒸气压的定义。

（2）掌握原油稳定的方法及常见工艺流程。

**2. 能力目标**

能够绘制常见原油稳定的方法及工艺流程图。

**3. 素质目标**

（1）专业基础扎实，对常见工艺流程熟记于心。

（2）掌握处理规范标准，养成科学严谨的工作态度。

（3）养成独立思考，分析问题、解决问题的能力。

## 基础知识

原油稳定是指通过一系列工艺技术，使净化原油溶解的天然气组分汽化，与原油分离，较彻底地脱除原油内蒸气压高的溶解气组分，以实现原油蒸气压降低的过程。原油稳定工艺是实现油气密闭集输、降低原油蒸发损耗、减少油气损失的重要措施。净化原油经稳定后成为合格的商品原油。

### 一、原油的蒸气压

原油的蒸气压是指在规定的条件下，油品在适当的试验仪器中气液两相达到平衡时，液面蒸气所显示的压力。原油蒸气压的大小反映了原油的挥发性、储运过程中的潜在损耗性和安全性，以及对环境潜在污染等，因而对原油及油气田其他液体产品的蒸气压一般都有严格要求。

原油是由多种烃类与非烃类组成的混合物，其蒸气压不仅取决于温度，同时也取决于其组成。常见烃类的蒸气压与温度关系曲线如图3-12所示。

原油的蒸气压与温度有关，温度降低，蒸气压减小。因此，原油的集输、储存和外输应尽量在较低温度下进行，以降低原油的蒸气压，减少油气蒸发损耗，但最低温度一般不能低于原油倾点。

对于同一种原油，随着温度的升高，原油蒸气压增大；温度相同时，易挥发轻组分的含量越高，原油的蒸气压也越高。因此，要降低原油蒸气压，可从两方面考虑：一是降低原油温度；二是将原油中易挥发的轻组分（$C_1 \sim C_4$）分离。由于温度对原油流动特性影响显著，受工艺条件限制，降低温度不容易在油气集输和处理的整个工艺系统中实现。因此，常用的方法是降低原油中易挥发轻组分的含量，尽可能脱除$C_1 \sim C_4$。

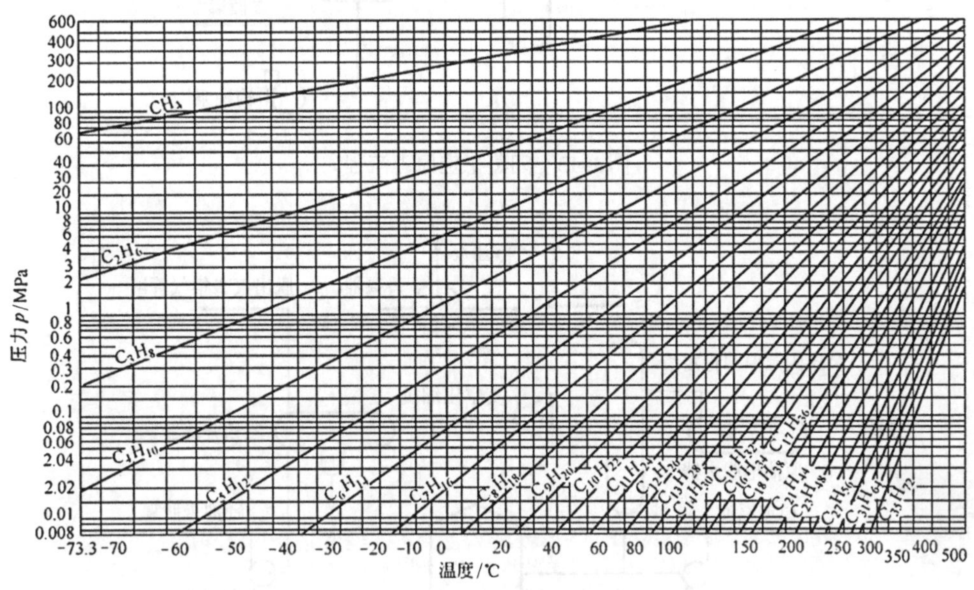


图3-12　常见烃类的蒸气压与温度关系曲线

## 二、原油稳定的方法及工艺

根据降低原油蒸气压来实现原油稳定的原理，原油稳定的方法主要有闪蒸稳定法和分馏稳定法。稳定工艺的选择应根据进料原油的组成、物性、稳定深度、产品要求等因素，并综合考虑相关的工艺流程，通过技术经济比较后确定。

### （一）闪蒸稳定法

原油是由烃类和非烃类组成的复杂混合物，在相同温度下，不同组分的蒸气压（易挥发度）不同。在原油稳定工艺中，利用原油中各组分的蒸气压不同，轻组分的蒸气压高，挥发性强，通过对原油加热并减压，使原油中的轻烃组分挥发，从原油中分离出来，从而使原油蒸气压降低，原油得到一定程度的稳定，这种稳定方法称为闪蒸稳定法。

在一般情况下，在油气处理流程上，原油稳定装置是安排在原油脱水之后。电脱水器脱水后的未稳定原油经过加热炉加热到一定温度后，再经减压阀减压进入闪蒸稳定塔装置，进行平衡闪蒸分离。闪蒸稳定原理流程如图3-13所示。

根据操作压力不同，闪蒸分离稳定又可分为负压闪蒸稳定和正压闪蒸稳定两种。

#### 1. 负压闪蒸稳定

负压闪蒸稳定就是使原油的蒸发过程在一定的真空度下进行。原油负压闪蒸稳定原理流程图如图3-14所示。

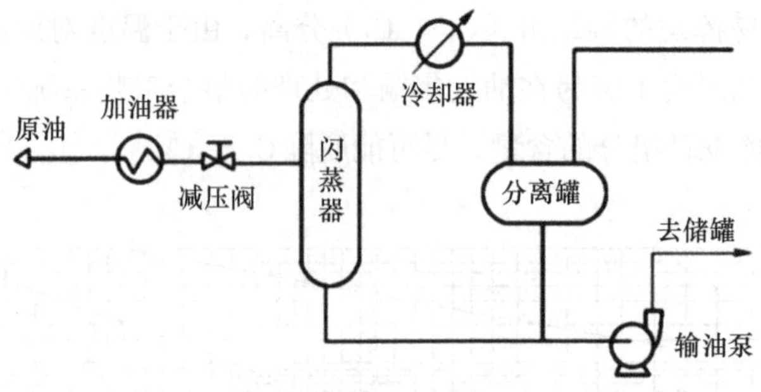


图3-13　闪蒸稳定原理流程

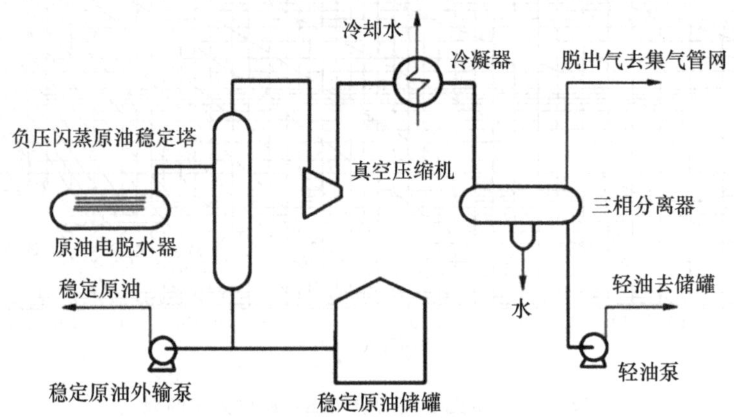


图3-14　原油负压闪蒸稳定原理流程图

脱水后的原油经节流减压后呈气液两相状态进入稳定塔，操作温度应结合原油脱水或外输温度确定，宜为50～80 ℃，不宜专为负压闪蒸稳定进行加热；操作压力应根据工艺计算结果并结合负压压缩机性能确定，不应超过当地大气压的0.7倍，宜为0.05～0.07 MPa，形成负压。原油在塔内闪蒸，易挥发组分在负压下析出气相，并从塔顶流出。流出气体经负压压缩机增压至0.35 MPa左右，再经冷凝器部分冷凝至20～40 ℃，进入三相分离器，实现不凝气、凝析油和污水分离。凝析油可单独输送至气体处理加工厂加工成液体石油产品；可回掺至稳定原油内增加原油数量、质量；也可回掺至末级分离器或闪蒸塔入口原油内，提高油气分离效率。塔底流出稳定原油经泵增压输送至矿场油库。

负压闪蒸稳定法的操作压力低，在相同的操作温度下原油可以得到更高的稳定程度，宜适用于密度较大、易挥发组分（$C_1$～$C_4$）含量小于2%的原油。

2. 正压闪蒸稳定

当原油中易挥发组分（$C_1$～$C_4$）含量较多（大于2%）时，若利用负压闪蒸稳定，用于抽真空的压缩机抽吸耗功增加，会造成经济损失。因此，对于这类原油稳定，通常采用提高操作温度和操作压力的方法，称为正压闪蒸稳定法。根据操作压力不同，又可分为正压闪蒸稳定和微正压闪蒸稳定。操作压力大于0.1 MPa的称为正压闪蒸稳定，操作压力在0～200 MPa之间的称为微正压闪蒸稳定。

正压闪蒸稳定法的操作压力较高，为满足原油稳定要求，需较高操作温度，其原理流程图如图3-15所示。稳定塔的操作压力为净化原油经加热炉加热后的余压，一般为0.25～0.3 MPa。为使原油达到稳定深度，脱水后的原油经换热器换热，加热炉升温进入稳定塔内，温度提高至120 ℃左右。稳定塔操作温度与操作压力有关，压力越高，操作温度越高。据估算，汽化率一定时，压力每提高0.01 MPa，操作温度提高4～5 ℃。

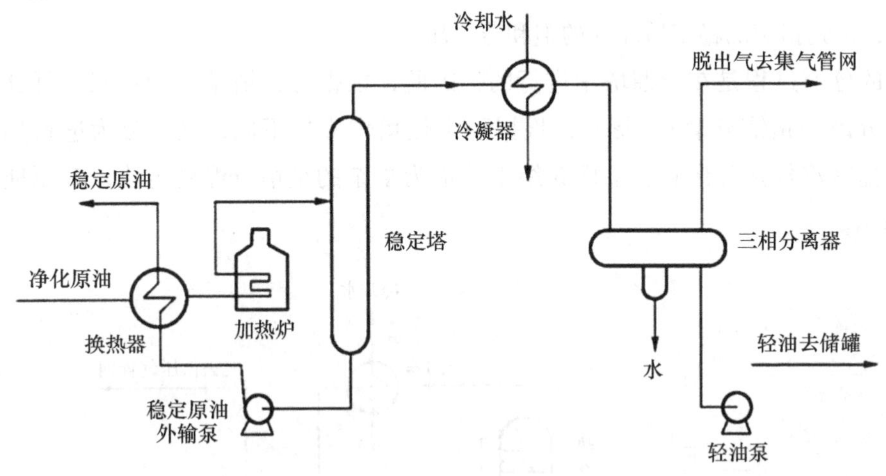


图3-15　正压闪蒸稳定的原理流程图

正压闪蒸稳定无须抽气压缩机，流程较简单，但能耗比负压闪蒸稳定要高，一般不宜单独采用，但若能将加热所需的热量与原油降黏或热处理等工艺结合起来，则可选用这种正压闪蒸稳定法。

微正压闪蒸稳定的操作压力一般为0.103～0.105 MPa，闪蒸温度在80～95 ℃就可达到原油稳定的要求，比较适用于一般原油的稳定处理。同时，国产压缩机的性能也比较适合于这种微正压进气的工况。微正压闪蒸稳定的原理流程图如图3-16所示。

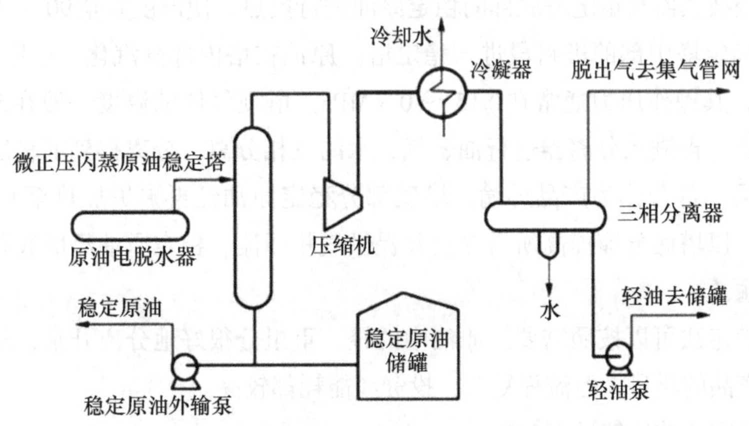


图3-16　微正压闪蒸稳定的原理流程图

微正压闪蒸稳定的流程、设备等与负压闪蒸稳定类似，只是操作压力控制在微正压状态，避免了负压状态下的一些缺点，使得运行更可靠、更经济。

**（二）分馏稳定**

原油中轻组分蒸气压高，挥发性强；重组分蒸气压低，不宜挥发。根据原油各组分蒸气压的不同，利用精馏原理对净化原油进行稳定处理的过程称为分馏稳定。对于轻质原油，凝析油或者原油中的$C_1$～$C_4$，含量大于2%，宜采用分馏稳定。此种方法能很好地分离原油中的轻组分，达到指定的稳定后原油的饱和蒸气压。

原油的分馏过程是在分馏塔中进行的，因此，根据分馏塔结构的不同，可分为全塔分馏、提馏分馏和精馏分馏3种形式；根据稳定热量供应的不同，又可分为进料加热、重沸加热和汽提蒸汽加热等形式。下面介绍工艺最为复杂的全塔分馏稳定法，其原理流程图如图3-17所示。

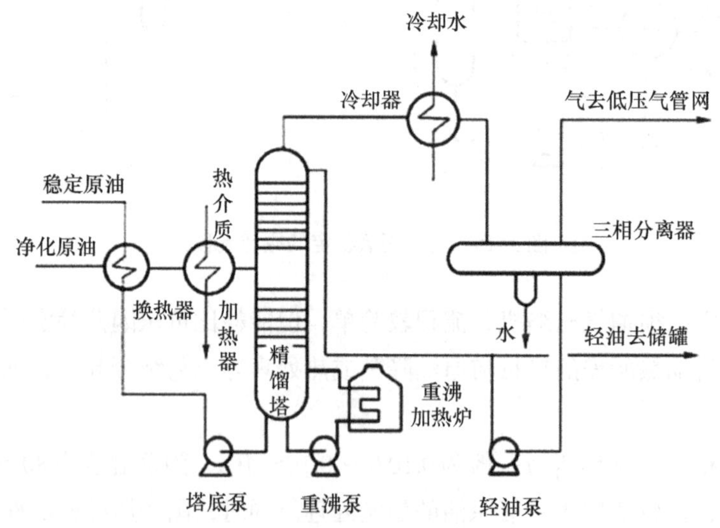


图3-17　全塔分馏稳定法原理流程图

脱水原油经换热器与稳定塔底部的稳定原油进行换热，使温度升至90～150 ℃，再经加热器加热，从稳定塔中部的进料段进入稳定塔。原油在塔内部分汽化，在塔上部进行精馏，下部为提馏段，其操作压力通常在0.15～0.3 MPa。塔顶气体的温度一般在50～90 ℃，先经冷却器降温后，再进入分离器进行油、气、水的三相分离。分离得到的轻质油，一部分作为塔顶回流，另一部分作为产品外输。塔底部分稳定原油经再沸炉加热至120～200 ℃后，回流塔底液面，以塔底分馏提高所需热量并提供气相回流。稳定原油经塔底泵抽至换热器与来油换热后外输。

全塔分馏稳定法可以按照需要把原油中的轻、重组分很好地分离开来，从而保证稳定原油和塔顶气相产品的质量，但流程复杂，投资和能耗都较高。

常见原油稳定法的比较见表3-2。

表3-2　常见原油稳定法的比较

| 项目 | 全塔分馏 | 提馏 | 精馏 | 负压闪蒸 | 微正压闪蒸 | 加热闪蒸 |
|---|---|---|---|---|---|---|
| 稳定效果 | 较好，可按需要分离轻、重组分 | 塔底稳定原油组分控制较好 | 塔顶拔出气体组分控制较好 | 稳定效果差于分馏法 | 稳定效果差于负压闪蒸法 | 稳定效果与负压闪蒸法相同 |
| 流程复杂程度 | 流程复杂 | 流程较复杂，设备少于全塔分馏 | 流程较复杂，设备少于全塔分馏 | 流程简单 | 与负压闪蒸法相当 | 与负压闪蒸法相比，无压缩机，增加加热炉 |
| 操作难易程度 | 操作条件要求严，负荷波动的适应性差 | 对操作条件的要求，比全塔分馏松一些 | 与提馏法相当 | 操作简单，对负荷波动适应能力强 | 与负压闪蒸法相当 | 操作简单，对负荷波动适应能力较强 |
| 能耗 | 高 | 较高 | 较高 | 低 | 低 | 较高 |
| 投资 | 高 | 较高 | 较高 | 低 | 低 | 较低 |
| 投资回收期 | 较短 | — | 短 | 较短 | 较短 | — |

### 思考

画出负压闪蒸原理流程图，并说明其特点。

## 任务实施

请完成“实训6　油田联合站仿真教学系统实训”，见本教材配套实训活页。

# 单元4　天然气净化

## 单元导入

本单元主要介绍天然气脱硫、脱水的方法及工艺流程。

## 学习目标

**1. 知识目标**

（1）掌握天然气的质量指标。

（2）掌握天然气脱硫方法及常见工艺流程。

（3）掌握天然气脱水方法及常见工艺流程。

**2. 能力目标**

能够绘制常见原油稳定的方法及工艺流程图。

**3. 素质目标**

（1）专业基础扎实，对常见工艺流程熟记于心。

（2）掌握处理规范标准，养成科学、严谨的工作态度。

（3）养成独立思考，分析问题、解决问题的能力。

## 基础知识

### 一、天然气的质量指标

在天然气供给用户使用时，为了保证天然气系统和用户的安全，减少腐蚀、堵塞和损失等情况，减少对环境的污染程度和保障系统的经济合理性，要求天然气具有一定的质量技术指标，并保持其质量的相对稳定。

#### （一）硫化物

天然气中的硫化物分为无机硫和有机硫。无机硫主要是指硫化氢（$H_2S$），有机硫有二硫化碳（$CS_2$）、硫氧化碳（COS）、硫醇（$CH_3SH$)、乙硫醇($C_2H_5SH$）、噻吩、硫醚等。

燃气中的硫化物90%～95%为无机硫。硫化氢及其氧化后形成的二氧化硫都具有强烈的刺鼻气味，对眼黏膜和呼吸道有损伤。有机硫除具有一定的毒性外，还会腐蚀燃气用具。

#### （二）水分

水蒸气能加剧$O_2$、$H_2S$和$SO_2$与管道、阀门及燃气用具金属之间的化学反应，造成金属腐蚀。特别是水蒸气冷凝，其在管道和管件内表面形成水膜时腐蚀更为严重。

**（三）二氧化碳**

天然气中的二氧化碳是一种腐蚀剂，在输送过程中，二氧化碳遇到水分变成酸性物质，对管道和设备造成腐蚀；二氧化碳是非可燃物质，会降低天然气的热值，增加燃烧后的烟气排放量。

**（四）灰尘及其他杂质**

天然气中的灰尘主要是指氧化铁尘粒，它是由管道腐蚀而产生的。输送天然气过程中由于灰尘所引起的故障一般发生于远离气源的用户端。

我国天然气的质量技术指标采用《天然气》（GB 17820—2018）的规定，见表3-3。

**表3-3　天然气质量要求——《天然气》（GB 17820—2018）**

| 项目 | | 一类 | 二类 |
|---|---|---|---|
| 高位发热量[a, b]/（$MJ/m^3$） | ≥ | 34.0 | 31.4 |
| 总硫（以硫计）[a]/（$mg/m^3$） | ≤ | 20 | 100 |
| 硫化氢[a]/（$mg/m^3$） | ≤ | 6 | 20 |
| 二氧化碳/% | ≤ | 3.0 | 4.0 |

a. 本标准中使用的标准参比条件是101.325 kPa · 20 ℃；

b. 高位发热量以干基计。

## 二、天然气脱硫

当天然气中的酸性组分含量超过管输气或商品气质量要求时，必须采用合适的方法脱除后才能管输或成为商品气。从天然气中脱除酸性组分的工艺过程称为脱硫、脱碳，习惯上统称为天然气脱硫。

国内外报道过的脱硫方法有近百种。这些方法按作用机理可分为化学吸收法、物理吸收法、物理—化学吸收法、直接氧化法、干式床层法及膜分离法等。其中，采用溶液或溶剂作脱硫剂的脱硫方法习惯上又统称为湿法，采用固体作脱硫剂的脱硫方法又统称为干法，如图3-18所示。

**（一）化学吸收法**

化学吸收法是以可逆的化学反应为基础，以碱性溶液为吸收剂（化学溶剂），与天然气中的酸性组分（主要是$H_2S$和$CO_2$）等反应生成某种化合物。吸收了酸性组分的富液在温度升高、压力降低时，该化合物又能分解释放出酸性组分。各种烷基醇胺法（简称醇胺法）、碱性盐溶液法和氨基酸盐法都属此类方法。这类脱硫方法一般不受酸性分压的影响。

各种醇胺溶液是化学吸收法中使用最广泛的吸收剂，有一乙醇胺（MEA）、二乙醇胺（DEA）、二甘醇胺（DGA）、甲基二乙醇胺（MDEA）和二异丙醇胺（DIPA）等。常规胺法脱硫工艺流程图如图3-19所示。

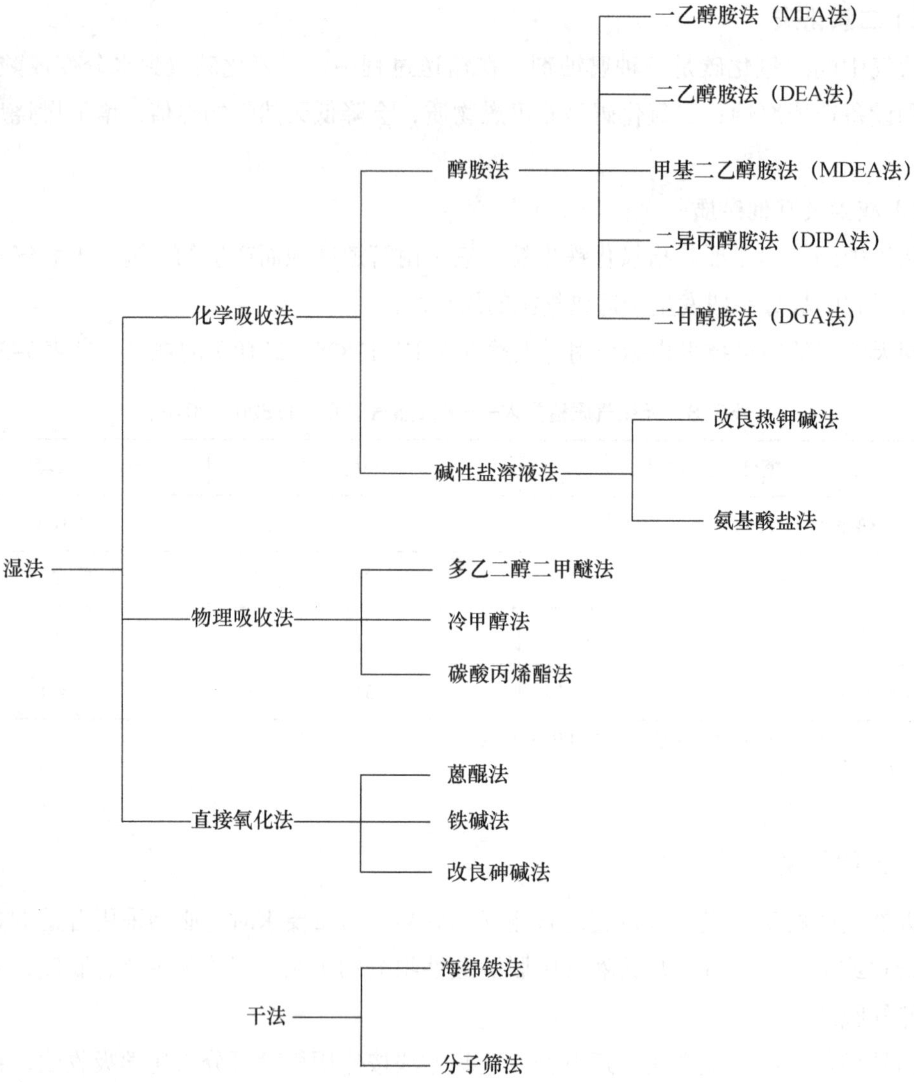

- 湿法
  - 化学吸收法
    - 醇胺法
      - 一乙醇胺法（MEA法）
      - 二乙醇胺法（DEA法）
      - 甲基二乙醇胺法（MDEA法）
      - 二异丙醇胺法（DIPA法）
      - 二甘醇胺法（DGA法）
    - 碱性盐溶液法
      - 改良热钾碱法
      - 氨基酸盐法
  - 物理吸收法
    - 多乙二醇二甲醚法
    - 冷甲醇法
    - 碳酸丙烯酯法
  - 直接氧化法
    - 蒽醌法
    - 铁碱法
    - 改良砷碱法
- 干法
  - 海绵铁法
  - 分子筛法

图3-18　天然气脱硫方法及分类

### （二）物理吸收法

物理吸收法全部采用有机复合物做吸收剂。吸收酸气的过程为物理吸收过程，溶液的酸气负荷正比于气相中酸气的分压，当富液压力降低时，即放出吸收的酸性气体组分。由于物理溶剂对重烃有较大的溶解度，因而物理溶剂吸收法常用于酸性气体分压超过0.35 MPa、重烃含量低的天然气净化。此法不仅能脱除$H_2S$和$CO_2$，还能同时脱除硫醇、二硫化碳、基硫等有机硫化物。某些溶剂能选择性吸收硫化氢，可获得较高浓度的酸气。

目前常用的物理吸收法主要有多乙二醇二甲醚法、碳酸丙烯酯法、冷甲醇法等。

### （三）物理—化学吸收法

物理—化学吸收法是指兼有物理吸收和化学吸收两种方法的联合吸收法。砜胺法又称为萨菲诺法（Sulfinol法），是典型的联合吸收法。它所用的物理吸收剂为环丁砜；化学吸收剂

可以用任何一种醇胺化合物，最常用的是二异丙醇胺（DIPA）与甲基二乙醇胺（MDEA）。砜胺法脱硫工艺流程图如图3-20所示。

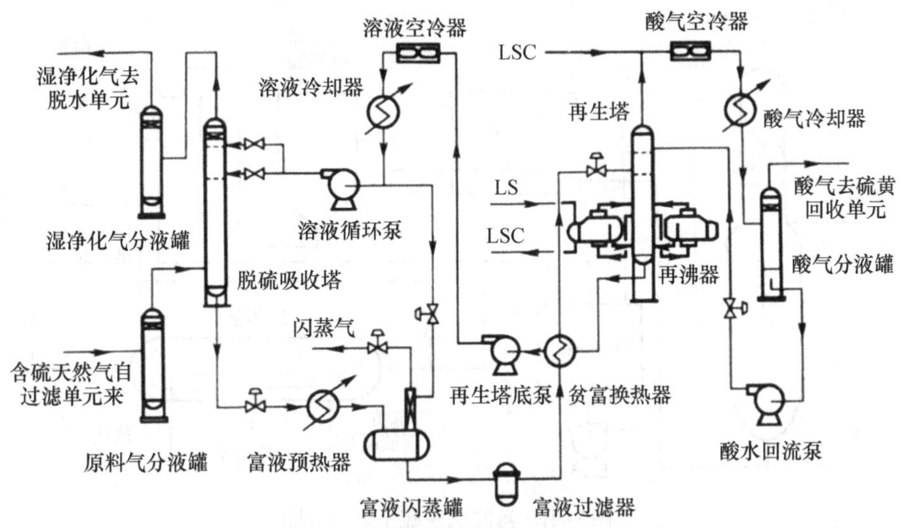


图3-19　常规胺法脱硫工艺流程图

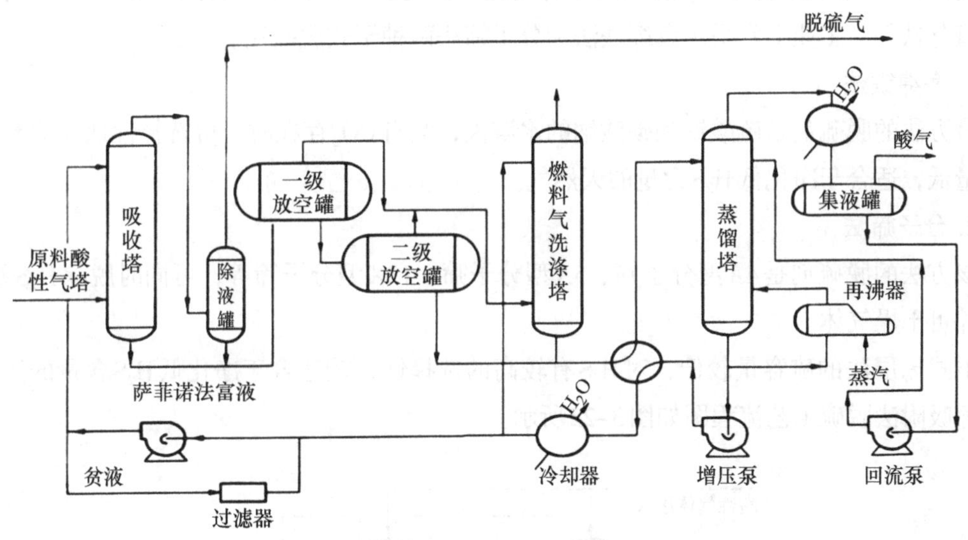


图3-20　砜胺法脱硫工艺流程图

**（四）直接氧化法**

直接氧化法（氧化还原法）是指在溶液中氧载体的催化作用下，把被碱性溶液吸收的$H_2S$氧化为硫磺，然后鼓入空气，使吸收液再生。

其特点是可使硫化氢直接转化为单质硫且溶液不与原料气中的二氧化碳反应，脱硫过程中对大气几乎无污染，而被净化的天然气一般能达到管输要求。其缺点是溶液酸气负荷低，动力消耗大。蒽醌法、铁碱法和改良砷碱法等都属于直接氧化法。如图3-21所示为蒽醌法脱硫工艺流程图。

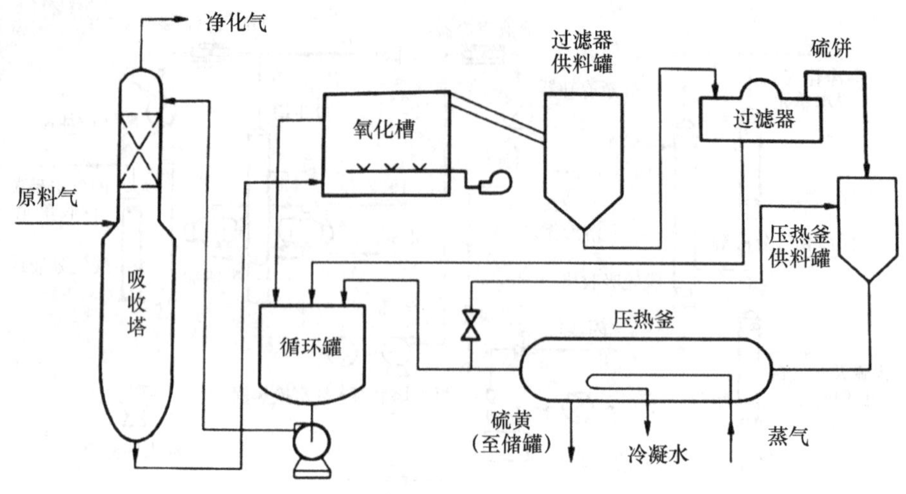


图3-21　蒽醌法脱硫工艺流程图

### (五)干式床层法

用固体物质的固定床作为酸气组分的反应区，这些固体物质是天然泡沸石、分子筛和海绵状氧化铁等。工业上常采用海绵铁法和分子筛法两种干式脱硫法。

1. 海绵铁法

该方法的脱硫剂是硫酸铁和碳酸钠的水溶液，当有$CO_2$存在时，可选择性地脱除$H_2S$，但硫容量低，适合于净化低$H_2S$含量的天然气。

2. 分子筛法

该方法的脱硫剂是4A型分子筛、5A型分子筛、13X型分子筛等，可同时脱除$H_2S$及有机硫，并可干燥气体。

干式床层法的硫容量较低，对$H_2S$有较高的选择性，较适合于净化低$H_2S$含量的天然气。分子筛吸附法脱硫工艺流程图如图3-22所示。

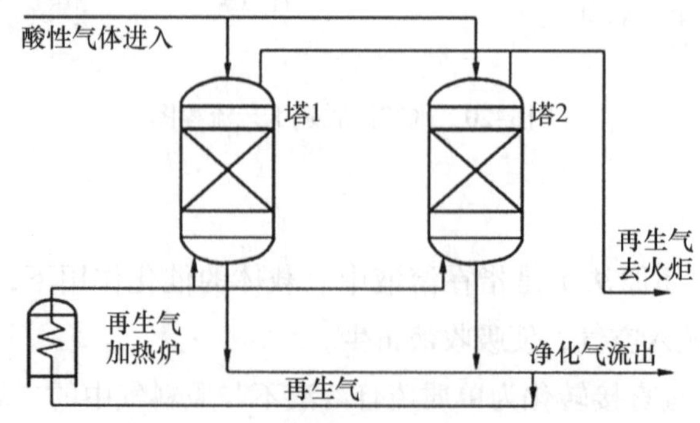


图3-22　分子筛吸附法脱硫工艺流程图

### （六）膜分离法

膜分离法是使用一种选择性渗透膜，利用不同气体渗透性能的差别而实现酸性组分分离的方法。膜分离的基本原理是原料气中的各个组分在压力作用下，因通过半透膜的相对传递速率不同而得以分离。

## 三、天然气脱水

从地层开采出来的天然气含有游离水和气态水。对于游离水，由于它是以液态方式存在的，在天然气集输过程中通过分离器就可以实现分离；由于气态水在天然气中以气态方式存在，运用分离器不能完成分离。而这些气态水又会在天然气管道输送过程中随着温度压力的改变而重新凝结成液态水。液态水的存在会导致天然气水合物的生成和液体本身堵塞管路、设备或降低它们的负荷，引发$CO_2$、$H_2S$的酸液腐蚀。因此，为满足管输和用户的需求，脱除天然气中的水分是十分必要的。

天然气的脱水方法多种多样，按其原理可归纳为低温冷凝法、吸收脱水法和吸附脱水法三种。

### （一）低温冷凝法

低温冷凝法是借助于天然气与水汽凝结为液体的温度差异，在一定的压力条件下降低含水天然气的温度，使其中的水汽与重烃冷凝为液体，再借助于液烃与水的相对密度差和互不溶解的特点进行重力分离，使水被脱出。

这种方法可以实现水、烃的同时脱除，脱水温度根据所需的脱水或脱烃的深度来决定。低温冷凝法主要包括直接冷却法、节流膨胀制冷法、氨制冷法、膨胀机制冷法等。

### （二）吸收脱水法

吸收脱水是根据吸收原理，采用一种亲水液体与天然气逆流接触，从而脱除气体中的水蒸气，即天然气与某种吸水能力强的化学溶剂相接触，利用化学溶剂对水的吸收能力，吸收天然气中的水分，同时不与水发生化学反应，最终达到脱水目的。

用来脱水的亲水液体称为脱水吸收剂，常用的脱水吸收剂是甘醇类化合物和氯化钙水溶液，目前广泛采用的是甘醇类化合物。常用脱水吸收剂的特性见表3–4。

**表3–4　常用脱水吸收剂的特性**

| 脱水吸收剂 | 优点 | 缺点 | 适用范围 |
|---|---|---|---|
| $CaC_{l2}$水溶液 | ①投资与操作费用低，不燃烧；<br>②在更换新鲜$CaCl_2$前可无人值守 | ①吸收水容量小，且不能重复使用；<br>②露点降较小，且不稳定；<br>③更换$CaCl_2$时劳动强度大，且有废$CaCl_2$水溶液处理问题 | 边远地区小流量、露点降要求较小的天然气脱水 |
| 二甘醇（DEG）水溶液 | ①浓溶液不会“凝固”；<br>②天然气中含有$H_2S$、$CO_2$、$O_2$时，在一般温度下是稳定的；<br>③吸水容量大 | ①蒸气压较TEG高，蒸发损失大；<br>②理论热分解温度较TEG低，仅为164.4 ℃，故再生后的DEG水溶液浓度较小；<br>③露点较TEG水溶液得到的小；<br>④投资及操作费用较TEG高 | 集中处理站内大流量、露点降要求较大的天然气脱水 |

续表

| 脱水吸收剂 | 优点 | 缺点 | 适用范围 |
| --- | --- | --- | --- |
| 三甘醇（TEG）水溶液 | ①具有DEG的优点；②理论热分解温度较DEG高，再生后的TEG水溶液浓度较高；③获得的露点降较大；④蒸气压较DEG低，蒸发损失小；⑤投资及操作费用较DEG低 | ①投资及操作费用较 $CaCl_2$ 水溶液高；②当有液烃存在时再生过程易起泡，有时需要加入消泡剂 | 集中处理站内大流量、露点降要求较大的天然气脱水 |

三甘醇（TEG）脱水装置工艺流程示意图如图3-23所示。TEG脱水装置主要由吸收系统和再生系统两部分构成，工艺过程的核心设备是吸收塔。天然气脱水过程在吸收塔内完成，再生塔完成三甘醇富液的再生操作。一般要求在贫液中三甘醇的质量浓度大于99%时，可引一股干气与再沸器流出的液体逆流接触，进一步提升甘醇再生质量和脱水效果。

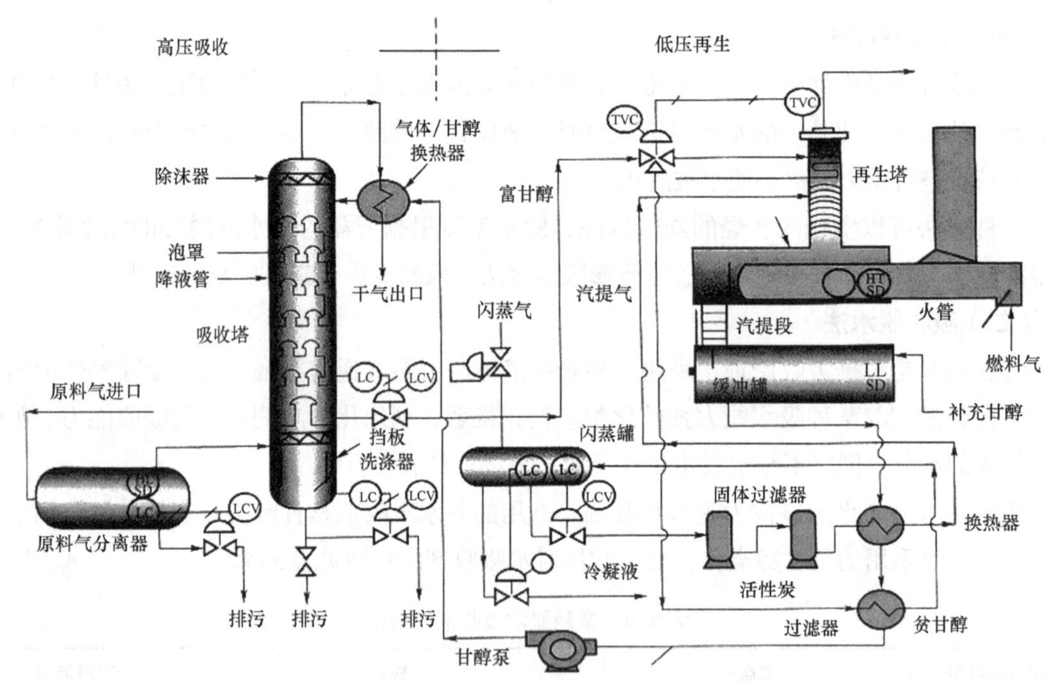


图3-23　三甘醇（TEG）脱水装置工艺流程示意图

原料天然气从吸收塔的底部进入，与从顶部进入的三甘醇贫液在塔内逆流接触，脱水后的天然气从吸收塔顶部离开，三甘醇富液从塔底排出，经过再生塔顶部冷凝器的排管升温后进入闪蒸罐，尽可能闪蒸出其中溶解的烃类气体，离开闪蒸罐的液相经过过滤器过滤后流入贫/富液换热器、缓冲罐，进一步升温后进入再生塔。在再生塔内通过加热使三甘醇富液中的水分在低压、高温下脱除，再生后的三甘醇贫液经贫/富液换热器冷却后，经甘醇泵泵入吸收塔顶部循环使用。

### （三）吸附脱水法

吸附脱水法是利用某些固体物质表面孔隙可以吸附大量水分子的特点来进行天然气的脱水的。被吸附的气体或液体称为吸附质；吸附气体或液体的固体称为吸附剂。当吸附质是水蒸气或水时，此固体吸附剂又称为固体干燥剂，简称干燥剂。目前，天然气脱水中主要使用的吸附剂有活性铝土、活性氧化铝、硅胶和分子筛四大类。脱水后的天然气含水量可降至1 μL/L。

1. 活性铝土

活性铝土是含铁低的天然铝土（主要成分是$Al_2O_3 \cdot 3H_2O$）经过加热活化，脱除其表面上所吸附的一部分水后得到的多孔、高吸附容量的物质，通常制备成颗粒或粉状。与人工合成的活性氧化铝相比，其优点是成本低，有液态水存在时不会破碎，能提供一定的露点降。其缺点是吸附容量小。

2. 活性氧化铝

活性氧化铝是一种多孔、吸附能力较强的吸附剂，对气体、水蒸气和某些液体的水分有良好的吸附能力，再生温度为175 ～ 315 ℃。除作为干燥剂外，也可以作为催化剂、催化剂载体等。

3. 硅胶

工业上使用的硅胶是粉状或颗粒状物质，分子式为$SiO_2 \cdot nH_2O$，它具有较大的孔隙率。它是用硅酸钠与硫酸反应生成水凝胶，然后洗去硫酸钠，再将水凝胶干燥制成的。硅胶按孔隙大小，分为细孔和粗孔两种。

一般工业硅胶中残余水量约为6%，在954 ℃下灼烧30 min即可除去，但在一般再生温度下不能脱除。采用硅胶脱水一般可使天然气露点达−60 ℃。用于天然气脱水的硅胶很易再生，再生温度较分子筛低。虽然硅胶脱水能力很强，但吸水时放出大量的吸附热，很易破裂产生粉尘，增加压降，降低有效湿容量。

4. 分子筛

分子筛是一种人工合成的无机吸附剂。它具有均一微孔结构，能将不同大小的分子分离，是一种高效、高选择性的固体吸附剂。它可用以下分子式表示：

$$M_{2/n}O \cdot \cdot \cdot \cdot Al_2O_3 \cdot xSiO_2 \cdot yH_2O$$

式中：M—某些碱金属或碱土金属离子，如Li、Na、Mg、Ca等；

$n$—M的价数；

$x$—$SiO_2$的分子数；

$y$—水的分子数。

分子筛品种很多，根据分子筛孔径、化学组成、晶体结构及SiO，与$Al_2O_3$的摩尔比不同，可将常用分子筛分为A型、X型和Y型3种类型。天然气脱水常用的分子筛型号为4A和5A。

固体吸附剂一般容易被水饱和，但也容易再生，经过热吹脱附后可多次循环使用，因此

主要用于低含水天然气深度脱水的情况，但费用较吸收脱水法高。

采用不同吸附剂的天然气脱水装置的基本流程是相同的，装置可以互换，无须特别改动。天然气脱水大多采用固定床吸附塔。为保证连续操作，至少需要两个塔，即一个塔进行脱水，另一个塔进行再生和冷却，然后切换操作。在三塔流程中一般是一个塔进行脱水，一个塔进行再生，一个塔进行冷却。图3-24所示为典型的天然气脱水双塔流程图。

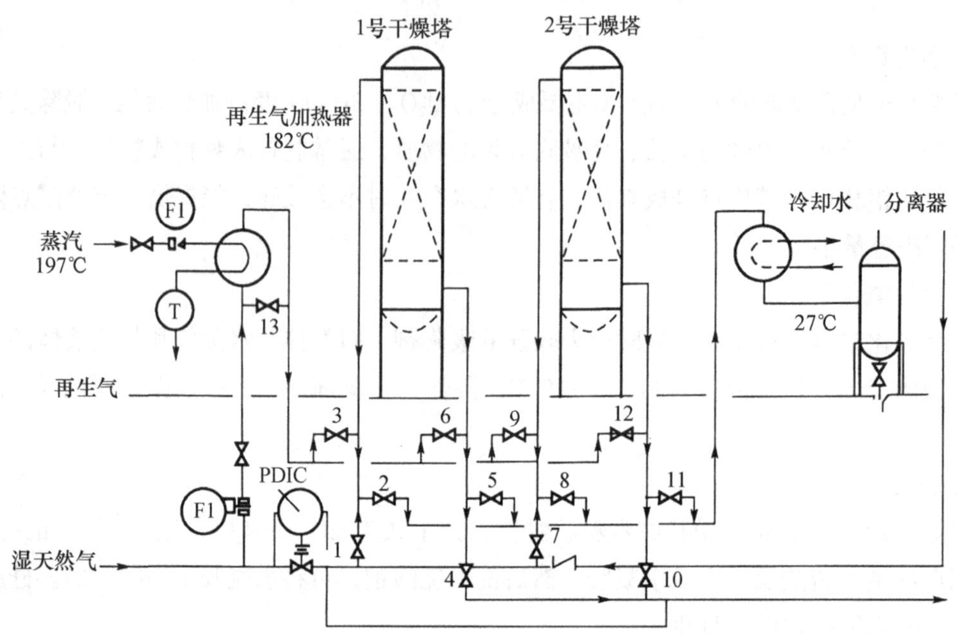


图3-24　典型的天然气脱水双塔流程图

在该流程中，再生气的压力降要考虑到使再生气经过加热器、吸附塔、冷却器和分离后仍有足够的压力回到减压阀后的湿原料气流中。吸附操作进行到一定程度后，进行吸附剂再生。此时，再生气在加热器内用蒸汽（也可用燃料气直接加热）加热到一定温度后，进入塔内再生吸附剂。当床层和出口气体升至预定温度后再生完毕，关闭通至加热器的蒸汽阀门，湿原料气经过旁通阀门进入吸附塔，冷却被再生的床层。当被再生的床层温度冷却到要求温度时，又切换至吸附流程。

### 思考

天然气脱水的主要方法有哪些？它们各自适用于什么样的情况？

## 任务实施

请完成“实训6　油田联合站仿真教学系统实训”，见本教材配套实训活页。

# 单元5　轻烃回收

## 单元导入

本单元主要介绍轻烃回收的方法及工艺流程。

## 学习目标

**1. 知识目标**

（1）掌握轻烃回收的概念。

（2）掌握轻烃回收的方法及常见工艺流程。

**2. 能力目标**

能够绘制常见轻烃回收的方法及工艺流程图。

**3. 素质目标**

（1）专业基础扎实，对常见工艺流程熟记于心。

（2）掌握处理规范标准，养成科学、严谨的工作态度。

（3）养成独立思考，分析问题、解决问题的能力。

## 基础知识

### 一、什么是轻烃回收

井口开采出的天然气（尤其是伴生气及凝析气）中除含有甲烷外，还含有一定量的乙烷（$C_2H_6$，常简记为$C_2$，以下类同）、丙烷（$C_3$）、丁烷（$C_4$）、戊烷及戊烷以上（$C_{5+}$）的烃类。为了满足商品气或管输气对烃露点的质量要求，或为了获得宝贵的化工原料，需将天然气中除甲烷外的一些烃类予以分离与回收。

由天然气中回收的液烃混合物称为天然气凝液，也称为天然气液烃或天然气液体，简称凝液或液烃，我国习惯上称其为轻烃。从天然气中回收凝液的过程称为天然气凝液回收或天然气液烃回收（NGL回收），我国习惯上称为轻烃回收或轻烃生产。天然气凝液回收可在油气田矿场中进行，也可以在天然气加工厂中进行。

油田气、部分气田的气井气经过进一步加工回收，可以分割为以戊烷（$C_5$）以上组分为主的轻质油、以丁烷（$C_4$）和丙烷（$C_3$）为主的液化气和以甲烷（$C_1$）和乙烷（$C_2$）为主的干气，这一过程的实施，既满足了天然气输送要求、天然气的燃烧热值要求，又可带来可观的经济效益。

## 二、轻烃回收的方法及工艺流程

轻烃回收的工艺方法主要有油吸收法、吸附法及冷凝分离法等。

### （一）油吸收法

两类烃类互溶的特点是相对分子质量和沸点越接近的两种烃类互溶性越大，分离越难；压力越高、温度越低，溶解度越大。

油吸收法就是利用烃类的互溶特性，利用天然气中各种组分在吸收油中的溶解度不同，而使不同烃类得以分离的方法。

吸收油一般采用石脑油、煤油或柴油。吸收油相对分子质量越小，轻烃回收率越高，但同时吸收油蒸发损耗越大。因此，当要求已烷回收率较高时，一般应采用相对分子质量较小的吸收油。

根据吸收温度的不同，油吸收法分为常温吸收法、中温吸收法和低温吸收法。

常温吸收的温度一般在30 ℃左右，以回收$C_{3+}$轻烃为主；中温吸收的温度为–20 ℃以上，$C_3$回收率为40%左右；低温吸收的温度在–40 ℃左右，$C_3$回收率一般为80% ～ 90%，同时$C_2$回收率也有35% ～ 50%。

### （二）吸附法

吸附法是使用吸附剂进行不同烃类的分离。常用的吸附剂包括分子筛、硅胶、活性炭。

### （三）冷凝分离法

冷凝分离法也称为低温冷凝法，主要是利用天然气（伴生气）中各组分冷凝温度不同的特性，在逐步降温过程中，将沸点较高的烃类冷凝分离出来。该法的特点是需要提供较低温位的冷量使原料气降低温度，具有工艺流程简单、运行成本低、轻烃回收率高等优点，目前在轻烃回收技术中处于主流地位。

按照提供冷量方式的不同，冷凝分离法分为冷剂制冷法、膨胀制冷法和联合制冷法等。按冷冻深度的不同，冷凝分离法可分为浅冷（–20 ℃左右）和深冷（–100 ℃以下）两种。

为了最大限度地从天然气中回收轻烃，要求的温度更低，单一的制冷方法一般很难达到，即使有时用膨胀机制冷能达到温度要求，但由于出口带液问题，对富含重烃的天然气（富气）仍不适应，这时往往采用联合制冷法，即冷剂制冷法以及膨胀制冷法联合实现。在该方法中，冷量由两部分组成：一部分由膨胀制冷法提供；另一部分由冷剂制冷法提供。其中膨胀制冷法为主要手段，冷剂制冷法则起补充制冷作用。

联合制冷法的优点是装置的运转适应性较大，即使在外加冷源系统发生故障时，装置也能保持在一定的回收率下继续运行；联合制冷法所组合的流程不仅可以提高丙烷的回收率，还能提高乙烷的回收率，同时还可大大减少装置的整体能耗。

在本实训项目中采用的是氨吸收制冷与膨胀机制冷联合制冷工艺。

氨吸收制冷主要由发生器、吸收器、冷凝器、溶液泵和节流阀等设备组成，其工艺流程如图3–25所示。

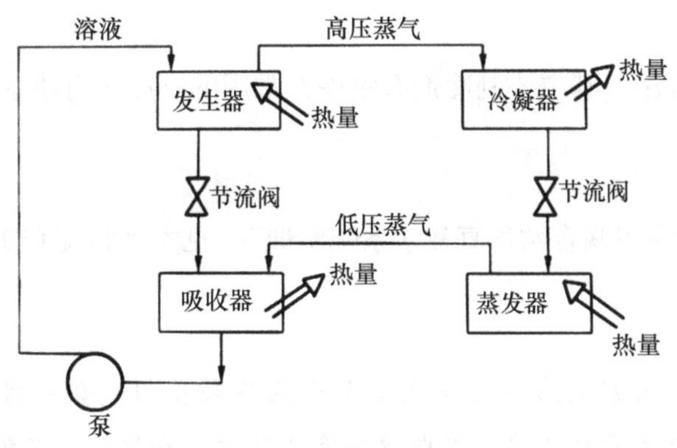

图3-25　氨吸收制冷工艺流程

工作时，外部加热使发生器中的浓氨水蒸发，蒸发出的氨蒸气进入冷凝器凝结成液态氨，氨气蒸发后剩余的稀氨水溶液通过节流阀降压后回到吸收器；冷凝后的液态氨经节流阀膨胀降压、降温后，进入蒸发器吸收被冷却介质的热量，实现制冷的目的；从蒸发器出来的低压氨蒸气进入吸收器，被吸收器内的稀氨水溶液所吸收，变为浓氨水溶液，再通过溶液泵送回发生器内，恢复到原来的状态，从而实现制冷过程的循环。

氨吸收制冷也属于浅冷工艺，蒸发器的操作温度一般为-27 ℃。该工艺的特点是直接利用热能制冷，而且可以充分利用低温热能。

膨胀机制冷是指以膨胀机为主要制冷设备的轻烃生产工艺过程。单级膨胀制冷轻烃生产工艺流程如图3-26所示。

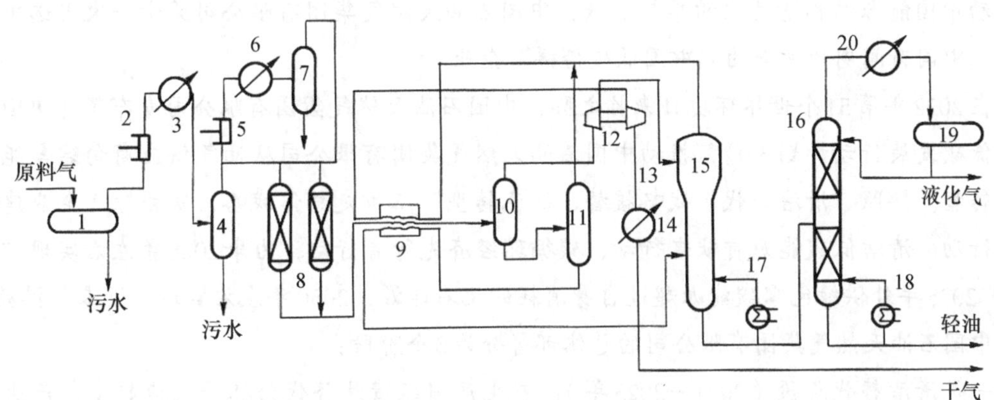

图3-26　单级膨胀制冷轻烃生产工艺流程

工作时，经分离、压缩、干燥后的净化原料气，在主冷箱内与从脱甲烷塔、脱乙烷塔顶部出来的贫气、脱甲烷塔底部出来的液烃物料进行热交换，被冷却到-23 ℃后进入分离器；在分离器中分离出来的液烃作为脱甲烷塔的进料，气体进膨胀机膨胀；膨胀后的气体作为脱乙烷塔的顶部进料，脱甲烷塔的底部液烃经主冷箱换热后作为脱乙烷塔的底部进料；从脱甲烷塔和脱乙烷塔顶部出来的气体经主冷箱换热后进膨胀机增加端并经水冷器换热后外输；从脱乙烷塔底部出来的液烃进脱丁烷塔分割为液化气和轻质油。

## 思考

冷凝分离有哪些方法？其主要制冷剂有哪些？常用的制冷剂有哪些？

## 任务实施

请完成“实训6　油田联合站仿真教学系统实训”，见本教材配套实训活页。

## 课程思政

2020年9月22日，国家主席习近平在第七十五届联合国大会一般性辩论上发表重要讲话，中国将提高国家自主贡献力度，采取更加有力的政策和措施，二氧化碳排放力争于2030年前达到峰值，努力争取2060年前实现碳中和。

实现“双碳”目标，不是别人让我们做，而是我们自己必须要做。我国已进入新发展阶段，推进“双碳”工作是破解资源环境约束突出问题、实现可持续发展的迫切需要，是顺应技术进步趋势、推动经济结构转型升级的迫切需要，是满足人民群众日益增长的优美生态环境需求、促进人与自然和谐共生的迫切需要，是主动担当大国责任、推动构建人类命运共同体的迫切需要。

2021年，中国石油天然气集团有限公司在国家能源安全保障中完成了奉献低碳能源的“硬指标”。全年国内天然气产量达1 378亿立方米，天然气在油气结构中的占比达到51.6%，同时引进海外管道天然气、LNG并向社会供应2 055.5亿立方米，同比增长11.3%。同年，国内单位油气产量温室气体排放量较2020年下降4.38%。凭借在绿色低碳发展方面的优异表现和推动中国能源结构清洁化的卓越贡献，中国石油天然气集团有限公司第十一次当选中国新闻社、中国新闻周刊评选的“中国低碳榜样”企业。

在2022年第51个世界环境日来临之际，中国石油天然气集团有限公司发布了《中国石油绿色低碳发展行动计划3.0》，推动中国石油天然气集团有限公司从油气供应商向综合能源服务商转型。按照“清洁替代、战略接替、绿色转型”三步走总体战略，实施绿色企业建设引领者行动、清洁低碳能源贡献者行动、碳循环经济先行者行动，力争2025年左右实现“碳达峰”，2035年外供绿色零碳能源超过自身消耗的化石能源，2050年左右实现“近零”排放。

中国石油天然气集团有限公司的总体部署分为3个阶段：

一是清洁替代阶段（2021—2025年）：以生产用能清洁替代为抓手快速起步，产业化发展地热和清洁电力业务，加强氢能全产业链、CCS/CCUS等战略布局；

二是战略接替阶段（2026—2035年）：扩大地热、清洁电力，产业化发展氢能、CCS/CCUS业务，大幅提高清洁能源生产供应能力和碳减排能力；

三是绿色转型阶段（2036—2050年）：锚定碳中和目标，继续规模化发展地热、清洁电力、氢能、CCS/CCUS等新能源新业务，助力社会碳中和。

# 单元6　污 水 处 理

## 单元导入

本单元主要介绍污水的特性、回注水的质量指标及回注水处理工艺。

## 学习目标

**1. 知识目标**

（1）掌握污水的特性。

（2）掌握回注水的质量指标及处理工艺。

**2. 能力目标**

能够识记常用回注水处理工艺方法。

**3. 素质目标**

（1）专业基础扎实，对常见工艺方法熟记于心。

（2）掌握处理规范标准，养成科学、严谨的工作态度。

（3）养成独立思考，分析问题、解决问题的能力。

## 基础知识

油气田开采生产过程中，所含污水大多来自4个方面，即油气田采出水、含盐量较高的原油用清水洗盐后的污水、洗井污水和三采污水。其中，油气田采出水是油气田污水的主要类型。油气田污水有重要的利用价值，但也是重要的环境污染源。

### 一、污水特点及危害

#### （一）污水中含油

原油是油气田污水中含有的主要污染物，其含油量一般为1 000 mg/L左右，少部分油气田污水含油量高达3 000 ～ 5 000 mg/L。污水中含油的存在形式可分为悬浮状、分散状、乳化状和溶解状4种形态。

悬浮油：直径通常大于100 μm，占60% ～ 80%；

分散油：直径通常在10 ～ 100 μm，占10% ～ 30%；

乳化油：直径通常在0.1 ～ 10 μm，占10%；

溶解油：直径小于0.1 μm。

污水中含油，一方面能使滤罐中的滤料黏结失效；另一方面，含油量较大的污水回注地层后，会形成乳化段塞，堵塞油层孔隙，降低油层的吸水能力，影响油井产量；另外，污水中的含油还会吸附污水处理过程中加入的化学药剂，使其失效，影响污水处理效果。

**（二）污水中含有多种离子**

含油污水中，含有$Ca^{2+}$、$Mg^{2+}$、$K^{+}$、$Na^{+}$、$Fe^{2+}$等多种阳离子和$Cl^{-}$、$HCO_3^{-}$、$CO_3^{2-}$、$SO_4^{2-}$等多种阴离子。在一定条件下，这些离子相互结合，生成不溶于水的化合物，如$CaCO_3$、$CaSO_4$、$MgCO_3$等。这些化合物，或悬浮在水中，使水变浑浊；或沉积在管壁上，引起管壁结垢。

**（三）污水中溶解有多种气体**

污水中溶解有$O_2$、$H_2S$、$CO_2$等多种气体。其中，$O_2$是很强的氧化剂，它能使阳极的铁离子失去电子，生成$Fe^{2+}$或$Fe^{3+}$，从而生成$Fe(OH)_3$沉淀；$H_2S$、$CO_2$等酸性气体可生成腐蚀性物质，加剧金属设备的腐蚀。

**（四）污水中含有多种悬浮固体**

污水中的悬浮固体主要有如下几类：

（1）泥砂：0.05～4 μm的黏土、4～60 μm的粉砂和大于60 μm的细砂。

（2）各种腐蚀产物及垢：$Fe_2O_3$、CaO、MgO、FeS、$CaSO_4$、$CaCO_3$等。

（3）细菌：硫酸盐还原菌（SRB）5～10 μm，腐生菌（TGB）10～30 μm。

（4）有机物：胶质、沥青质类和石蜡等重质油类。

（5）胶体：粒径为0.001～1 μm，主要由泥砂、腐蚀结垢产物和微细有机物构成的混合物。这些悬浮固体或悬浮在水中，使水变浑浊；或附着在管壁上，形成沉淀，引起管壁腐蚀；或回注油层，使孔隙堵塞，影响油井产量。

**（五）污水中含有多种工业细菌**

污水中常见的工业细菌有硫酸盐还原菌和铁细菌等。硫酸盐还原菌能把$SO_4^{2-}$中的S还原成$S^{2-}$，进而生成$H_2S$；铁细菌在繁殖过程中，会在管壁上形成菌苔，进而生成$Fe(OH)_3$沉淀。这些细菌产物，都会加速金属设备的腐蚀。

综上所述，含油污水的成分复杂，其显著特点是腐蚀性强，结垢快。

## 二、污水处理流程

不同渗透率的油田对注水水质要求不同，我国现执行的高、中、低渗透油田注水水质标准见表3-5。

**表3-5　中国石油天然气集团总公司注水指标**

| 主要项目 | 推荐指标 | | |
|---|---|---|---|
| | 渗透率 | | |
| | <0.1 | 0.1～0.6 | >0.6 |
| 含油/（mg/L） | ≤5.0 | ≤8.0 | ≤15.0 |
| 悬浮物/（mg/L） | ≤1.0 | ≤3.0 | ≤5.0 |
| 悬浮物颗粒/μm | ≤1.0 | ≤2.0 | ≤3.0 |

油气田地层渗透率不同，采用的含油污水处理工艺技术也不相同。我国部分油气田含油污水回注处理工艺见表3–6。

**表3–6　我国部分油气田含油污水回注处理工艺**

| 处理站 | 处理工艺 | 处理水量/（$m^3/d$） |
|---|---|---|
| 大庆油田南Ⅲ–1处理站 | 混凝除油→石英砂过滤 | 28 000 |
| 江汉钟市油田污水处理站 | 一级沉降→二级斜板沉降→砂滤 | 1 400 |
| 长庆马岭油田污水处理站 | 混凝除油→粗粒化除油→砂滤 | 1 320 |
| 河南油田污水处理站 | 沉降→粗粒化→二次沉降→压滤 | 8 000 |
| 胜利油田辛一污水处理站 | 自然沉降除油→混凝除油→压滤 | 15 000 |
| 胜利油田广利污水处理站 | 压力粗粒化除油→压力斜板沉降→压滤 | 20 000 |
| 胜利油田某污水处理站 | 自然沉降除油→混凝气浮→压滤 | 20 000 |

从表3–6中可以看出，我国油气田含油污水回注一般都采用二级或三级处理工艺，对低渗透油层再加一级深度处理。前段处理一般采用重力除油、混凝沉降（或混凝气浮）、水力旋流。通过前段工艺处理后，再根据不同要求增加一级过滤或二级过滤。过滤对控制水中含油量和悬浮物颗粒粒径很有效，过滤后出水均能满足注水要求。

**思考**

简述油气田污水的来源及特点。

## 任务实施

请完成“实训6　油田联合站仿真教学系统实训”，见本教材配套实训活页。

# 模块四　LNG接收站

**导读：**LNG接收站既是远洋运输液化天然气的终端，又是陆上天然气供应的气源，处于液化天然气产业链中的关键部位。LNG接收站实际上是天然气的液态运输与气态管道输送的交接点，是典型的油气储运行业，具有超低温相变过程，更是一个危险系数最大的港口码头行业，是一个跨多个行业，集超低温、高压、易燃易爆、海洋气候影响于一身的新兴产业。

本模块主要讲解LNG接收站的作用、流程及操作。通过对本模块的学习，对LNG接收站有一个初步的认识。

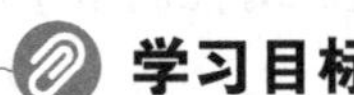

## 学习目标

**1. 知识目标**

（1）掌握LNG接收站的作用及流程。

（2）掌握LNG接收站生产系统组成。

**2. 能力目标**

（1）能识别LNG接收站流程。

（2）能操作LNG接收站。

**3. 素质目标**

（1）具有较强的学习新知识和技能的能力。

（2）具有查找资料和获取信息的能力。

（3）具有团结协作的能力。

AI技术导师
“码”上教你

◎学习社区
◎运输历史
◎储运发展
◎配套资料

## 基础知识

### 一、LNG接收站的作用

1. LNG接收站是接收海运液化天然气的终端设施

液化天然气通过海上运输，从产地运送到用户，在接收站接收、储存，因而接收站是LNG海上运输的陆上接收终端。LNG接收站必须具有大型LNG船舶停靠的港湾设施，具有完备的LNG接收系统和储存设施。

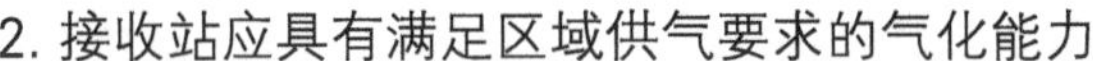

2. 接收站应具有满足区域供气要求的气化能力

为确保供气的安全可靠，必须建立完善的天然气供应体系。而多气源供气是该体系的主要组成部分。

为此，LNG接收站在接收、储存LNG的同时，应具有适应区域供气系统要求的液化天然气气化供气能力。接收站建设规模必须满足区域供气系统的总体要求。

3. 接收站应为区域稳定供气提供一定的调峰能力

一般说来，管道输送的上游气源解决下游用户的季节调峰和直接用户调峰比较现实。对于城市或地区供气的日、时调峰，LNG气源可以发挥其调节灵活的特点，起到应有的作用。

为此，LNG接收站在气化能力的配置上要考虑为区域供气调峰需求留有余地。

4. 接收站可为实现天然气战略储备提供条件

建设天然气战略储备是安全供气的重要措施。发达国家为保证能源供应安全都建设了完善的石油、天然气战略储备系统。国外天然气储备为17～110 d不等。

我国大规模应用天然气刚刚开始，从长远考虑，规划战略储备工作十分必要。随着用气规模的不断增长，储备量也要相应增加，即战略储备应动态发展。按照国外天然气安全储备的情况，我国的天然气储备可采用政府与企业共同承担，以政府为主，储备规模可远、近期结合，近期15 d，远期30 d。储备方式可以为LNG或地下储气库储备。LNG储备可以充分利用国际资源，缓解石油进口压力，实现能源供应来源多样化。

综上所述，LNG接收站的功能概括起来就是液化天然气的接收、储存和气化供气。

## 二、LNG接收站流程及生产系统

近几十年来，随着工程建设的推进，先进、可靠的接收站技术已日趋成熟，可以为我们所用。

LNG接收站按照对LNG储罐蒸发气（BOG）的处理方式不同，接收站工艺方法可以分为直接输出法和再冷凝法两种。直接输出法是将蒸发气压缩到外输压力后直接送至输气管网，如图4-1所示。

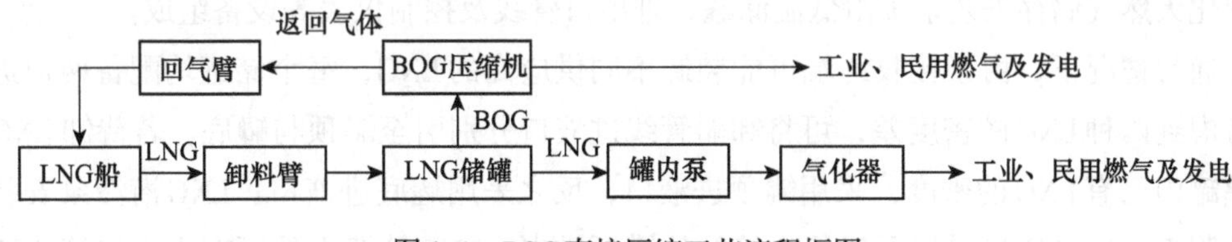


图4-1　BOG直接压缩工艺流程框图

再冷凝法是将蒸发气压缩到较低的压力（通常为0.7～0.9 MPa）与由LNG低压输送泵从LNG储罐送出的LNG在再冷凝器中混合。由于LNG加压后处于过冷状态，可以使蒸发气再冷凝，冷凝后的LNG经LNG高压输送泵加压后外输。因此再冷凝法可以利用LNG的冷量，并减少了蒸发气压缩功的消耗，节省了能量。对于大型LNG接收站大多采用再冷凝工艺，如图4-2所示。

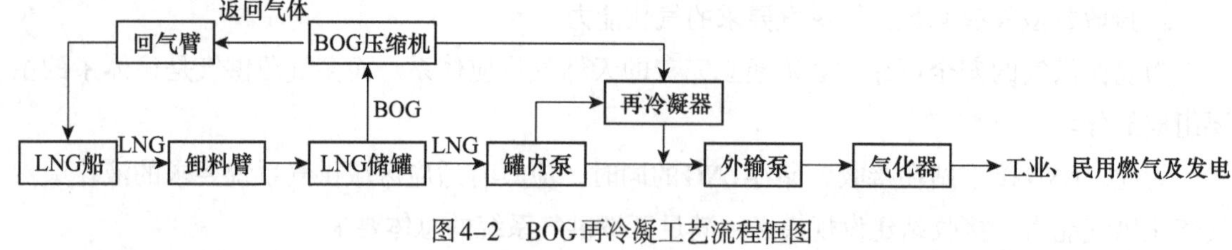


图4-2 BOG再冷凝工艺流程框图

接收站的生产系统包括卸船系统、储存系统、蒸发气处理系统、输送系统、防真空补气工艺系统、外输及计量系统、火炬/放空系统等。

1. 卸船系统

接收站的卸船系统包括专用码头、卸料臂、蒸发气返回臂和管路等。LNG专用码头的特点是接受品种单一、数量多、船型大。

LNG码头的专用设备是卸料臂。卸料臂通过液压系统操作。卸船操作在操作员的监控下进行，重点是控制系统压力。LNG运输船到达卸船码头后，通过运输船上的输送泵，经过多台卸料臂分别通过支管汇集到总管，并通过总管输送到LNG储罐中。LNG进入储罐后置换出的蒸发气，通过一根返回气管道，经气相返回臂，送到运输船的LNG储舱中，以保持系统的压力平衡。

在卸船操作初期，采用较小的卸船流量来冷却卸料臂及辅助设施，以避免连接处泄露，同时避免产生较多的蒸发气，导致蒸发气处理系统超负荷而排放到火炬。当冷却完成后，再逐渐增加流量到设计值。

卸船作业完成后，使用氮气将残留在卸料臂中的液化天然气吹扫干净，并准备进行循环操作。从各卸料支管中排除的液化天然气进入码头上设置的收集罐，并通过收集罐加热器将排除的液化天然气气化后经气体返回管线送到蒸发气总管。

在无卸船期间，通过一根从低压输出总管来的循环管线以小流量液化天然气经卸料总管循环返回再冷凝器，以保持液化天然气卸料总管处于冷备用状态。

2. 储存系统

液化天然气储存工艺系统由低温储罐、进出口管线及控制仪表等设备组成。

在通常情况下，由于接收终端可能装卸不同供应商的LNG，每个储罐均配备两根进料管线。考虑到两种LNG的密度差，可将卸船管线进液口分别引至罐顶与罐底。若待卸LNG密度大于储罐内已有LNG的密度，采用罐顶进液口，反之采用罐底进液口。LNG潜液泵安装于储罐底部附近，LNG通过潜液泵经输出管线从罐顶排出。LNG储罐上的所有进出口管线和开口全部设置在储罐顶部，避免LNG由接口处泄漏。

卸船时，由于船上储罐内输送泵运行时散热、船上储罐与终端储罐的压差、卸料臂漏热及液化天然气与蒸发气体的置换等，蒸发气量大幅增加。为了最大程度地减少卸船时的蒸发气量，此时应尽量提高储罐内的压力。

当接收站处于“零输出”状态时，站内所有的低、高压输送泵停止运行，仅开启一台罐

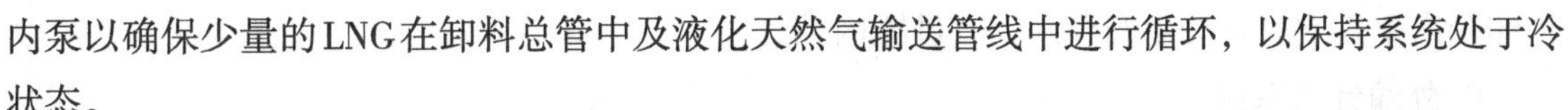

内泵以确保少量的LNG在卸料总管中及液化天然气输送管线中进行循环，以保持系统处于冷状态。

当储罐处于不同工作状态时，如储罐正在接收LNG、外输LNG或既不接收也不外输LNG时，蒸发气（boil-off gas，BOG）产生量均有较大差别，且BOG产生量的不同引起储罐压力的高低。在储罐中设置各级压力开关，当储罐压力超过或低于各级设定值时，系统进行响应动作，保证储罐在一定压力范围内正常工作。当排出BOG时，为保证低温下BOG压缩机运行的入口温度不超限，在入口前设置冷却器利用LNG的冷量保证入口温度低于上限。

3. 蒸发气处理系统

蒸发气处理工艺系统包括冷却器、分液罐、BOG压缩机、再冷凝器、火炬放空系统等。

当储罐处于不同工作状态时，如储罐正在接收LNG、外输LNG或既不接收也不外输LNG时，BOG产生量均有较大差别，且BOG产生量的不同引起储罐压力的高低。在储罐中设置各级压力开关，当储罐压力超过或低于各级设定值时，系统进行响应动作，保证储罐在一定压力范围内正常工作。当排出BOG时，为保证低温下BOG压缩机运行的入口温度不超限，在入口前设置冷却器，利用LNG的冷量保证入口温度低于上限。

4. 输送系统

液化天然气接收站输送系统的主要功能是实现液化天然气再气化，外输供气该系统主要包括高压输送和液化天然气气化部分。

（1）LNG高压输送泵

从再冷凝器出来的LNG直接进入LNG高压输送泵，加压后通过总管输送到气化器。根据外输气量的要求控制LNG高压输送泵启停台数。

在气化器的入口LNG管线上设有流量调节来控制LNG高压输送泵的外输流量。该流量调节可以由操作员手动控制，也可根据外输天然气总管上的压力变化自动控制。通过LNG高压输送泵的外输流量来保证外输天然气总管上的压力稳定。在高压输送泵出口管上设有最小流量回流管线，以保护泵的安全运行。

（2）气化器

LNG在气化器中再气化为天然气，计量后经输气管线送往各用户。气化后的天然气最低温度一般为0 ℃。

LNG接收站一般设有两种气化器：一种用于供气气化，长期稳定运行；另一种通常作为调峰或维修时使用，要求启动快。气化器通常用海水做热源。海水流量通过海水管线上的流量调节阀来控制，控制海水流量满足气化热负荷要求，同时限制海水温降不超过5 ℃。

5. 防真空补气工艺系统

该系统的作用是防止液化天然气储罐在运行中产生真空。当罐内压力超过开关设定值时，可通过调节压缩机的排量或控制压缩机启停来维持储罐的操作压力；当罐内压力形成负压时，必须由气化器出口管汇处引出天然气来补充。有些储罐也采取安全阀直接连通大气，当储罐产生真空时直接由阀导入大气进罐内补气。

6. 外输计量系统

接收站天然气外输若有多条输气管线，可在外输总管管汇上接出。天然气总管上设有一套完善的压力保护系统，以防输气管线超压。外输总管上设有压力控制阀，将气化器出口压力控制在要求的外输压力，以防止输气管线因压力过低而造成高压输送泵背压过低。计量成套设备要满足贸易计量要求，并设有一套备用回路。

7. 火炬放空工艺系统

该系统的设置是为了泄放正常操作时产生的沼泽、压缩机不能处理的低压沼泽，以及因事故停产时气化器产生的高压沼泽。低压沼泽，由于量较少且正常操作时出现的频率较高，故设置低压火炬系统将其烧掉；高压沼泽，在事故泄放时量比较大但出现的频率较低，如翻滚现象等事故，根据接收终端所处的地理环境位置和安全环保的要求，可设置高压火炬或大气放空来处理BOG。

## 三、接收站的操作

按原料输入和产品输出的状况，液化天然气接收站的操作可分为正常输出操作、零输出操作和备用操作3种情况。

1. 正常输出操作

正常输出操作时按照有无卸船又可以分为以下两种模式。

一种是在正常输出操作时无卸船作业，这种操作模式是LNG接收站运行中最常用的操作模式。此时，按照供气需求调节泵的排量，控制气化器的气化量，满足外输需求。同时，为了保持卸船总管的冷状态，需要循环少量的LNG。当外输气量很大时，将从天然气输出总管上返回少量气体到LNG储罐来保持压力平衡。

另一种是在正常输出操作时有卸船作业。此时，卸船总管的LNG循环将停止，并根据LNG的密度决定从LNG储罐的顶部或底部进料。主要操作有LNG运输船靠岸、卸料臂与运输船联接、LNG卸料臂冷却、LNG卸料、卸料完成放净卸料臂、将卸料臂与运输船脱离等。

2. 零输出操作

零输出操作是在接收站停止向外供气时的状态。在此期间，不安排卸船。如果在卸船期间，接收站的输出停止，卸船应同时停止，以防止大量蒸发气不能冷凝而排放到火炬。

3. 备用操作

备用操作是LNG接收站处于无卸船和零输出时的操作。在备用操作时，通过少量的LNG循环来保持系统的冷状态。蒸发气将用作燃料气，多余的蒸发气则排放到火炬。

## 任务实施

请完成“实训7　输气管道分输增压站仿真教学系统实训”，见本教材配套实训活页。

# 油气储运技术
# 配套虚拟仿真实训活页

## 实训1　原油管道泵站仿真教学系统实训

### 一、实训简介

原油管道泵站流程是原油管道输送的核心和重点内容。本仿真实验是用流程演示板来演示一般原油管道泵站中常见的流程，也可分别进行演示。学生通过对每种流程的观察，能够直观地理解原油在运输过程中每个泵站的参数变化以及每个设备在生产中的实际应用情况，从而可以更好地掌握原油管道输送的主要工作内容。

### 二、实训目的

（1）观察并掌握原油管道泵站的整个工艺流程。

（2）理解原油管道泵站在运行时可能出现问题的原因及解决方法。

### 三、实训工艺流程

实训图1–1为原油管道泵站流程图。

泵站流程板显示了典型的原油输送中间热泵站7个工艺流程。

界面上的“进站压力”“进站温度”“泵转速”“调节阀开度”可调整，“出站压力”和“出站温度”相应变化。参数调节，单击参数显示的数字，出现输入对话框，输入相应数值后确定，参数即会相应变化。

### 四、操作步骤

（1）使用时先打开控制台上的总电源，流程板上的所有仪表会亮，PLC处于工作状态。

（2）根据教学需要，选择切换开关的位置至“泵站油库”或“LNG接收站”。

（3）根据需要选择流程按钮。油库流程（共21个），泵站流程（共7个），联合站流程（共4个）、LNG接收终端流程（共6个）。控制台上会有相应的指示灯亮，并且流程板上的指示灯会按照介质的流向依次点亮。

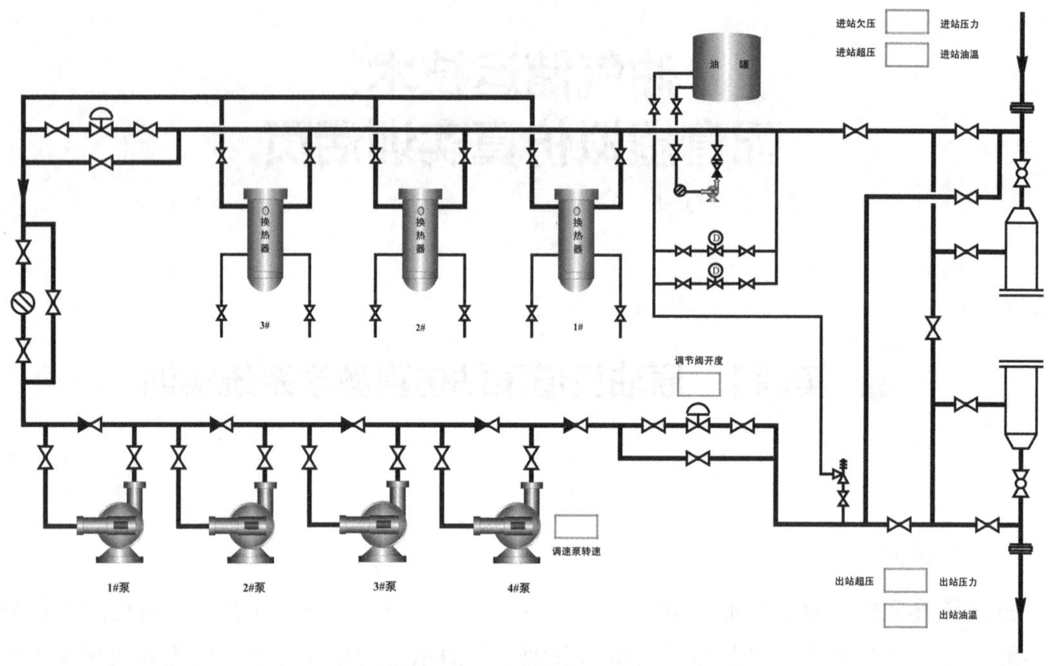


实训图1–1　原油管道泵站流程图

（4）在一个流程显示完成后，需要按下最右侧的复位按钮，关闭所有指示灯，准备显示下一个流程。

（5）实验结束后，关闭总电源。

注：操作台上的触摸屏也可控制各个流程的开关。实训图1–2为正常进入系统后所显示的原油管道泵站流程控制面板。

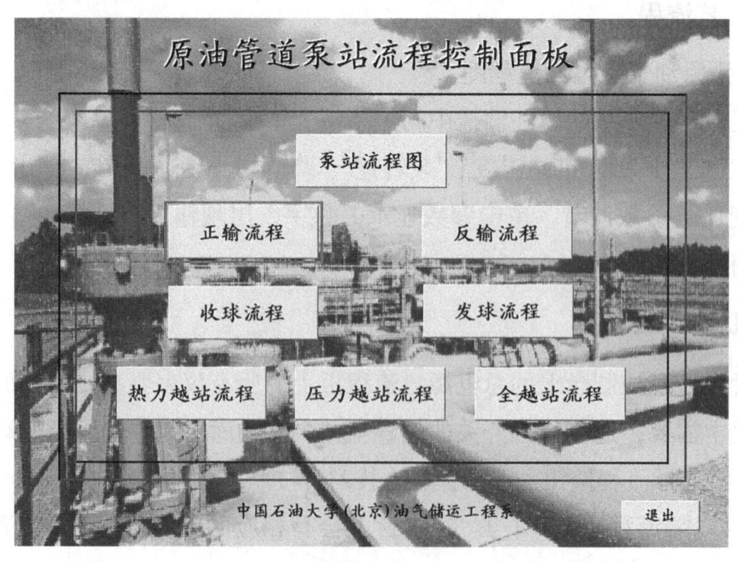


实训图1–2　原油管道泵站流程控制面板

## 五、实训报告

（1）将本装置的全部流程图画在一张A4大小的白纸上，并附在实验报告册内。

（2）对照仿真系统流程图写出下列流程，并将图截下：正输流程、反输流程、收球流程、发球流程、热力越站流程、压力越站流程、全越站流程。

（3）调节“进站温度”，观察“出站温度”的变化情况；调节“进站压力”“泵转速”“调节阀开度”观察出站压力的变化情况，分析变化的原因。

（4）在实验报告册内完成下列思考题。

## 六、思考题

（1）简述原油管道的组成。

（2）原油的输送工艺有哪些？各有什么特点？

（3）如何确定工艺流程的原则？

# 实训2　原油管道仿真教学系统实训

## 一、系统简介

本系统是根据油气储运专业的特点开发的仿真教学实验系统。庆铁线采取密闭输送方式，双线并行，是较为复杂的长距离输油管道系统。本仿真系统主要特点如下：

（1）学生能够见到管道运行的全部工况，特别是危险工况，这些工况对学生而言是最重要的。

（2）允许学生进行实际操作，学会操作技巧。

（3）管道的距离较长，学生能够看到管道的瞬变过程，熟悉管线的水力特性。

## 二、实训目的和内容

**目的：**

本系统所采用的管道瞬态水力模拟软件可以较真实地模拟实际管道的运行情况。在本系统上可以对管道内的输油泵、阀门等进行操作，水力模拟软件会根据所进行的操作计算所引起的管道压力和流量变化情况。通过本系统，学生可以了解管道的管理和操作方法，并可以观察和分析不同的操作方法对管道的影响，加深对管道水力瞬变过程的认识以及将管道作为一个完整的水力系统来认识，也可以观察执行了正确和错误操作后的不同结果。

**内容：**

（1）绘制流程图。

（2）联通方式对密闭输油的影响。

（3）中间站停泵操作。

（4）新线增加输量，起泵操作。

（5）泵机组切换操作。

（6）单泵运行改串联运行操作。

## 三、庆铁线管道系统概述

大庆至铁岭输油管道（以下简称庆铁线）北起黑龙江省大庆市的林源油库，南至辽宁省铁岭市的安民寨中转油库，是一个较为复杂的输油管道系统。输油干线是两条管径为$\phi$720 mm，长度分别为516 km和524 km的管道。它是东北输油管道系统的重要组成部分。该管道自1975年竣工之日起，每年输送大庆原油$4\times10^7$ t，成为大庆油田的主要外输通道。该管道的建成为大庆油田稳定高产创造了有利的外部条件。庆铁线建成的翌年，大庆油田的产量即增至$5\times10^7$ t，至今已有20多年了。据中国石油天然气总公司预计大庆油田还将继续稳产10年以上，而东北输油管道系统却进入了生存后期。整个系统设备老化、技术落后、效益下降，突发的事故隐患可能严重威胁着管道的安全运行。为此，东北输油管理局先后对该系统的铁大线（铁岭至大连）、铁秦线（铁岭至秦皇岛）进行了大规模的技术改造。在国内率先实现了密闭输送工艺，大幅度地提高了生产效益和管理水平。目前，庆铁线担负着大庆原油外输的重要任务，是东北输油管网的主动脉。

庆铁线是国内最复杂的原油管道系统。它除了两条平行的管道间多处互连之外，在主泵站之间还建有多处增压站，改成密闭输油工艺后在操作上的复杂程度将远甚于其他管道。对管道的操作、管理人员也提出了更高的要求。

## 四、本系统操作步骤及使用说明

（1）左键单击“开始”→“程序”→“Microsoft Virtual PC”，打开Microsoft Virtual PC界面，如实训图2-1所示。

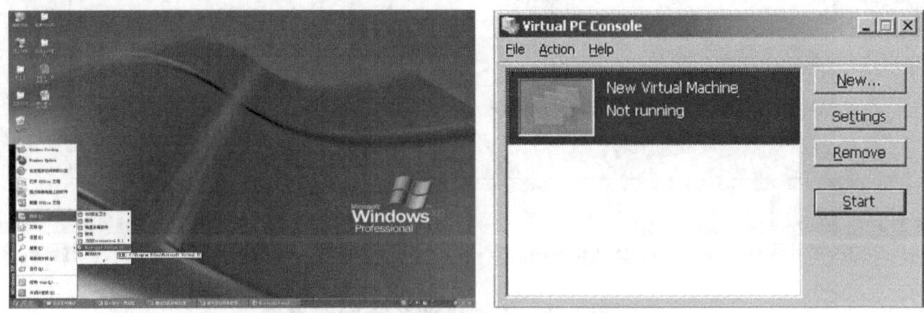


实训图2-1 Microsoft Virtual PC界面

（2）弹出实训图2-1所示的右界面后单击“Start”按钮，进入新界面后双击“控制中心”，按照实训图2-2所示的步骤进行操作。

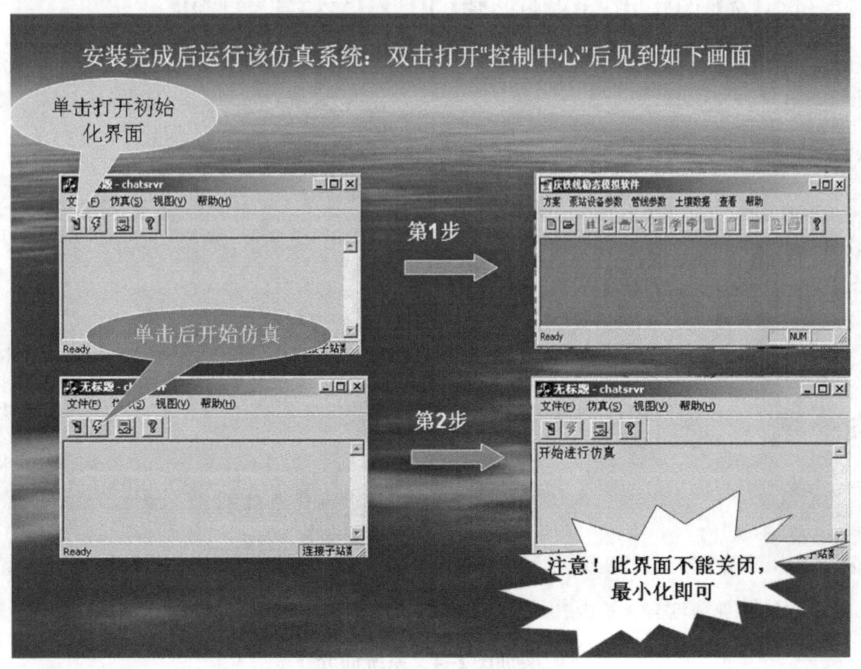


实训图2-2 单击“Start”按钮

（3）单击界面，进入实训图2-3所示的仿真培训系统操作界面，开始仿真。

实训图2-3　仿真培训系统操作界面

（4）进入控制中心界面，用鼠标单击中间画面，即可进入实训图2-4所示的系统简介。

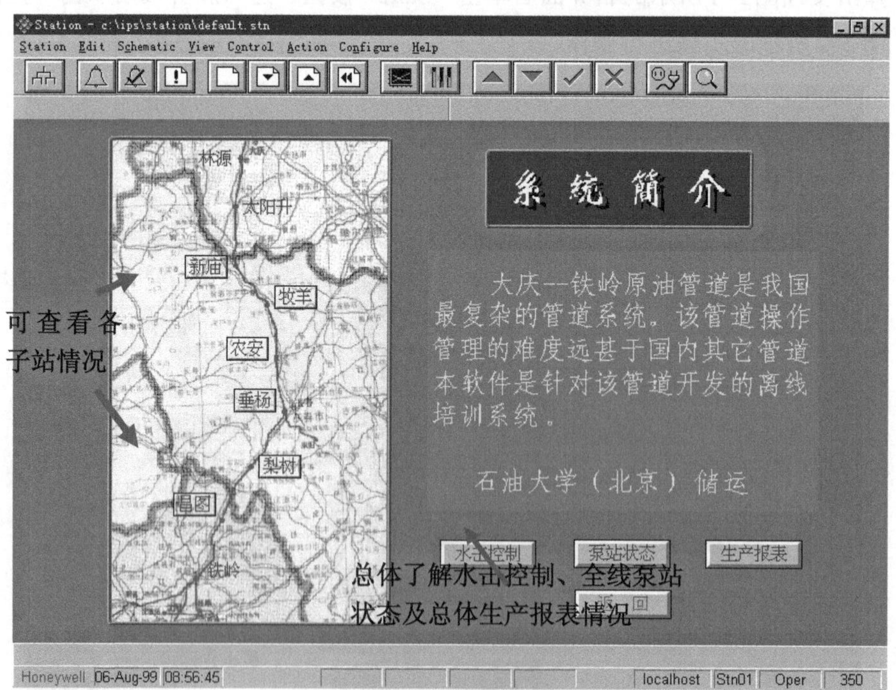


实训图2-4　系统简介

| 按钮 | 跳转到的界面 |
|---|---|
| 新庙 | 实训图2–4　当地功能主菜单（新庙站） |
| 牧羊 | 实训图2–4　当地功能主菜单（牧羊站） |
| 农安 | 实训图2–4　当地功能主菜单（农安站） |
| 垂杨 | 实训图2–4　当地功能主菜单（垂杨站） |
| 梨树 | 实训图2–4　当地功能主菜单（梨树站） |
| 昌图 | 实训图2–4　当地功能主菜单（昌图站） |
| 水击控制 | 实训图2–5　水击保护相关参数表 |
| 泵站状态 | 实训图2–6　泵站运行状态 |
| 生产报表 | 实训图2–7　全线生产日报表 |
| 返回 | 实训图2–3　仿真培训系统操作界面 |

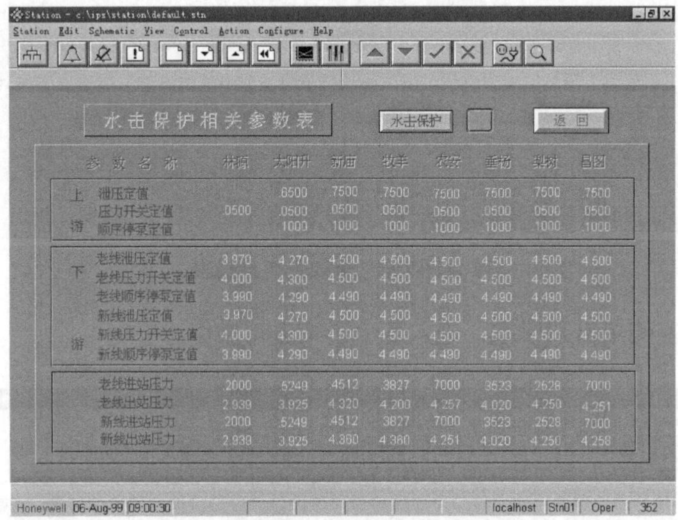


实训图2–5　水击保护相关参数表

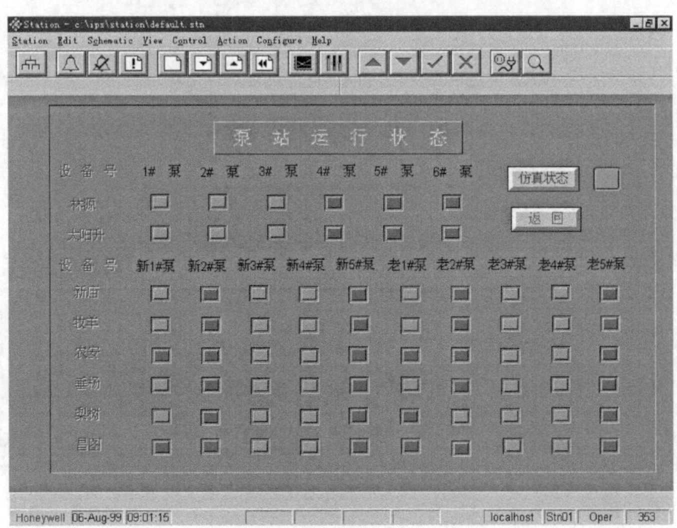


实训图2–6　泵站运行状态

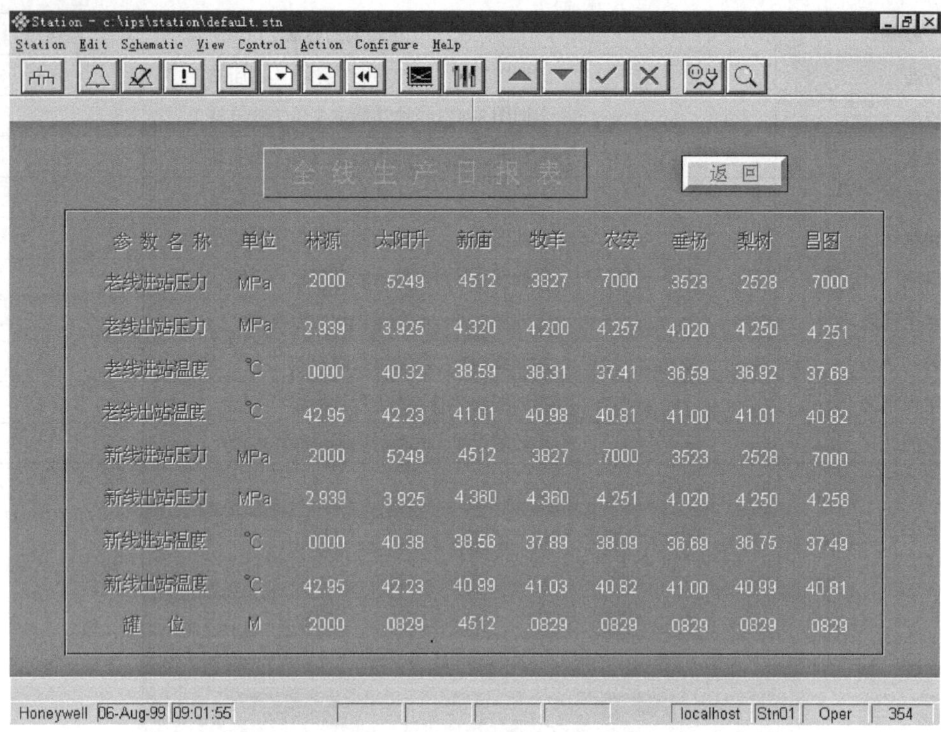


| 参数名称 | 单位 | 林源 | 太阳升 | 新庙 | 牧羊 | 农安 | 垂杨 | 梨树 | 昌图 |
|---|---|---|---|---|---|---|---|---|---|
| 老线进站压力 | MPa | .2000 | .5249 | .4512 | .3827 | .7000 | .3523 | .2528 | .7000 |
| 老线出站压力 | MPa | 2.939 | 3.925 | 4.320 | 4.200 | 4.257 | 4.020 | 4.250 | 4.251 |
| 老线进站温度 | ℃ | .0000 | 40.32 | 38.59 | 38.31 | 37.41 | 36.59 | 36.92 | 37.69 |
| 老线出站温度 | ℃ | 42.95 | 42.23 | 41.01 | 40.98 | 40.81 | 41.00 | 41.01 | 40.82 |
| 新线进站压力 | MPa | .2000 | .5249 | .4512 | .3827 | .7000 | .3523 | .2528 | .7000 |
| 新线出站压力 | MPa | 2.939 | 3.925 | 4.360 | 4.360 | 4.251 | 4.020 | 4.250 | 4.258 |
| 新线进站温度 | ℃ | .0000 | 40.38 | 38.56 | 37.89 | 38.09 | 36.69 | 36.75 | 37.49 |
| 新线出站温度 | ℃ | 42.95 | 42.23 | 40.99 | 41.03 | 40.82 | 41.00 | 40.99 | 40.81 |
| 罐位 | M | .2000 | .0829 | .4512 | .0829 | .0829 | .0829 | .0829 | .0829 |

实训图2-7　全线生产日报表

从实训图2-4左侧单击梨树站，进入各个子站进行操作。

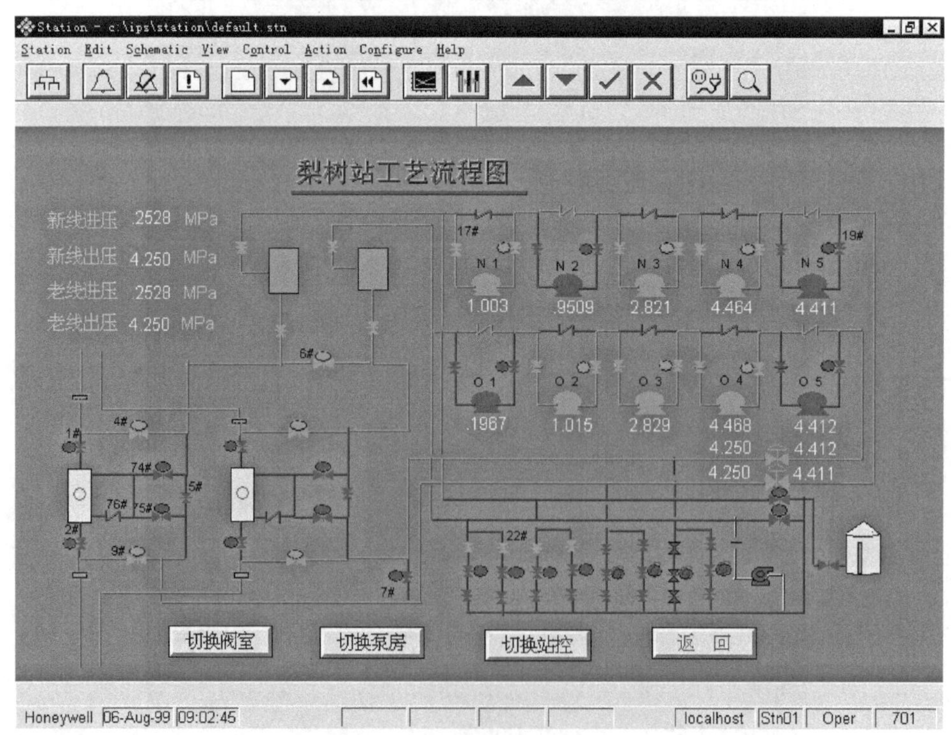


实训图2-8　梨树站工艺流程图

| 按钮 | 跳转到的界面 |
| --- | --- |
| 切换阀室 | 实训图2–9　梨树站阀室 |
| 切换泵房 | 实训图2–10　梨树站泵房机组 |
| 切换站控 | 实训图2–12　梨树站流程控制盘 |
| 返回 | 实训图2–14　梨树当地功能主菜单 |

实训图2–8所示的梨树站工艺流程图左上方显示的数字是当前时刻新、老线的进出站压力，每台泵机组下面显示的数字是当前时刻泵机组的出口压力，调节阀前后显示的数字是当前时刻阀前、阀后压力。右边显示的数字是当前时刻新、老线的进出站压力，进炉压力和出泵压力。

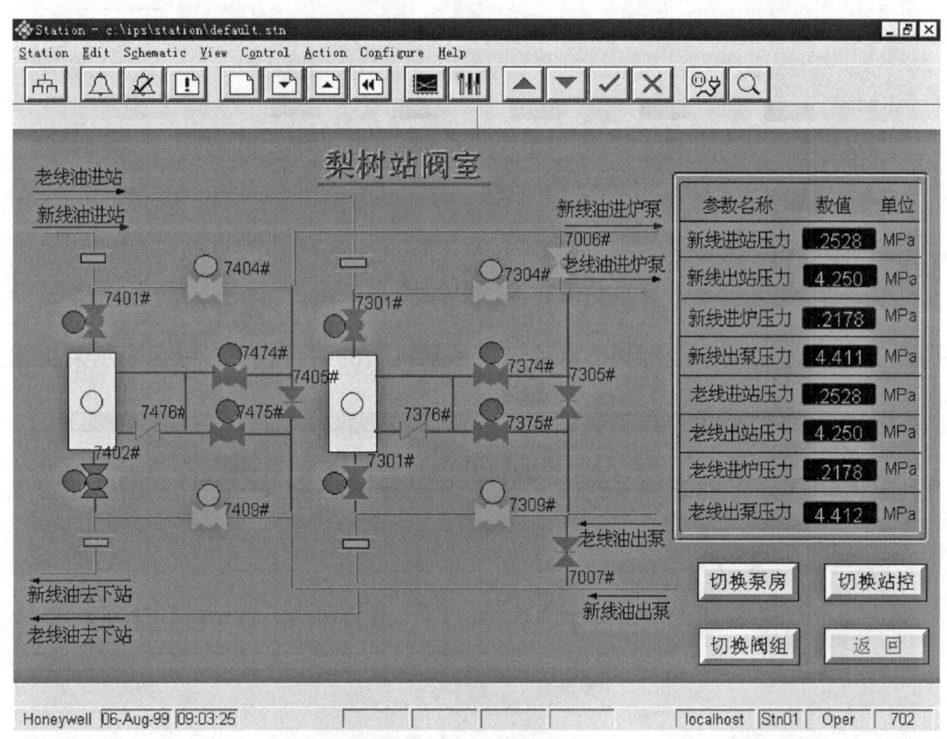


实训图2–9　梨树站阀室

| 按钮 | 跳转到的界面 |
| --- | --- |
| 切换泵房 | 实训图2–10　梨树站泵房机组 |
| 切换站控 | 实训图2–12　梨树站流程控制盘 |
| 切换阀组 | 实训图2–16　梨树站阀组控制盘 |
| 返回 | 实训图2–14　梨树当地功能主菜单 |

如实训图2-10所示，每台泵下面显示当前时刻泵的出口压力。

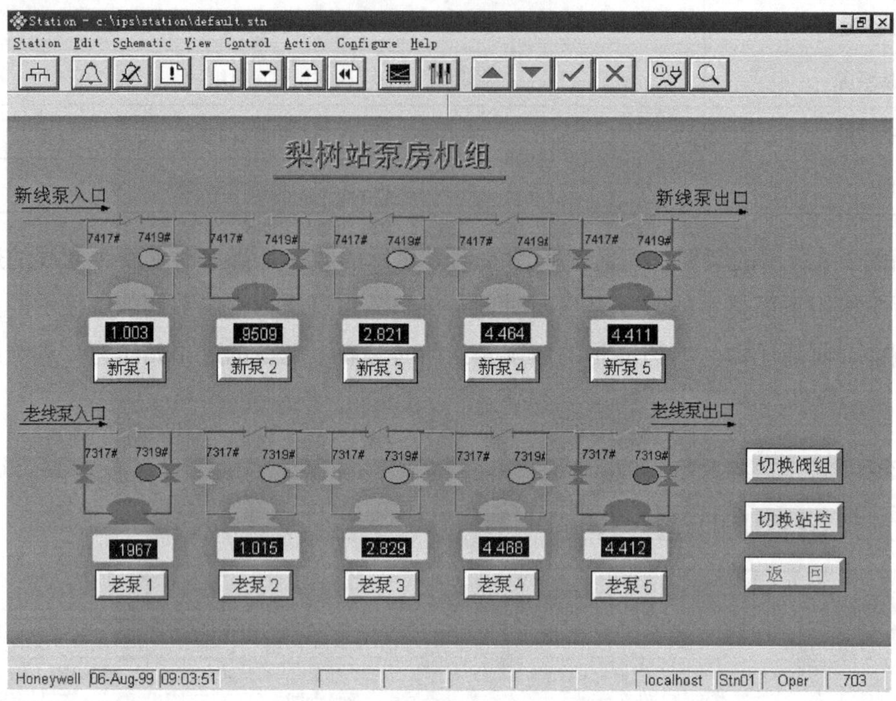


实训图2-10 梨树站泵房机组

实训图2-11中左边的泵运行状态指示灯表示泵机组的运行状态：绿色表示泵机组正在运

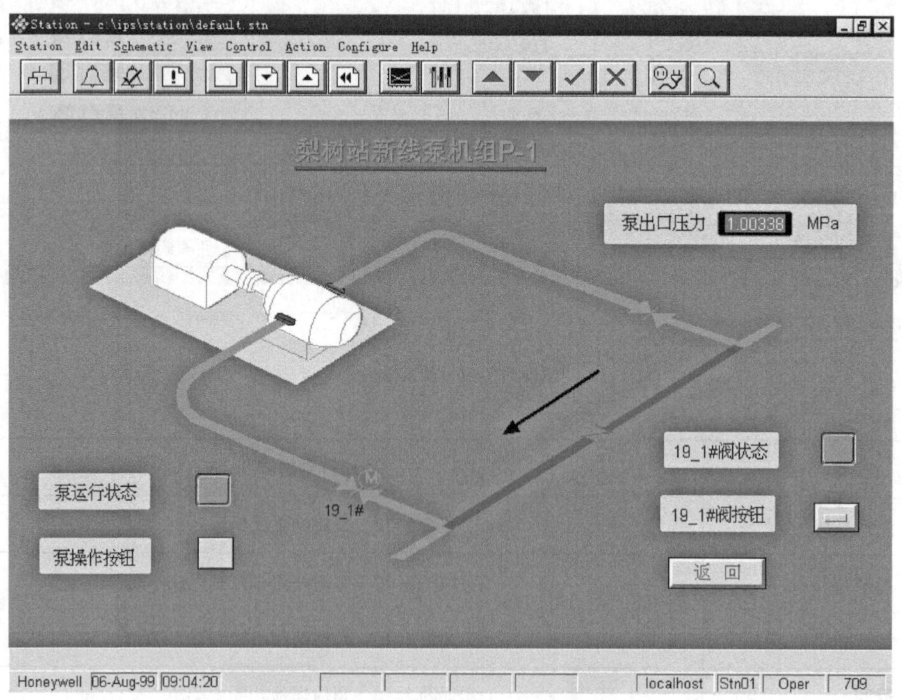


实训图2-11 梨树站新线泵机组

行，红色表示泵机组已经停运，绿色闪烁表示泵机组正在启动，而红色闪烁表示正在停运泵机组。通过单击“泵操作按钮”可以改变泵的运行状态。例如：当前泵正在运行（绿色）时，当按下按钮选择停泵指令之后，泵的状态会变为正在停泵（红色闪烁），经过一段时间之后泵的状态会变为停运（红色）。

右边为19#阀的状态：绿色表示19#阀导通，红色表示19#阀关闭。下面的19#阀按钮目前不可操作。

如实训图2–12所示，其控制状态有两种：站控状态和遥控状态。当为遥控状态时，子站不可发出指令，只有在站控状态下，子站才可以发出指令。只有控制中心（调度端）可以改变控制状态。在控制中心单击“站控状态”或者“遥控状态”按钮可以改变控制状态。

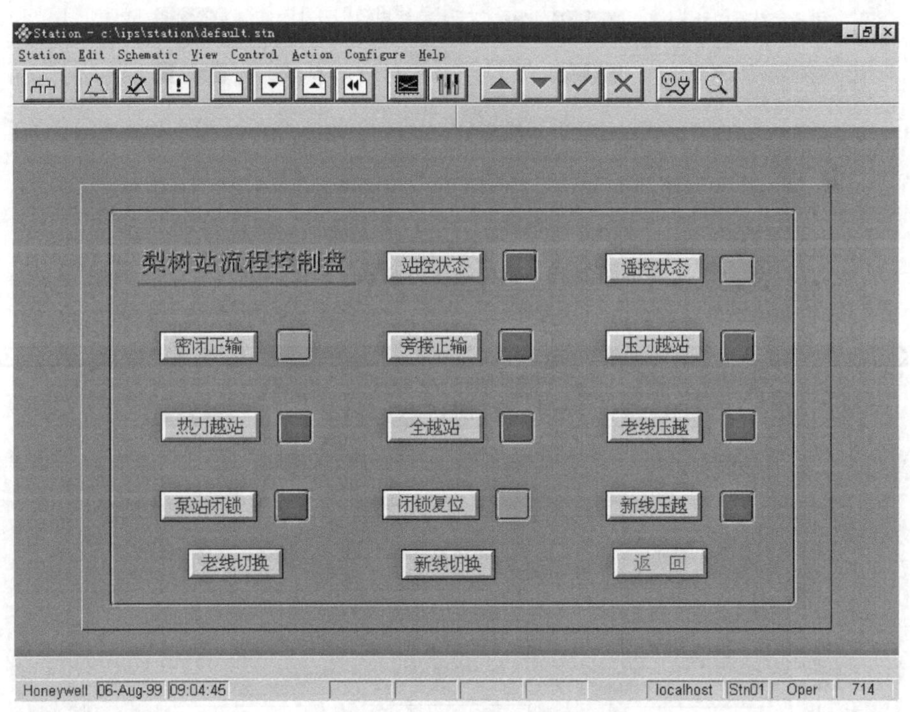


实训图2–12　梨树站流程控制盘

密闭正输、旁接正输、压力越站、热力越站、全越站、老线压越、新线压越等7个为流程切换指令，当你确定所希望倒的流程时，便可以单击相关按钮进行倒流程的操作。这些流程有3个状态：绿色表示目前泵站的流程，黄色表明目前正在切换的流程，红色表示目前并不是在这个流程下。当从其他几个流程切换为密闭正输时，还需要选择开启泵。

当七个流程都不是时，请返回阀组控制盘重新进行阀门的开关操作，同时应该将错误操作阀门引起的泵机组错误操作纠正过来。

倒“全线停输”可以在事故状态下选择铁岭双线关阀进行操作。梨树站压力调节保护设定值如实训图2–13所示；梨树当地功能主菜单如实训图2–14所示。

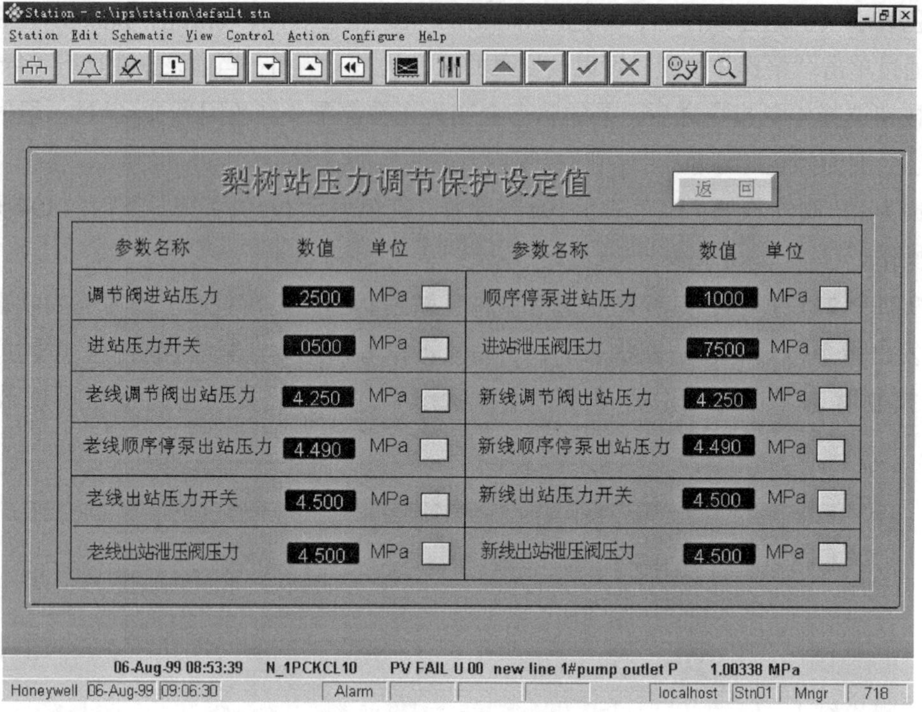


实训图2–13 梨树站压力调节保护设定值

Station - c:\ips\station\default.stn
Station Edit Schematic View Control Action Configure Help
梨树当地功能主菜单
返 回
仿真状态
工艺流程图
阀组区流程图
输油泵控制图
现实趋势图
新线压力流量图
老线压力流量图
泵站控制系统
日 报 表
报 警
压力控制定值
调节阀状态
进出站温度
Honeywell 06-Aug-99 09:21:05 localhost Stn01 Oper 723

实训图2–14 梨树当地功能主菜单

| 按钮 | 跳转到的界面 |
|---|---|
| 工艺流程图 | 实训图2-8　梨树站工艺流程图 |
| 阀组区流程图 | 实训图2-9　梨树站阀室 |
| 输油泵控制图 | 实训图2-10　梨树站泵房机组 |
| 新线压力流量图 | 显示“新线压力流量图”窗口 |
| 老线压力流量图 | 显示“老线压力流量图”窗口 |
| 泵站控制系统 | 实训图2-12　梨树站流程控制盘 |
| 日报表 | 实训图2-15　梨树站生产日报表 |
| 压力控制定值 | 实训图2-13　梨树站压力调节保护设定值 |
| 返回 | 实训图2-4　系统简介 |

如实训图2-14所示，仿真状态有三种：绿色表示“正在仿真”；黄色表示“暂停仿真”；红色表示“停止仿真”。按下“仿真状态”按钮，从弹出的对话框中可以将仿真状态设为任意一种状态。当仿真状态处于“正在仿真”状态时，选择“暂停仿真”，系统将暂时停止仿真过程。

梨树站生产日报表如实训图2-15所示。

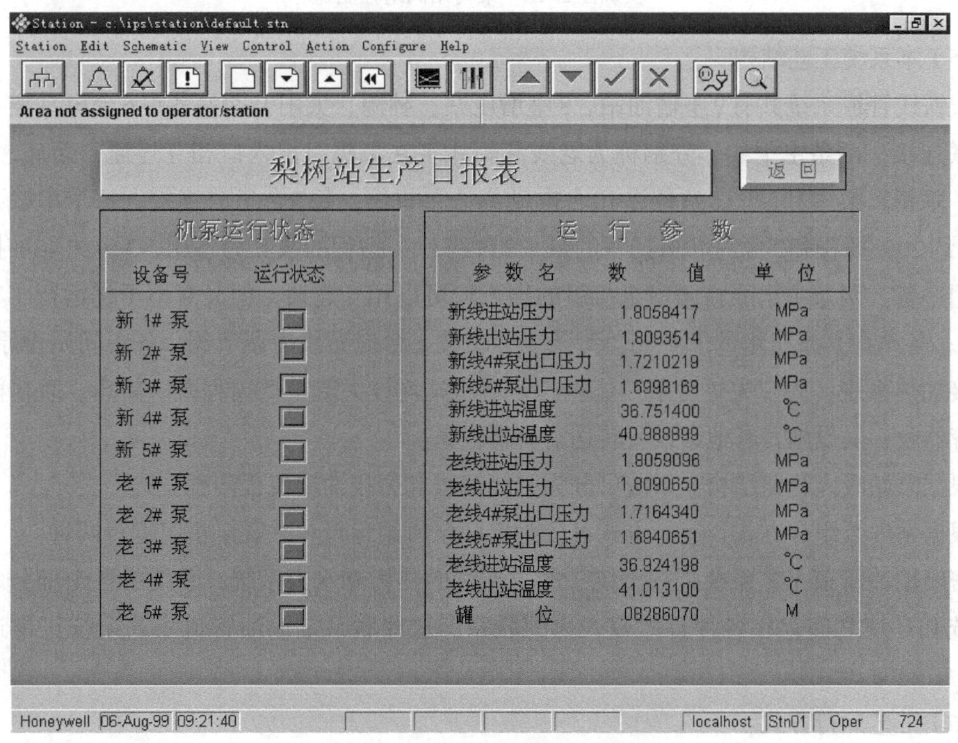


实训图2-15　梨树站生产日报表

如实训图2-16所示，阀门有4种状态：开通（绿色）；关闭（红色）；正在开阀（绿色闪烁）；正在关阀（红色闪烁）。单击相关按钮之后可以对相应的阀门进行操作。

目前清管器流程没有仿真，75#阀无法进行相应操作。

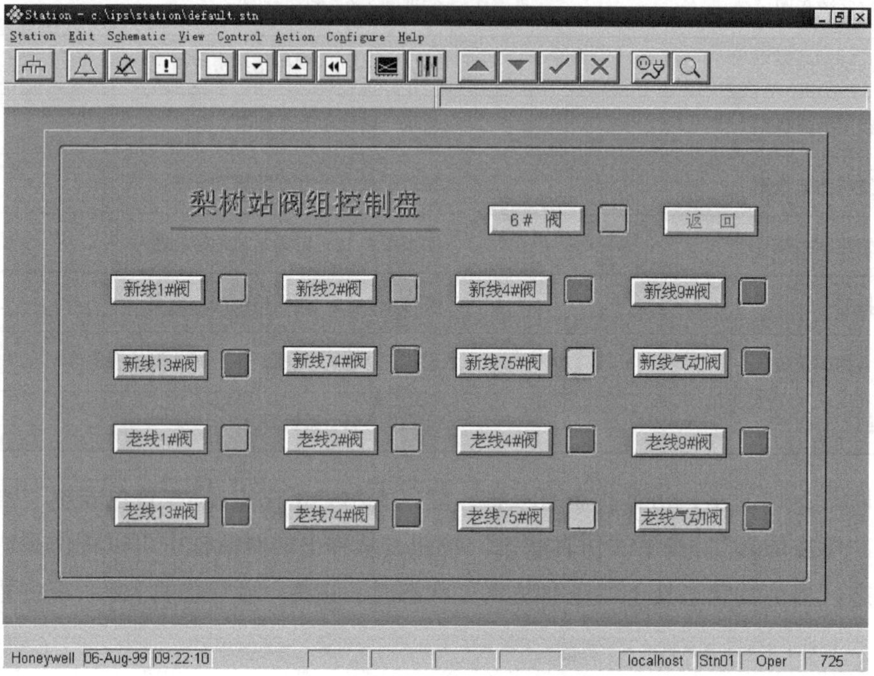

实训图2-16　梨树站阀组控制盘

（5）本系统工艺结构。

庆铁线管道系统共有9座输油站、8座增压站。林源、太阳升两站各设6台电动离心泵机组并联连接，两条主干线（分别称为老线和新线）在泵机组出入口相互连通；新庙、牧羊、农安、垂杨、梨树和昌图6站各设10台电动离心泵机组，每5台串联连接，每个串联泵机组设2台约20%扬程和3台约40%扬程的泵，2台约20%扬程的泵互为备用，3台约40%扬程的泵两用一备。两条主干线在两串泵机组的出入口可以相互连通，但又互不干扰运行（实训图2-17）；各站在其泵机组的下游侧，每条线各安装1台球型压力调节阀。各中间站设原油/热媒间接加热系统，为“先炉后泵”流程。各增压站均设大流量低扬程泵。新庙、垂杨两站设置清管器收、发设施，其他站设置转送清管器设备。

根据泵站吸入管路结构，系统可分为密闭流程和旁接油罐流程两种。

根据站内泵组合方式，运行方式可分为串联泵机组运行和并联泵机组运行两种。

密闭输油管道工艺系统是一个统一的、连续的热力和水力系统，系统的各个部分之间以及系统和环境之间存在各种自然或人为的联系。这些联系是输油管道工艺系统正常运行的基础。

（6）工艺运行方式。

根据东北管道设计院提供的操作原则，庆铁线采用以下运行方式：

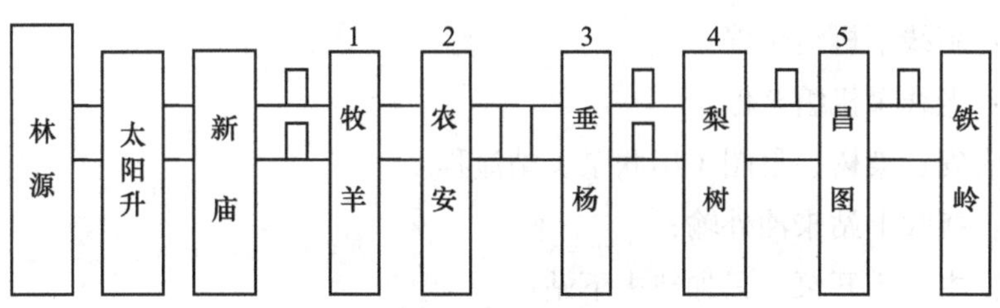


1—牧羊北增压站；2—垂杨北增压站（新老合建）；3—梨树北增压站；
4—昌图北增压站；5—铁岭北（老线）增压站。

实训图2–17　庆铁线输油站、增压站分布示意图

在设计输量下，实现全线密闭（或分段密闭）输油方式。各增压站不进入密闭输油系统。

原油在各中间站先加热后进泵（即先炉后泵工艺流程）。

林源、太阳升两站为并联泵系，出口汇管对应两条线外输，流量由压力调节阀进行分配、调控。其他中间站在串联泵出口下游设有压力调节阀，用于压力调节和泵机组逻辑控制与调节。

各站设有泄压阀（高压和低压）。在系统超压时，把部分液流泄放到油罐中，用以减轻或消除水击压力和管线充装。

在各中间站的进、出站端，两条主干线通过阀门互相连接。根据不同的工况，可以有4种连通方式（进、出站都连接；进、出站都不连接；进站连接，出站不连接；出站连接，进站不连接）。不同的连通方式，对密闭输油的影响不同。

（7）各站主要工艺流程功能。

在仿真系统中，各站考虑了以下功能：

①林源首站（并联泵）流程。

正输流程：大庆油田来油及储油罐内原油外输去下站。

②太阳升站（并联泵）流程。

正输流程：接收上站林源及葡北油库来油外输去下站；

全越站：油流不进站内，经干线去下站。

③新庙站（串联泵）流程。

热力越站：本站不加热，只开泵加压去下站；

旁接流程：上站来油与本站油罐相连通，油流经炉和泵去下站。

④垂杨站（串联泵）流程。

正输流程：接收上站来油外输；

压力越站：本站不开泵，只加热去下站；

热力越站：本站不加热，只开泵加压去下站；

全越站：油流不进站内，经干线去下站；

清管器收发流程：本站接受或者发送清管器。

旁接流程：上站来油与本站油罐相连通，油流经炉和泵去下站；

新线压越：新线泵机组全停；

老线压越：老线泵机组全停。

⑤牧羊、农安、梨树、昌图（串联泵）站流程。

正输流程：接收上站来油外输；

压力越站：本站不开泵，只加热去下站；

热力越站：本站不加热，只开泵加压去下站；

旁接流程：上站来油与本站油罐相连通，油流经炉和泵去下站；

经清管器的全越站：上站来油经转发筒转发去下站；

新线压越：新线泵机组全停；

老线压越：老线泵机组全停。

⑥铁岭站流程。

收油流程：接收上站来油进油罐。

（8）监控模式。

根据操作原则，庆铁线仿真系统采用以下监控模式。

①SCADA系统。

对计算机数据采集与监控（即SCADA）系统进行局域网络仿真，实现分段密闭输油工艺运行与控制。在仿真培训系统上实现输油设备运行及工艺过程参数（由仿真发动机计算出的）的采集、传输、监视和控制。为达到仿真效果，也相应采用了“自动压力调节与泵机组逻辑控制”“自动压力保护”“压力开关跳车保护”及“水击超前保护”“泄流保护”“自动压力越站”等多重调节控制保护手段。

②监控模式。

管线系统采用集散控制模式，即调度中心的集中控制和各泵站的分散控制。仿真系统控制为二级：

第一级：调度中心遥控。在调度中心，调度人员能控制管线系统和泵站，可以进行水击超前保护控制。

第二级：站控。各输油站设有站控端，操作人员可以控制本站的运行工况（控制、监护）。

实施遥控时，站控功能被禁止；实施站控时，遥控功能被禁止。不论在哪一级控制方式下，设备的运行状态均能传到调度中心和站控端的CRT上。

③调度中心功能。

调度中心通过控制面板，可以实时看到各泵站设备和管线系统的运行情况，可以实时对系统进行控制和调节，采取保护措施。控制面板的命令被仿真发动机接受并实施，然后通过控制中心的各泵站图形显示系统显示出来。调度中心可以完成以下主要操作：

- 任一泵站与管线系统的脱离与联接；
- 泵机组的启动和停运；
- 泵机组的切换；

- 电动阀门的开关；
- 加热炉停运及启动；
- 流程切换及其显示；
- 各站各类控制参数的给定与调整；
- 系统的压力调节及逻辑保护；
- 水击控制保护；
- 管线系统动态参数及当前压力趋势显示；
- 设备状态显示。

◎配 套 资 料
◎储 运 发 展
◎运 输 历 史
◎学 习 社 区
AI技术导师
"码"上教你


④站控端功能。

在本仿真系统中，各中间站的控制功能基本相同，只是新庙泵站为旁接流程，将林源和太阳升泵站与整个系统断开。站控端通过控制面板可以实时看到本泵站设备和管线系统的运行情况，可以实时对本站进行控制和调节，采取保护措施。控制面板的命令通过局域网的数据传输系统被仿真发动机接受并实施，然后通过控制中心和站控终端的图形显示系统显示出来。站控端可以完成以下主要操作：

- 本站流程切换和流程显示；
- 本站泵机组的启动和停运；
- 本站泵机组的切换；
- 本站电动阀门的开关；
- 本站加热炉停运及启动；
- 本站各类控制参数的给定与调整；
- 本站系统的压力调节及逻辑保护；
- 本站动态参数及当前压力趋势显示；
- 本站设备状态显示。

⑤数据传输量的确定。

根据庆铁线实际状况、仿真系统的SCADA数据库容量限定及仿真发动机的要求，本系统控制中心数据库与仿真发动机的数据传输量为：模拟量289个、状态量702个。各泵站通过局域网与控制中心及仿真发动机交换的数据量为：模拟量35个、状态量100个。

综上所述，庆铁输油管道全线点多线长，纵横交错，构成一个复杂的水力系统。

## 五、实训报告

（1）绘制垂杨站工艺流程图，并简述其流程。

①正输流程。

②压力越站。

③热力越站。

④全越站。

⑤旁接流程。

⑥新线压越。

⑦老线压越。

（2）观察并分析连通方式的不同对密闭输油的影响。

要求：

①将在初始化状态下的数据填入实训表2-1中，并绘制新线与老线压力流量分布图。

②将新线和老线断开为各自独立运行的管道，并观察绘制其压力流量分布图。

③将稳定后的数据计入实训表2-2中，观察绘制其压力流量分布图并分析其变化的原因。

④将新庙与昌图站新线与老线连接，即首尾相连再观察并绘制其压力流量分布图，将数据填入实训表2-3中，并分析其变化的原因。

（3）中间站停泵操作。

要求：

①在新线与老线成为独立系统的基础上做此项任务。

②关闭农安站老线的3号泵。

③打开老线压力流量图，观察压力流量变化情况，用手机或相机拍下变化的全过程并打印出来贴于报告册上，与上题中（2）③作比较分析其变化的原因。

④将稳定后的数据填入实训表2-4中。

（4）新线增加输量，起泵操作。

要求：

①在上题的基础上做此项任务（即老线与新线是独立系统，且老线有中间泵站停泵）。

②以此开启新线牧羊站2#泵，农安站与梨树站3号泵（待开启的上站泵稳定后再开启下站泵）。

③打开新线压力流量图，观察压力流量变化情况，用手机或相机拍下变化的全过程并打印出来贴于报告册上，与上题作比较分析其变化的原因。

④将稳定后的数据填入实训表2-5中。

（5）泵机组切换操作。

要求：

在上题的基础上，将牧羊站新2#泵切换成新3#泵，观察稳定后的“新线压力流量分布图”，与上题做比较，分析其变化的原因。

（6）单泵运行改串联运行操作。

要求：

①在上题的基础上，启动垂杨站与昌图站新3#泵，观察并绘制稳定后的“新线压力流量分布图”。

②依次启动牧羊、农安与垂杨站新2#泵，稳定后观察并绘制“新线压力流量分布图”，与上题①中的分布图有何区别？试说明理由。

## 六、数据表格

实训表 2-1　在初始化状态下的数据表格

| 站名 | 机泵运行状态 | | | | | | 运行参数 | | | | | | | | | 监控模式 | 运行方式 | 工艺流程 |
|---|---|---|---|---|---|---|---|---|---|---|---|---|---|---|---|---|---|---|
| | | | | | | | 新线进站压力/MPa | 新线出站压力/MPa | 新线进站温/℃ | 新线出站温度/℃ | 老线进站压力/MPa | 老线出站压力/MPa | 老线进站温度/℃ | 老线出站温度/℃ | 罐位/m | | | |
| 林源 | | | | | | | | | | | | | | | | | | |
| 太阳升 | | | | | | | | | | | | | | | | | | |
| 新庙 | | | | | | | | | | | | | | | | | | |
| 牧羊 | | | | | | | | | | | | | | | | | | |
| 农安 | | | | | | | | | | | | | | | | | | |
| 垂杨 | | | | | | | | | | | | | | | | | | |
| 梨树 | | | | | | | | | | | | | | | | | | |
| 昌图 | | | | | | | | | | | | | | | | | | |

实训表 2-2　新线和老线断开稳定后的数据表格

| 站名 | 机泵运行状态 | | | | | | 运行参数 | | | | | | | | | 监控模式 | 运行方式 | 工艺流程 |
|---|---|---|---|---|---|---|---|---|---|---|---|---|---|---|---|---|---|---|
| | | | | | | | 新线进站压力/MPa | 新线出站压力/MPa | 新线进站温度/℃ | 新线出站温度/℃ | 老线进站压力/MPa | 老线出站压力/MPa | 老线进站温度/℃ | 老线出站温度/℃ | 罐位/m | | | |
| 林源 | | | | | | | | | | | | | | | | | | |
| 太阳升 | | | | | | | | | | | | | | | | | | |
| 新庙 | | | | | | | | | | | | | | | | | | |
| 牧羊 | | | | | | | | | | | | | | | | | | |
| 农安 | | | | | | | | | | | | | | | | | | |
| 垂杨 | | | | | | | | | | | | | | | | | | |
| 梨树 | | | | | | | | | | | | | | | | | | |
| 昌图 | | | | | | | | | | | | | | | | | | |

实训表 2-3　打开新庙与昌图站 6 号阀门后的数据表格

| 站名 | 机泵运行状态 | | | | | | 运行参数 | | | | | | | | | 监控模式 | 运行方式 | 工艺流程 |
|---|---|---|---|---|---|---|---|---|---|---|---|---|---|---|---|---|---|---|
| | | | | | | | 新线进站压力/MPa | 新线出站压力/MPa | 新线进站温度/℃ | 新线出站温度/℃ | 老线进站压力/MPa | 老线出站压力/MPa | 老线进站温度/℃ | 老线出站温度/℃ | 罐位/m | | | |
| 林源 | | | | | | | | | | | | | | | | | | |
| 太阳升 | | | | | | | | | | | | | | | | | | |
| 新庙 | | | | | | | | | | | | | | | | | | |
| 牧羊 | | | | | | | | | | | | | | | | | | |
| 农安 | | | | | | | | | | | | | | | | | | |
| 垂杨 | | | | | | | | | | | | | | | | | | |
| 梨树 | | | | | | | | | | | | | | | | | | |
| 昌图 | | | | | | | | | | | | | | | | | | |

实训表2–4　中间站停泵稳定后的数据表格（新线和老线是独立系统）

| 站名 | 机泵运行状态 | | | | | | 运行参数 | | | | | | | | | 监控模式 | 运行方式 | 工艺流程 |
|---|---|---|---|---|---|---|---|---|---|---|---|---|---|---|---|---|---|---|
| | | | | | | | 新线进站压力/MPa | 新线出站压力/MPa | 新线进站温度/℃ | 新线出站温度/℃ | 老线进站压力/MPa | 老线出站压力/MPa | 老线进站温度/℃ | 老线出站温度/℃ | 罐位/m | | | |
| 林源 | | | | | | | | | | | | | | | | | | |
| 太阳升 | | | | | | | | | | | | | | | | | | |
| 新庙 | | | | | | | | | | | | | | | | | | |
| 牧羊 | | | | | | | | | | | | | | | | | | |
| 农安 | | | | | | | | | | | | | | | | | | |
| 垂杨 | | | | | | | | | | | | | | | | | | |
| 梨树 | | | | | | | | | | | | | | | | | | |
| 昌图 | | | | | | | | | | | | | | | | | | |

实训表2–5　新线增加输量数据表格（老线与新线是独立系统，且老线有中间泵站停泵）

| 站名 | 机泵运行状态 | | | | | | 运行参数 | | | | | | | | | 监控模式 | 运行方式 | 工艺流程 |
|---|---|---|---|---|---|---|---|---|---|---|---|---|---|---|---|---|---|---|
| | | | | | | | 新线进站压力/MPa | 新线出站压力/MPa | 新线进站温度/℃ | 新线出站温度/℃ | 老线进站压力/MPa | 老线出站压力/MPa | 老线进站温度/℃ | 老线出站温度/℃ | 罐位/m | | | |
| 林源 | | | | | | | | | | | | | | | | | | |
| 太阳升 | | | | | | | | | | | | | | | | | | |
| 新庙 | | | | | | | | | | | | | | | | | | |
| 牧羊 | | | | | | | | | | | | | | | | | | |
| 农安 | | | | | | | | | | | | | | | | | | |
| 垂杨 | | | | | | | | | | | | | | | | | | |
| 梨树 | | | | | | | | | | | | | | | | | | |
| 昌图 | | | | | | | | | | | | | | | | | | |

#  实训3　输气管道分输增压站仿真教学系统实训

## 一、实训简介

天然气分输增压站流程是天然气管道输送的重点内容，本仿真实验是用流程演示板来演示天然气分输增压站中常见的流程，也可分别进行演示。学生通过对每种流程的观察，能够直观地理解天然气在运输过程中每个设备的参数变化情况以及每个设备在生产中的实际应用情况，从而可以更好地掌握天然气管道输送的主要工作内容。

## 二、实训目的

（1）观察并掌握天然气管道输送的整个工艺流程。

（2）理解天然气分输增压站在运行时可能出现问题的原因及解决方法。

## 三、实训工艺流程

如实训图3-1所示为输气管道分输增压站流程图。

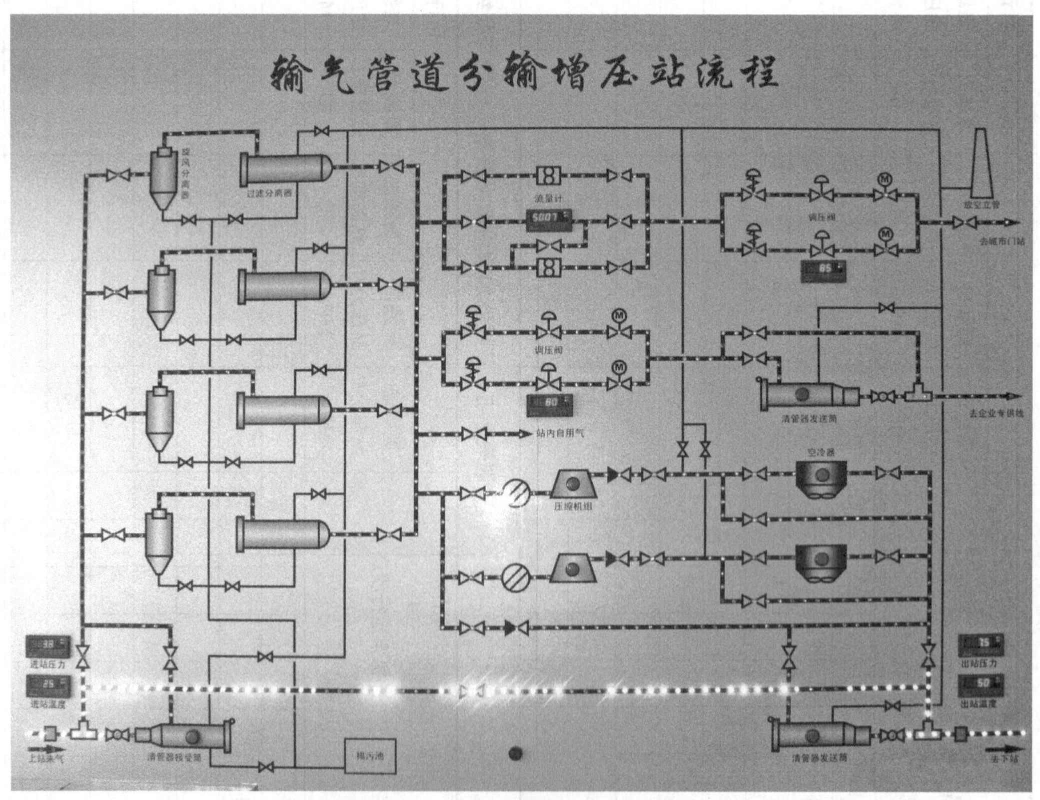


实训图3-1　输气管道分输增压站流程图

## 四、操作步骤

（1）使用时先打开控制台上的总电源，流程板上的所有仪表会亮，PLC处于工作状态。

（2）根据教学需要，选择切换开关的位置至“泵站油库”或“LNG接收站”。

（3）根据需要选择流程按钮。油库流程（共21个）、泵站流程（共7个）、联合站流程（共4个）、LNG接收终端流程（共6个）。控制台上会有相应的指示灯亮，并且流程板上的指示灯会按照介质的流向依次点亮。

（4）在一个流程显示完成后，需要按下最右侧的复位按钮，关闭所有指示灯，准备显示下一个流程。

（5）实验结束后，关闭总电源。

## 五、实验报告

（1）将本装置的全部流程图画在一张A4大小的白纸上，并附在实训报告册内。

（2）请对照本系统流程写出下列流程：增压外输流程、去城市门站流程、去企业门站流程、全越站流程、收清管球流程、发清管球流程、分输发球流程。

（3）在实验报告册内完成后文思考题。

## 六、思考题

（1）简述天然气集输站场的分类及各个站场的主要功能。

（2）试分析输气站与其他功能站场合并建设的可能性及相互间的关系。

（3）流程中过滤分离器与旋风分离器的区别是什么？

# 实训4　油库仿真教学系统实训

## 一、本系统简介

油库最基本的功能是实现油品的出、入库操作以及对油品的储存管理。本系统适应学生和油库操作人员的技术水平，可作为仿真实验室的教学软件和油库操作人员的培训软件，帮助其了解和掌握油库的各种工艺流程。本项目模拟的油库是一个功能齐全的典型油库，能够实现铁路收发油、公路发油、水路收发油、灌桶和倒罐等各种作业。本模拟操作系统的目的就是将油库的操作过程真实地展现出来，让初学者在计算机上实现对油库作业过程的操作。

## 二、实训目的和内容

**目的：**

（1）掌握油库的各种工艺流程。

（2）会操作油库铁路收发油、公路发油、水路收发油、灌桶和倒罐等各种作业。

**内容：**

铁路收油作业、公路发油作业、倒罐作业、铁路发油作业、水路收油作业、水路发油作业、灌桶作业。

## 三、系统操作步骤及使用说明

（1）双击桌面力控软件。

（2）选中“油库仿真教学”，单击运行。

（3）显示“油库仿真教学系统”界面。

（4）单击登录。

（5）单击进入，如实训图4-1所示。

## 四、作业操作过程说明

1. 铁路收油作业操作

包括当前库存、来油信息、来油化验、来油计量、收油作业5个步骤。

2. 公路发油作业操作

包括当前库存、办理手续、灌装准备、灌装作业4个步骤。

3. 倒罐作业操作

包括当前库存、确定倒罐方案、倒罐作业3个步骤。

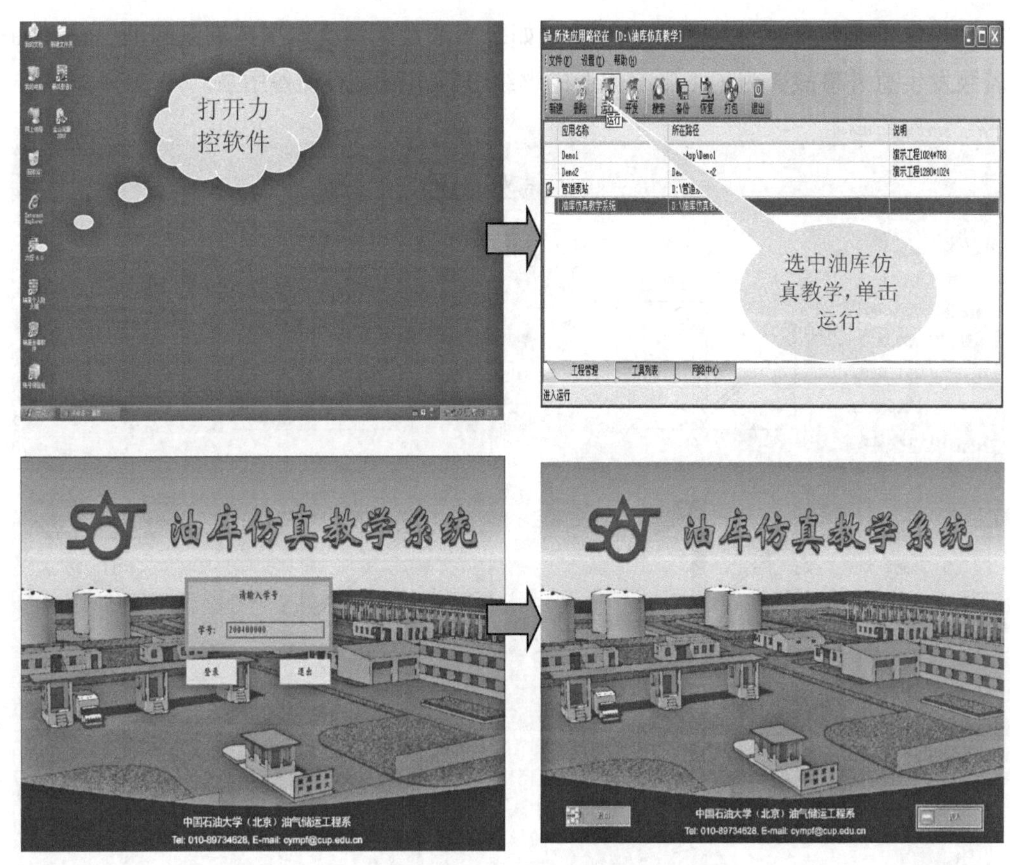


实训图4–1 油库仿真教学系统操作步骤图

4. 液位报警

在油库作业过程中，对油罐液位进行监控是非常重要的，它是油库安全操作的一个很重要的方面。当油罐液位超过安全高度时，会发生冒罐事故；当油罐进行发油作业时，出油管下面的油品并不能发出，通常叫做油罐的“死藏”。对于内浮顶罐，液位过低的话，容易发生卡盘或浮盘下沉事故。所以，在进行收油作业时，要监控液位高度不能高于安全高度；在进行发油作业时，液位高度不能低于最低液位。

本系统在油罐区的详图上设置了液位报警功能，如果油罐的液位过高或者过低，系统都会及时提示报警信息。这里采用了液位警示灯的方式，绿色灯表示液位处于正常范围，红色灯表示液位到达了高限或低限。液位报警级别包括高液位报警、高高液位报警、低液位报警、低低液位报警。这样，用户就可以根据报警信息进行相应的操作。如实训图4–2所示，3#油罐正在进行收油作业，当油罐液位达到高限时，油罐图上的警示灯由绿色变成红色并闪烁，同时，信息提示“高限”也在闪烁，以引起用户的注意，并采取必要的措施。

5. 事故模拟

在油库进行收发油作业时，可能会出现设备故障，这时就要求操作人员及时对故障进行处理，保证作业能继续进行。在本模拟操作系统中，模拟了卸油泵出现事故时的操作。卸油时，如果来油是汽油就选用汽油泵卸油，如果来油是柴油就选用柴油泵卸油，在卸油过程中，若泵发生意外事故，为了不影响作业的继续进行，需要启动备用泵。

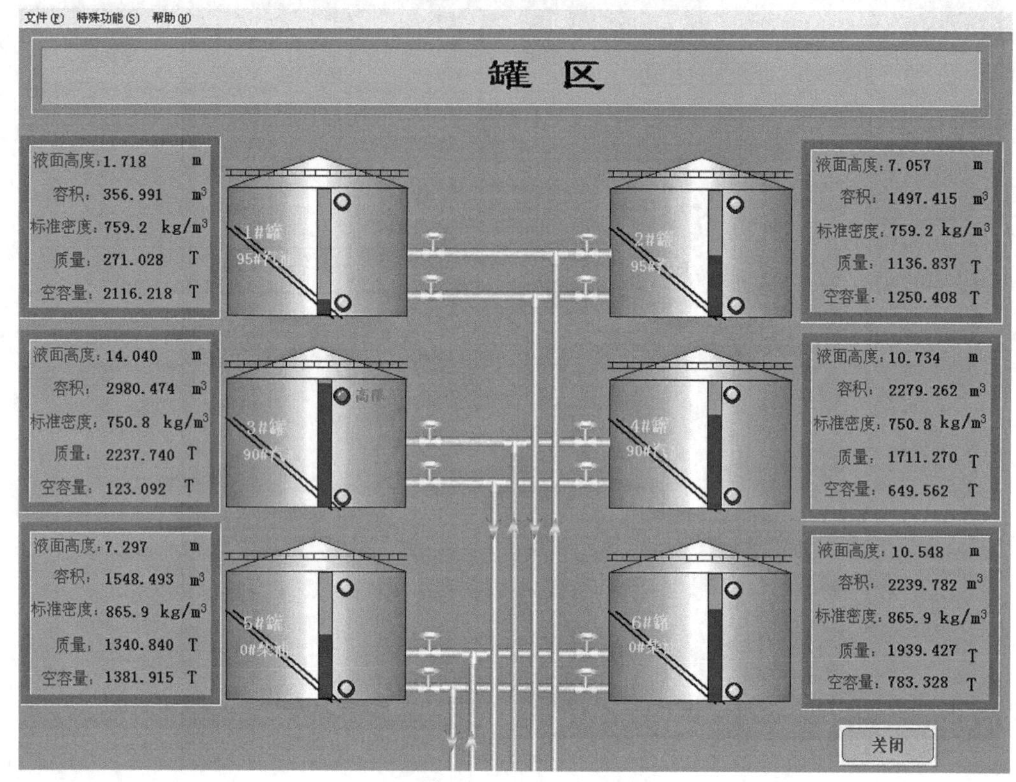


实训图4–2　油罐液位报警

6. 手动倒流程模式

在油库作业过程中，安全是各种操作的前提，所以本模拟系统在设计时，考虑了操作的安全性，设置了手动倒流程模式。在这种模式中，用户在开启阀门和泵时，都有相应的动作提示。当没有启动泵之前，用户需要将该流程所需要开启的阀门打开，这时，如果用户打开的阀门正确的话，系统会提示“您确定要打开阀门吗?”，以保证操作的正确无误。如果打开的阀门不正确，系统也会有警告信息“您打开的阀门不正确”。当开启泵时，系统也会提示操作者确认。在用汽油泵卸汽油的过程中，如果用户关闭该流程上的阀门时，系统会弹出“正在用汽油泵卸油，不得关闭此阀门!”的提示。如果打开其他阀门时，系统会弹出“正在用汽油泵卸油，不得打开此阀门!”的提示。

1）阀门的操作

油库中的管路具有短而多的特点，管线上的阀门特别多。操作者的使用方法是否正确会影响阀门的密封性能和使用寿命，而在油库中，“跑、冒、滴、漏”等事故的发生，大多与阀门的渗漏有关，因此，正确操作和保养阀门，对油库安全生产有着很重要的意义。

启闭阀门时，用力要均匀，不可冲击。同时阀门的启闭速度不能太快，以免产生较大的水击压力而损坏管件。

2）离心泵的操作

（1）离心泵的开启。

①关闭泵出口阀门。②全开泵进口阀门。③启动电机，观察泵运行是否正常。④调节出口阀开度到所需工况。如用户在泵出口处装有流量表或压力表，应通过调节出口阀门开度使泵在性能参数表所列的额定点上运转。如用户在泵出口处没有装流量表或压力表时，应通过调节出口阀门开度，测量泵的电机电流，使电机在额定电流内运行，否则将造成泵超负荷运行（即大电流运行，致使电机烧坏）。调整好的出口阀门开启大小与管路工况有关。⑤检查轴封泄漏情况，正常时机械密封泄漏应小于3滴/min。⑥检查电机，轴承处温升≤80℃。

（2）离心泵的停机。

①关闭出口管路阀门。②切断电源。③关闭进口管路阀门。

（3）油库水击现象及控制。

在油品输转过程中，突然开阀或关阀，开泵或关泵，将造成机组运行不稳定，引起管道中油品的运动状态发生急剧变化，在管道中就会出现水击现象，尤其是油品由流动突然变为停止时产生水击的可能性更大。

管道产生水击时，将造成管道内液压增大，可能造成管道内某些管段超压。如长时间超压，将使管道破裂，设备及管道附件受损破坏。在发油系统中流量计后的阀门如关闭不当产生水击时，对油品计量仪表的破坏也是很严重的。其表现为仪表指针来回摆动，加上管道的震颤和啸叫，不仅造成流量计的计量精度下降，还将影响流量计的使用寿命，甚至损坏流量计。

控制或减弱水击的有效办法是延长阀门的关闭和开启时间。关阀时间越长，水击压力越小，管道中的手动阀门应尽可能缓慢关闭。另外，控制油品在管道中的流速也是减少或降低水击现象的重要手段之一，输转油品时尽可能控制在经济流速下。

7. 报表

在油库实际作业过程中，报表是不可缺少的统计工具，它能将作业过程中的各类信息以直观的表格形式进行反映，为管理人员提供有效的分析工具，是油库管理一项很重要的依据。

在模拟操作系统中，油库进行作业的详细信息被写入Access数据库，并通过各种SQL函数实现力控与Access数据库之间的数据交换，自动生成报表，用户可以查看所进行作业的详细信息，并且可对报表进行按时间查询、全部显示、删除、打印等操作。

管理者可通过作业报表，得到该油库进、出库及库存油品的信息，对于加强油品的质量管理起到了很重要的借鉴作用。

## 五、实训报告

1. 绘制成品油库流程图，并说明以下流程

（1）铁路收95#汽油；（2）铁路收89#汽油；（3）铁路收0#柴油；

（4）铁路发95#汽油；（5）铁路发89#汽油；（6）铁路发0#柴油；

（7）水路收95#汽油；（8）水路收89#汽油；（9）水路收0#柴油；

（10）水路发95#汽油；（11）水路发89#汽油；（12）水路发0#柴油；

（13）公路发95#汽油；（14）公路发89#汽油；（15）公路发0#柴油；

（16）95#汽油灌桶；（17）89#汽油灌桶；（18）0#柴油灌桶；

（19）95#汽油倒罐；（20）89#汽油倒罐；（21）0#柴油倒罐

2. 收油作业

1）铁路收油流程

铁路收95#汽油、铁路收89#汽油、铁路收0#柴油。

（1）作业流程说明。

对于不具备水路运输的油库来说，绝大部分油品都是通过铁路槽车来油。本系统采用上部卸油方式。由于利用离心泵进行卸油时，在启动前需要预先灌泵，需设置一套真空系统。另外，夏天温度较高，在接卸汽油时，容易产生气阻，而气阻又很难消除。目前一般采用在鹤管末端安装潜油泵的方式来解决这些问题。

铁路收油作业是将鹤管插入铁路槽车底部，通过离心泵将油品输入立式油罐中。其操作过程主要包括当前库存、来油信息、来油化验、来油计量、收油作业共5个步骤。

（2）实训步骤及数据记录。

①单击“铁路收油”界面。

②单击打开“当前库存”界面。

在进行收油作业之前，需要了解油库当前库存情况，即每个油罐内的存油数量及该油罐的空容量，这样才能根据来油的数量判断来油需要卸入哪个油罐，其目的是防止冒罐事故的发生。

了解油库当前库存情况是通过测量每个油罐的液位（油高）、计量温度、油品的视密度、试验温度，得到油品的质量，最后由油罐的安全容量减去油品的质量即可得到油罐的空容量，一般是以质量来表示的。

用户打开“当前库存”界面时，油罐液位值默认了上次作业后的值，用户也可以手动设定一个液位值。这时系统会根据液位值实时查询Access数据库中的罐容表，得到相应的容积，然后根据油温和标密计算出相应的质量和空容量。

**问：请将当前库存数据记录下来，库存罐液位可修改，其参数相应变化。也可不修改，直接关闭此对话框（可截图或绘制表格记录下来）。**

| 罐号 | 品种 | 液位/m | 容积/$m^3$ | 油温/℃ | 密度/（$kg/m^3$） | 质量/t | 空容量/T |
|---|---|---|---|---|---|---|---|
| 1#罐 | 95#汽油 | | | | | | |
| 2#罐 | 95#汽油 | | | | | | |
| 3#罐 | 89#汽油 | | | | | | |
| 4#罐 | 89#汽油 | | | | | | |
| 5#罐 | 0#柴油 | | | | | | |
| 6#罐 | 0#柴油 | | | | | | |

③单击打开“来油信息”界面。

来油信息包括铁路来油油品的品种、车数、容积、油温、密度、质量和发站。当用户选择来油品种后，则相对应的信息即可显示出来，用户可以输入所要接卸的车数。在这里系统限制用户输入的车数在5～13之间。用户输入车数后，系统即会自动计算出其对应的容积和质量。如果用户没有输入来油车数，就对来油信息进行确定的话，系统会弹出“请输入来油车数!”的提示信息。

**问：**选择来油品种，输入该品种油的来油车数，然后单击“确定”按钮。单击“察看详情”按钮，可看到来油罐车的具体情况。请将具体信息填在下表中。

| 品种 | 车数 | 容积/$m^3$ | 油温/℃ | 密度/（$kg/m^3$） | 质量/t | 发站 |
|---|---|---|---|---|---|---|
| | | | | | | |

④单击“来油化验”界面。

铁路槽车到达后，油库质检人员要查看油品发货时发货方提供的产品合格单，然后进行取样化验。

如果对油品没有特殊要求的话，只检验常规的项目即可。

在本系统中用户需要根据来油品种选择相应的化验项目，这时系统会显示“提交选择”按钮。用户选择完毕后，单击该按钮，如果选择的化验项目与来油品种不符，系统会有错误提示信息。如果选择的化验项目正确的话，系统会提示用户在相应的地方输入化验结果。

用户完成以上输入后，便可以单击“查看该油品是否合格”按钮，查看油品是否合格。如果合格，系统会提示可以进行来油计量。如果不合格，系统会提示是否进行其他操作。

**问：**根据上题中选择的来油信息选择化验结果，将选择化验的项目及数值填在下表中。

| 品种：9 | | |
|---|---|---|
| 化验结果 | | |
| 化验项目 | 数值 | 是否合格 |
| 辛烷值 | | |
| 凝点 | | |
| 冷滤点 | | |
| 闪电 | | |
| 硫含量 | | |
| 芳烃含量 | | |
| 烯烃含量 | | |

⑤单击打开“来油计量”界面。

铁路槽车的计量方法和立式油罐类似，逐车对槽车进行油高测量，系统自动查询《罐车容积表》查得每车的容积，再根据密度计算得到油品的质量作为实收量，实收量和发货量的差值即为损耗，如果损耗在规定范围内便可进行卸油作业。其中的车号、表号、油高、原发量是系统根据来油信息中的详细清单直接显示的。用户需要在实测油高处输入实际测量的油高值，系统根据用户输入的油高值，自动查询Access数据库中的容积表，得到相应的容积值并显示在界面上。当所有的油高值输入完毕后，系统会自动计算出该列槽车来油的实收量，再计算出损耗量。根据国标中规定的运输损耗率判断油品是否超耗。如果损耗在规定范围内，则给出“该油品在损耗范围内，可以卸车”的提示信息。如果该列槽车来油超耗，系统也会自动提示“该油品超耗，不能入库”的信息。

**问：**依次单击输入检测油高，当显示“来油在损耗范围内，可以进行卸车”的提示信息时，单击“是”。如损耗超出规定范围，则不可卸车，此次操作将被迫中止，请将该界面截下。

⑥单击进入“收油作业”界面。

请选择正确的“进油罐”和“油泵”方案，如“收油作业”界面所示：来油为95#汽油，则需选择“汽油罐”和“汽油泵”，然后，单击“提交选择”按钮。如果选择“自动”模式，则流程会自动打开卸油；如果选择“手动”模式，则需要依次打开该流程所需的各个阀门及泵，以正确顺序打开后，流程倒通，执行卸油操作。

**问：**请将所选择的“收油作业”界面截下，并选择“手动”模式，依次打开该流程所需的各个阀门及泵，导通流程进行收油。在卸油过程中，可进入相应区域观察。请分别将“灌区”“铁路栈桥”“泵房”“铁路收95#汽油流程图”界面截下。

⑦查看铁路收油报表。

| 日期 | 时间 | 来油品种 | 来油车数 | 来油质量 | 来油密度 | 发站 | 收油油罐 |
|---|---|---|---|---|---|---|---|
| | | | | | | | |

3. 发油作业

公路发油作业对于内陆的商业油库来说，是一种常用的发油方式。一般都利用装油鹤管，采用上装形式。单击“公路发油作业”按钮就可以进入公路发油作业。公路发油作业包括当前库存、办理手续、灌装准备、灌装作业4个步骤。

（1）单击“公路发油”按钮，进入作业流程。

（2）检查当前库存。

用户首先需要了解当前油罐内的存油情况，以便发油时选择发油油罐。

库存罐液位可修改，相应参数跟着变化。也可不修改，直接关闭此对话框。

（3）进入办理购油手续流程。

客户到油库提油时，办理手续流程主要是指在油库的营业厅购油，购油信息被写入IC卡中。在此油库中，95#汽油对应的鹤位是1#和2#，即1#和2#发油台，89#汽油对应的鹤位是3#和4#，0#柴油对应的鹤位是5#和6#。如果用户选择了95#汽油，而发油台选择除了1#和2#之外的其他几个发油台的话，系统就会弹出错误提示信息。

（4）依次单击“油品种类”“购油数量”“提油重量（注：指质量）”“发油台号”，输入相应数值，并将界面截下。

（5）单击进入“灌装准备”。

灌装准备是指客户办理完手续后，直到开始灌装前的准备过程。

如果在没有对油罐车油罐进行检查，或没有静电接地，或没有将鹤管插入油罐底部时，就进入下一步操作的话，系统都会弹出相应的提示信息。

（6）进行灌装作业。

输入提油车号与发油罐号，单击“开始付油”按钮，单击“切换至流程图”按钮。

（7）输油完毕后关闭界面，退出，打开报表，可看到相应记录。

| 日期 | 时间 | 来油品种 | 来油车数 | 来油质量 | 来油密度 | 发站 | 收油油罐 |
|---|---|---|---|---|---|---|---|
| | | | | | | | |

4. 倒罐作业

在油库的日常作业中，当有的油罐出现了较低液位时，会大大增加油品的蒸发损耗。油品蒸发损耗是一种选择性比较强的损耗形式，损耗的物质主要是油品中较轻的组分，因此油品蒸发损耗不仅造成数量损失，还会造成质量下降，散失于大气中的油蒸气不仅污染大气环境，而且在局部地区还会构成潜在的火灾危险。由油罐的“大、小呼吸”损耗的机理可知，罐内气体空间的体积愈大，蒸发损耗也愈大，油罐尽量装至规定的安全容量，对减少蒸发损耗有重要意义。因此，从这种意义上说，为了减少蒸发损耗，需要将液位较低的油罐中的油品倒入另一个油罐中，以便于进行集中存放。

另外，如果有业务需要的话，还可能会将一定数量的油品从一个油罐倒入另一个油罐中。

倒罐作业的操作可分为当前库存、倒罐方案、倒罐作业3个步骤。

（1）单击“倒罐”按钮，进入作业流程。

（2）单击打开“当前库存”界面。

当前库存主要是为了让用户了解当前油罐内的存油，以便确定倒罐方案时，保证倒入油罐的空容量大于倒出油罐的倒出量，从而满足倒罐的条件。

请将数据填在下表中：

| 罐号 | 品种 | 液位/m | 容积/$m^3$ | 油温/℃ | 密度/（$kg/m^3$） | 质量/t | 空容量/T |
|---|---|---|---|---|---|---|---|
| 1#罐 | 95#汽油 | | | | | | |
| 2#罐 | 95#汽油 | | | | | | |
| 3#罐 | 89#汽油 | | | | | | |
| 4#罐 | 89#汽油 | | | | | | |
| 5#罐 | 0#柴油 | | | | | | |
| 6#罐 | 0#柴油 | | | | | | |

（3）单击“倒罐方案”按钮。

输入倒罐方案，可选择“自动倒空”或输入具体的倒罐方向和数量。

（4）进入“倒罐作业”流程。

请将流程图界面截下。

5. 铁路发油作业

（1）单击“铁路发油”按钮，进入作业流程。

（2）检查当前库存。

请将数据填在下列表格中：

| 罐号 | 品种 | 液位/m | 容积/m$^3$ | 油温/℃ | 密度/（kg/m$^3$） | 质量/t | 空容量/T |
|---|---|---|---|---|---|---|---|
| 1#罐 | 95#汽油 | | | | | | |
| 2#罐 | 95#汽油 | | | | | | |
| 3#罐 | 89#汽油 | | | | | | |
| 4#罐 | 89#汽油 | | | | | | |
| 5#罐 | 0#柴油 | | | | | | |
| 6#罐 | 0#柴油 | | | | | | |

（3）单击进入“发油方案”。

请依次输入“发油品种”“发油台号”“油泵选择”“发油重量（注：指质量）”，然后按“提交”按钮，将输入的界面截下。在发油过程中，可进入相应区域观察，完毕后关闭退出。

6. 水路收油作业

（1）单击“水路收油”按钮，进入作业流程。

（2）检查、修改当前库存。

库存罐液位可修改，相应参数跟着变化。也可不修改，直接关闭此对话框。将修改的库存记录在下列表格中：

| 罐号 | 品种 | 液位/m | 容积/m$^3$ | 油温/℃ | 密度/（kg/m$^3$） | 质量/t | 空容量/T |
|---|---|---|---|---|---|---|---|
| 1#罐 | 95#汽油 | | | | | | |
| 2#罐 | 95#汽油 | | | | | | |
| 3#罐 | 89#汽油 | | | | | | |
| 4#罐 | 89#汽油 | | | | | | |
| 5#罐 | 0#柴油 | | | | | | |
| 6#罐 | 0#柴油 | | | | | | |

（3）进入“来油信息”，选择正确的“来油品种”“船舱数”等，然后按“确定”按钮。

（4）进入“来油化验”。

输入来油化验结果。首先根据来油品种选择需要化验的项目，单击“提交选择”按钮。

各项目需要输入化验结果，如：单击辛烷值后面的“0”，出现窗口，输入数字后，确认。单击按钮“?”可解释相应概念。

单击“察看结论”按钮，确认是否合格。如不合格，请重新输入，单击后面的“国标”按钮，可给出提示。

（5）进入“收油作业”，选择正确的卸油方案，可察看罐的液位。

请写出你的卸油方案。

（6）进入流程演示，完毕后退出。在此期间，可单击点开察看罐区情况。

7. 水路发油作业

（1）单击“水路发油”按钮，进入作业流程。

（2）检查、修改当前库存。

请将修改的库存记录在下列表格中：

| 罐号 | 品种 | 液位/m | 容积/$m^3$ | 油温/℃ | 密度/（$kg/m^3$） | 质量/t | 空容量/T |
| --- | --- | --- | --- | --- | --- | --- | --- |
| 1#罐 | 95#汽油 | | | | | | |
| 2#罐 | 95#汽油 | | | | | | |
| 3#罐 | 89#汽油 | | | | | | |
| 4#罐 | 89#汽油 | | | | | | |
| 5#罐 | 0#柴油 | | | | | | |
| 6#罐 | 0#柴油 | | | | | | |

（3）进入“发油方案”，提交正确选择。

（4）进入“发油作业”。

（5）进入流程演示。

8. 水路发油作业

（1）单击“灌桶”按钮，进入作业流程。

（2）检查、修改当前库存。

请将修改的库存记录在下列表格中：

| 罐号 | 品种 | 液位/m | 容积/$m^3$ | 油温/℃ | 密度/（$kg/m^3$） | 质量/t | 空容量/T |
| --- | --- | --- | --- | --- | --- | --- | --- |
| 1#罐 | 95#汽油 | | | | | | |
| 2#罐 | 95#汽油 | | | | | | |
| 3#罐 | 89#汽油 | | | | | | |
| 4#罐 | 89#汽油 | | | | | | |
| 5#罐 | 0#柴油 | | | | | | |
| 6#罐 | 0#柴油 | | | | | | |

（3）进入“灌桶方案”，提交正确选择。

（4）察看流程演示。

## 六、思考题

（1）什么是上部卸油？绘制“上部卸油——泵卸法”流程图，并简要说明其流程和优缺点。

（2）为什么要了解油罐当前库存？

（3）国标中汽油与柴油要化验哪些项目指标？合格的范围值为多少？

（4）简述铁路收油操作规程。

（5）简述铁路调度的原则。

（6）请绘制公路装卸油工艺流程。

（7）简述公路收发油操作规程。

（8）油罐出现了较低液位时，有哪些危害？

（9）简述桶装作业的特点。

# 实训5　油库三维仿真虚拟实训

## 一、竞赛内容

该赛项采用两位选手通过计算机操作仿真软件的方式进行考核。两位选手须完成基础知识、双控能力、操作技能、事故处置等四项考核内容，选手操作完成后由计算机自动评分。

## 二、培训与比赛形式

培训方式：远程训练和集中训练相结合。

每支参赛队由2人组合进行考核。

比赛采取上机考试的方式，考试时间为60 min。通过计算机操作仿真软件，选手操作完成并提交后由系统自动评判成绩，满分为100分。

## 三、竞赛赛项流程

参赛人员按要求携带身份证及号码牌到达指定考场进行比赛，在规定的时间内完成考核，提交成绩后按裁判员要求离开考场。

## 四、考核细则

评分排名按照各参赛院校团队成绩执行。仿真软件包含四个阶段的考核：第一阶段基础知识考核（A1），由两名参赛选手作答；第二阶段双控能力考核（A2），由两名参赛选手分别在虚拟场景中进行操作；第三阶段操作技能考核（A3），由两名参赛选手协同操作；第四阶段事故处置能力考核（A4），由两名参赛选手协同操作。

各考核阶段分数为：A1（6分）、A2（24分）、A3（40分）、A4（30分）。

软件有两种角色可供选择：操作员、值班调度（或班长）。操作员负责在现场进行操作；值班调度（或班长）负责协调沟通和DCS操作。登录时，各选手需要选择角色；登录后，根据选择的角色执行对应的操作。第一阶段基础知识考核中，两位选手同时作答；第二阶段双控能力考核中，没有角色区分；第三阶段流程操作考核中，为操作员（外操）和值班调度（内操）角色协同操作；第四阶段事故处理考核中，为操作员（外操）和班长角色协同操作。

### 4.1　A1基础知识考核（6分）

基础知识考核为两位选手同时作答。题目为计算机随机抽取10道基础知识题，每题0.6分，选手答对一题得0.6分，答错得0分，10题全部答对得6分。

### 4.2　A2双控能力考核（24分）

在双控能力考核中，题库中随机出现30个隐患点，每个隐患点0.8分，找到隐患点得0.4分，正确选择规范或采取相应防控措施得0.4分。该项团体总分将取两名选手平均分计算成绩。

### 4.3 A3操作能力考核（40分）

A3操作能力考核包含6个流程：公路收0#柴油作业（A31）、公路发92#汽油作业（A32）、轮船发0#柴油作业（A33）、轮船收95#汽油作业（A34）、铁路发0#柴油作业（A35）、原油加温倒罐作业（A36）；分数权重为A31（6分）、A32（7分）、A33（7分）、A34（6分）、A35（8分）、A36（6分）。

操作规程如下：

| 公路收0#柴油作业 | |
|---|---|
| 情节设置：收油储罐达到正常收油要求，公路油罐车从1#鹤位进行卸车操作 | |
| 初始状态：由公路罐车来的0#柴油通过公路卸车1#鹤位卸至柴油储罐V306，V306储油罐直径46 m、高19 m，液位40%，公路罐车容量50 $m^3$ | |
| 准备工作确认：<br>值班调度接到业务汽车油品来源的通知，报告油库做好准备工作<br>按要求开展化验、计量、发油及应急消防等前期工作<br>运油罐车安全检查合格后，进入计量平台<br>罐车静置3 min后，计量员按规定进行计量，化验员按规定采样、化验。油温、含水量均正常<br>油库值班调度核实油品品种、数量、质量符合卸车条件后，签发《汽车卸油作业票》<br>发油员通知罐车司机进入卸油现场，并引导罐车停放在指定的地点 | |
| 操作角色：值班调度[M]和操作员[P] | |
| **序号** | **步骤** |
| 1 | （M）—确认收油罐号 |
| 2 | （M）—确认油品品种 |
| 3 | （P）—确认油罐中的油品油温、含水量 |
| 4 | [P]—确认收油罐的罐号 |
| 5 | [P]—收油前油罐检尺并记录 |
| 6 | [P]—接油罐车静电释放线 |
| 7 | [P]—检查消防器材是否符合要求 |
| 8 | [P]—完成鹤管与罐车连接，打开罐车卸车阀，确认无泄漏 |
| 9 | [P]—通知内操联系相关单位收油操作即将开始 |
| 10 | [P]—打开收油油罐的罐根部阀门XV343 |
| 11 | [M]—打开罐前电动控制阀XV345 |
| 12 | [P]—打开罐前控制阀XV349 |
| 13 | [P]—打开阀门XV708 |
| 14 | [P]—打开泵入口阀XV701 |
| 15 | [P]—通知内操流程切换完毕 |
| 16 | [M]—通知外操开始收油 |

续表

| 公路收0#柴油作业 | |
|---|---|
| 序号 | 步骤 |
| 17 | [P]—开启输油泵P701 |
| 18 | [P]—当压力达到0.3 MPa后，逐渐开启控制阀XV703 |
| 19 | [P]—通知内操收油完成 |
| 20 | [M]—内操通知外操关闭收油流程 |
| 21 | [P]—关闭泵出口阀XV703 |
| 22 | [P]—关停输油泵P701 |
| 23 | [P]—关闭泵入口阀XV701 |
| 24 | [P]—关闭阀门XV708 |
| 25 | [M]—关闭罐前电动控制阀XV345 |
| 26 | [P]—关闭罐前控制阀XV349 |
| 27 | [P]—关闭收油油罐的罐根部阀门XV343 |
| 28 | [P]—通知内操收油流程已关闭 |
| 29 | [M]—做好收油后的各项记录工作 |

| 公路发92#汽油作业 | |
|---|---|
| 情节设置：发油储罐达到正常发油要求，使用3#鹤位向公路油罐车进行发油操作 | |
| 初始状态：由汽油储罐V301来的92#汽油通过公路装车3#鹤位装至公路罐车，V301储油罐直径46 m、高19 m，公路罐车载容量50 $m^3$。罐区阀门均处于关闭状态 | |
| 准备工作确认：<br>值班调度接到业务汽车油品来源的通知，报告油库做好准备工作<br>按要求开展化验、计量、发油及应急消防等前期工作<br>运油罐车安全检查合格后，进入计量平台<br>罐车静置3 min后，计量员按规定进行计量，化验员按规定采样、化验。油温、含水量均正常<br>油库值班调度核实油品品种、数量、质量符合装车条件后，签发《汽车装油作业票》<br>发油员通知罐车司机进入发油现场，并引导罐车停放在指定的地点 | |
| 操作角色：值班调度[M]；操作员[P] | |
| 序号 | 步骤 |
| 1 | [M]—确认发油罐号 |
| 2 | [M]—确认油品品种 |
| 3 | [P]—确认油罐中的油品油温、含水量 |
| 4 | [P]—确认发油罐的罐号 |
| 5 | [P]—发油前油罐检尺并记录 |
| 6 | [P]—接油罐车静电释放线 |

续表

| 公路发 92# 汽油作业 | |
|---|---|
| 序号 | 步骤 |
| 7 | [P]—检查消防器材是否符合要求 |
| 8 | [P]—打开罐车装车阀，确认无泄漏 |
| 9 | [P]—通知内操联系相关单位发油操作即将开始 |
| 10 | [P]—打开发油油罐阀门XV301 |
| 11 | [M]—打开罐前电动控制阀XV302 |
| 12 | [P]—打开罐前控制阀XV307 |
| 13 | [P]—打开管线控制阀XV427 |
| 14 | [P]—通知内操流程切换完毕 |
| 15 | [M]—通知外操开始发油 |
| 16 | [P]—打开输油泵入口阀XV412 |
| 17 | [P]—开启输油泵P402 |
| 18 | [P]—当PG402_2压力达到0.3 MPa后，开启控制阀XV413 |
| 19 | [P]—开启控制阀XV414 |
| 20 | [M]—开启调节阀FV402 |
| 21 | [P]—开启鹤前阀XV403 |
| 22 | [P]—通知内操发油操作完成 |
| 23 | [M]—通知外操开始停工操作 |
| 24 | [P]—关闭泵出口阀XV413 |
| 25 | [P]—关闭控制阀XV414 |
| 26 | [P]—关停输油泵P402 |
| 27 | [P]—关闭泵入口阀XV412 |
| 28 | [P]—关闭鹤前阀XV403 |
| 29 | [P]—关闭管线控制阀XV427 |
| 30 | [P]—发油完成关闭油罐的罐根部阀门XV301 |
| 31 | [M]—关闭罐前电动控制阀XV302 |
| 32 | [P]—关闭罐前控制阀XV307 |
| 33 | [P]—通知内操发油流程已关闭 |
| 34 | [M]—做好收油后的各项记录工作 |

<table>
<tr><th colspan="2">轮船发0#柴油作业</th></tr>
<tr><td colspan="2">情节设置：发油储罐达到正常发油要求，按照操作规范向轮船油罐进行发油操作</td></tr>
<tr><td colspan="2">初始状态：由柴油储罐V305来的0#柴油通过轮船码头装油至轮船油罐，V305储油罐直径46 m、高19 m，液位3 m。阀门均处于关闭状态</td></tr>
<tr><td colspan="2">准备工作确认：<br>检查流量计、阀门、装船泵等技术性能是否完好，检查有无渗漏情况；排静电装置是否完好；备齐装船作业及防止油品洒漏的应急用工具<br>检查夜间作业的照明设备是否完好</td></tr>
<tr><td colspan="2">操作角色：值班调度[M]和操作员[P]</td></tr>
<tr><th>序号</th><th>步骤</th></tr>
<tr><td>1</td><td>[M]—确认发油罐号</td></tr>
<tr><td>2</td><td>[M]—确认油品品种</td></tr>
<tr><td>3</td><td>[P]—检查待装油容器是否符合指定的种类，其内部是否清洁，若发现残留有不同油品及污物后，应由领油人员妥善清理后方可装油</td></tr>
<tr><td>4</td><td>[P]—检查阀门、静电导线等附件是否完好</td></tr>
<tr><td>5</td><td>[P]—确认付油罐的罐号</td></tr>
<tr><td>6</td><td>[P]—付油前油罐检尺并记录</td></tr>
<tr><td>7</td><td>[P]—通知调度联系相关单位付油操作即将开始</td></tr>
<tr><td>8</td><td>[P]—打开油罐的罐根部阀门XV329</td></tr>
<tr><td>9</td><td>[M]—打开罐前电动控制阀XV330</td></tr>
<tr><td>10</td><td>[P]—打开罐前控制阀XV332</td></tr>
<tr><td>11</td><td>[P]—打开管线控制阀XV222</td></tr>
<tr><td>12</td><td>[M]—打开调节阀FV101，其开度设置为50%</td></tr>
<tr><td>13</td><td>[P]—打开码头管线控制阀XV108</td></tr>
<tr><td>14</td><td>[P]—打开码头管线控制阀XV105</td></tr>
<tr><td>15</td><td>[P]—打开码头管线控制阀XV104</td></tr>
<tr><td>16</td><td>[P]—通知调度流程切换完毕</td></tr>
<tr><td>17</td><td>[M]—通知操作员准备进行发油操作</td></tr>
<tr><td>18</td><td>[M]—流量计FIC102流速设置为2 m/s</td></tr>
<tr><td>19</td><td>[P]—开启输油泵P202入口阀XV204</td></tr>
<tr><td>20</td><td>[P]—开启输油泵P202</td></tr>
<tr><td>21</td><td>[P]—当PG202_2压力达到0.3 MPa后，开启P202泵出口阀XV206</td></tr>
<tr><td>22</td><td>[P]—向值班调度汇报装油完成</td></tr>
<tr><td>23</td><td>[M]—通知操作员关闭发油流程</td></tr>
<tr><td>24</td><td>[P]—关闭泵出口阀XV206</td></tr>
</table>

续表

| 轮船发0#柴油作业 | |
|---|---|
| 序号 | 步骤 |
| 25 | [P]—关闭输油泵P202 |
| 26 | [P]—关闭泵入口阀XV204 |
| 27 | [M]—关闭罐前电动控制阀XV330 |
| 28 | [P]—关闭罐前控制阀XV332 |
| 29 | [P]—关闭管线控制阀XV222 |
| 30 | [P]—关闭码头管线控制阀XV108 |
| 31 | [P]—关闭码头管线控制阀XV105 |
| 32 | [P]—关闭码头管线控制阀XV104 |
| 33 | [P]—关闭付油油罐的罐根部阀门XV329 |
| 34 | [P]—通知内操发油流程已关闭 |
| 35 | [M]—做好收油后的各项记录工作 |

| 轮船收95#汽油作业 | |
|---|---|
| 情节设置：收油储罐达到正常收油要求，按照操作规范从轮船油罐进行收油操作 | |
| 初始状态：由轮船油罐来的95#汽油通过轮船码头卸油至汽油储罐V303，V303储油罐直径46 m、高19 m，液位3 m。阀门均处于关闭状态 | |
| 准备工作确认：<br>检查流量计、阀门、装船泵等技术性能是否完好，检查有无渗漏情况；排静电装置是否完好；备齐装船作业及防止油品洒漏的应急用工具<br>检查夜间作业的照明设备是否完好 | |
| 操作角色：值班调度[M]；操作员[P] | |
| 序号 | 步骤 |
| 1 | [M]—确认发油罐号 |
| 2 | [M]—确认油品品种 |
| 3 | [P]—检查待装油容器是否符合指定的种类，其内部是否清洁，若发现残留有不同油品及污物后，应由领油人员妥善清理后方可装油 |
| 4 | [P]—检查阀门、静电导线等附件是否完好 |
| 5 | [P]—确认收油罐的罐号 |
| 6 | [P]—收油前油罐检尺并记录 |
| 7 | [P]—通知内操联系相关单位收油操作即将开始 |
| 8 | [P]—打开收油油罐的罐根部阀门XV313 |
| 9 | [M]—打开罐前电动控制阀XV314 |
| 10 | [P]—打开罐前控制阀XV308 |

续表

| 轮船收95#汽油作业 | |
|---|---|
| 序号 | 步骤 |
| 11 | [P]—打开管线控制阀XV214 |
| 12 | [M]—打开调节阀FV102，其开度设置为50% |
| 13 | [P]—打开码头控制阀XV109 |
| 14 | [P]—打开码头控制阀XV102 |
| 15 | [P]—打开码头控制阀XV101 |
| 16 | [P]—通知值班调度流程切换完毕 |
| 17 | [M]—通知操作员进行收油操作 |
| 19 | [M]—流量计FIC101流速设置为2 m/s |
| 20 | [P]—通知轮船操作工开启卸油泵 |
| 21 | [P]—通知值班调度收油完成 |
| 22 | [M]—通知操作员关闭收油操作 |
| 23 | [P]—通知轮船操作工关闭卸油泵 |
| 24 | [P]—关闭码头管线控制阀XV101 |
| 25 | [P]—关闭码头管线控制阀XV102 |
| 26 | [P]—关闭码头管线控制阀XV109 |
| 27 | [P]—关闭管线控制阀XV214 |
| 28 | [P]—关闭罐前控制阀XV308 |
| 29 | [M]—关闭罐前电动控制阀XV314 |
| 30 | [P]—关闭收油油罐的罐根部阀门XV313 |
| 31 | [P]—通知内操收油流程已关闭 |
| 32 | [M]—做好收油后的各项记录工作 |

| 铁路发0#柴油作业 |
|---|
| 情节设置：发油储罐达到正常发油要求，按照操作规范使用1#至4#鹤管向铁路油罐进行发油操作 |
| 初始状态：由柴油储罐V305来的0#柴油通过铁路1#至4#鹤位装油至铁路罐车，V305储油罐直径21 m、高19 m，铁路罐车载容量50 m$^3$。阀门均处于关闭状态 |
| 准备工作确认：<br>复核流量表数值是否与运行记录相符（不符应作记录并由交接班及负责人三方验证）<br>检查流量计、阀门、装车臂鹤管等技术性能，检查有无渗漏情况；检查释放静电装置是否完好；检查汽车装车作业及防止油品洒漏的应急用工具<br>检查夜间作业的照明设备是否完好<br>公布当班该鹤位所发油品及标准密度 |
| 操作角色：值班调度[M]；操作员[P] |

续表

| 铁路发0#柴油作业 | |
|---|---|
| 序号 | 步骤 |
| 1 | [M]—确认发油罐号 |
| 2 | [M]—确认油品品种 |
| 3 | [P]—检查待装油容器是否符合指定的种类，其内部是否清洁，若发现残留有不同油品及污物后，应由领油人员妥善清理后方可装油 |
| 4 | [P]—检查释放静电装置是否完好 |
| 5 | [P]—阀门、鹤管技术性能 |
| 6 | [P]—确认付油罐的罐号 |
| 7 | [P]—发油前油罐检尺并记录 |
| 8 | [P]—通知内操联系相关单位发油操作即将开始 |
| 9 | [P]—打开油罐的罐根部阀门XV329 |
| 10 | [M]—打开罐前电动控制阀XV330 |
| 11 | [P]—打开罐前控制阀XV332 |
| 12 | [P]—打开管线控制阀XV215 |
| 13 | [P]—通知内操流程切换完毕 |
| 14 | [M]—通知外操开始发油操作 |
| 15 | [P]—开启输油泵P202入口阀XV204 |
| 16 | [P]—开启输油泵P202 |
| 17 | [P]—当PG202-2压力达到0.3 MPa后，开启XV205 |
| 18 | [P]—开启1号鹤管控制阀XV530 |
| 19 | [P]—开启1号鹤管控制阀XV526 |
| 20 | [P]—开启2号鹤管控制阀XV524 |
| 21 | [P]—开启2号鹤管控制阀XV520 |
| 22 | [P]—开启3号鹤管控制阀XV518 |
| 23 | [P]—开启3号鹤管控制阀XV514 |
| 24 | [P]—开启4号鹤管控制阀XV512 |
| 25 | [P]—开启4号鹤管控制阀XV508 |
| 26 | [P]—通知内操已开始发油 |
| 27 | [P]—关闭出口阀XV205 |
| 28 | [P]—关闭输油泵P202 |
| 29 | [P]—关闭输油泵P202入口阀XV204 |
| 30 | [P]—通知内操发油结束 |

续表

| 铁路发0#柴油作业 | |
|---|---|
| 序号 | 步骤 |
| 31 | [M]—通知外操人员关闭付油流程操作开始 |
| 32 | [P]—关闭1号鹤管控制阀XV530 |
| 33 | [P]—关闭1号鹤管控制阀XV526 |
| 34 | [P]—关闭2号鹤管控制阀XV524 |
| 35 | [P]—关闭2号鹤管控制阀XV520 |
| 36 | [P]—关闭3号鹤管控制阀XV518 |
| 37 | [P]—关闭3号鹤管控制阀XV514 |
| 38 | [P]—关闭4号鹤管控制阀XV512 |
| 39 | [P]—关闭4号鹤管控制阀XV508 |
| 40 | [P]—关闭控制阀XV215 |
| 41 | [P]—关闭罐前阀XV332 |
| 42 | [M]—关闭罐前阀XV330 |
| 43 | [P]—关闭罐前阀XV329 |
| 44 | [P]—通知内操发油流程已关闭 |
| 45 | [M]—做好收油后的各项记录工作 |

| 原油加温倒罐作业 | |
|---|---|
| 情节设置：一原油储罐中的原油低温凝结，按照操作规范经过对其加温后将原油倒入另一储罐 | |
| 初始状态：V308、V307储油罐直径46 m、高19 m，进出口阀门均处于关闭状态，储油罐内原油温度在-10 ℃左右，处于凝结状态，通过加温，预备将V308储罐1 000 $m^3$原油倒入V307储罐 | |
| 准备工作确认：<br>接到油罐倒罐通知，计量员按规定程序进行计量<br>油库值班员核实油品品种、数量、质量等指标条件后，然后签发《倒罐作业票》 | |
| 操作角色：值班调度[M]；操作员[P] | |
| 序号 | 步骤 |
| 1 | [M]—确认发油罐号 |
| 2 | [M]—确认油品品种 |
| 3 | [P]—确认倒油罐中的油品油温、含水量 |
| 4 | [P]—确认倒油罐的罐号 |
| 5 | [P]—联系值班调度准备倒罐前的加温，打开罐蒸汽进口阀门，启动锅炉蒸汽加热罐内油品，监测罐内温度上升至45 ℃后，停止加温 |
| 6 | [P]—倒罐前油罐检尺并记录 |
| 7 | [P]—通知值班调度联系相关单位倒灌操作即将开始 |

续表

| 原油加温倒罐作业 | |
|---|---|
| 序号 | 步骤 |
| 8 | [P]—打开油罐的罐根部阀门XV355 |
| 9 | [M]—打开罐前电动控制阀XV354 |
| 10 | [P]—打开罐前控制阀XV350 |
| 11 | [P]—打开倒入油罐的罐根部阀门XV337 |
| 12 | [M]—打开倒入油罐的罐根部阀门XV342 |
| 13 | [P]—打开倒入油罐的罐根部阀门XV341 |
| 14 | [P]—打开管线控制阀XV219 |
| 15 | [P]—打开泵入口阀XV204 |
| 16 | [P]—联系值班调度倒罐流程已切换完成 |
| 17 | [P]—检查现场消防器材是否符合要求 |
| 18 | [M]—通知操作员进行倒罐操作 |
| 19 | [P]—开启输油泵P202 |
| 20 | [P]—当PG202-2压力达到0.3 MPa后，开启泵出口阀XV205 |
| 21 | [P]—通知内操倒灌结束 |
| 22 | [M]—通知操作员关闭倒灌作业流程 |
| 23 | [P]—关闭罐前控制阀XV355 |
| 24 | [M]—关闭罐前电动控制阀XV354 |
| 25 | [P]—关闭罐前控制阀XV350 |
| 26 | [P]—关闭罐前控制阀XV337 |
| 27 | [M]—关闭罐前控制阀XV342 |
| 28 | [P]—关闭罐前控制阀XV341 |
| 29 | [P]—关闭管线控制阀XV219 |
| 30 | [P]—关闭泵出口阀XV205 |
| 31 | [P]—关闭输油泵P202 |
| 32 | [P]—关闭泵入口阀XV204 |
| 33 | [P]—通知内操发油流程已关闭 |
| 34 | [M]—做好收油后的各项记录工作 |

## 4.4 A4事故处置能力考核（30分）

A4事故处置能力考核包含3个事故：柴油罐泄漏着火事故处置（A41）、汽油罐排污阀泄漏事故处置（A42）、汽油储罐冒顶事故处置（A43）。每个事故处置10分。

操作规程如下：

| 柴油罐泄漏着火事故处置 | |
|---|---|
| 情节设置：柴油储罐V305在收油过程中，因柴油流速过快产生静电火花发生着火事故 | |
| 初始状态：柴油罐长输管线收油，阀门XV329、阀门XV331、阀门XV332为开启状态，储罐V305液位为52%，油罐温度为40 ℃ | |
| 操作角色：班长[M]；操作员[P]；系统[S] | |
| 序号 | 步骤 |
| 1 | [P]—按下附近报警器 |
| 2 | [P]—立即向班长汇报V305储罐发生火灾 |
| 3 | [M]—关闭储油罐进油紧急控制阀XV331 |
| 4 | [M]—班长向值班调度汇报事故情况 |
| 5 | [S]—调度室向应急总指挥汇报事故情况 |
| 6 | [S]—应急总指挥通知立即启动火灾应急预案 |
| 7 | [S]—应急总指挥通知班长通过广播告知全库区，火灾应急预案已启动 |
| 8 | [M]—班长启动火灾应急预案广播 |
| 9 | [M]—班长通知疏散组撤离无关人员 |
| 10 | [M]—调度室立即拨打119报警电话 |
| 11 | [P]—立即开启消防泡沫阀XV822 |
| 12 | [P]—开启消防水阀XV825 |
| 13 | [P]—向值班调度汇报消防泡沫阀、消防水阀已开启 |
| 14 | [S]—值班调度通知消防泵房启动消防泡沫泵、消防水泵 |
| 15 | [S]—消防泵房操作员立即开启消防泡沫泵、消防水泵开始喷淋，V305、V303、V304、V306、V307、V308同时喷淋 |
| 16 | [S]—消防泵房操作员通知值班调度消防泡沫泵、水泵已开启 |
| 17 | [P]—立即关闭防火堤的雨水外排泄阀 |
| 18 | [P]—使用消防泡沫炮进行灭火操作，点击附近的消防泡沫炮 |
| 19 | [P]—对柴油罐区的地沟进行沙土封堵 |
| 20 | [M]—班长对消防车进行引导 |
| 21 | [M]—班长向应急救援中心汇报现场情况，V305储罐火已被扑灭 |
| 22 | [S]—应急救援中心发布通知，V305储罐火已被扑灭，警报解除 |

| 汽油罐排污阀泄漏事故处置 |
|---|
| 情节设置：冬季汽油罐排污阀切水后未排空被冻裂，油品泄漏，顺雨水沟外排，整个罐区出现环境污染 |
| 初始状态：阀门为关闭状态，储罐V302液位为52%，油罐温度为0 ℃，室外温度为-5 ℃ |
| 操作角色：班长[M]；操作员[P]；系统[S] |

续表

| 汽油罐排污阀泄漏事故处置 | |
|---|---|
| 序号 | 步骤 |
| 1 | [P]—发现油品泄漏事故，立即向班长汇报 |
| 2 | [M]—班长通知立即停止所有作业 |
| 3 | [M]—班长通知维修人员到达现场进行维修 |
| 4 | [P]—操作员立即关闭防火堤水封隔油阀 |
| 5 | [M]—班长通知其他操作员穿戴好防护用品进罐区清理油污 |
| 6 | [P]—对罐区外的地沟进行沙土封堵 |
| 7 | [P]—对罐区应急通道设置警戒线 |
| 8 | [P]—操作员通知班长确认现场泄露油品按要求回收完毕 |
| 9 | [S]—组织V302油品倒罐入V301罐 |
| 10 | [M]—向值班调度汇报现场泄露油品按要求回收完毕 |
| 11 | [S]—值班调度通知计量员对V301开展检尺操作 |
| 12 | [S]—V301液位达到3 m，确认符合倒罐条件 |
| 13 | [S]—通知外操开始倒灌流程 |
| 14 | [P]—开启汽油储罐V302罐前阀XV315 |
| 15 | [M]—打开汽油储罐V302罐前阀XV316 |
| 16 | [P]—打开汽油储罐V302罐前阀XV318 |
| 17 | [P]—打开汽油储罐V301罐前阀XV305 |
| 18 | [M]—打开汽油储罐V301罐前阀XV303 |
| 19 | [P]—打开汽油储罐V301罐前阀XV301 |
| 20 | [P]—打开管道阀XV211 |
| 21 | [P]—打开P201入口阀XV201 |
| 22 | [P]—启动P201 |
| 23 | [P]—当P201泵出口压力达到0.3 MPa后，打开P201出口阀XV202 |
| 24 | [P]—通知值班调度倒罐操作已经开始 |
| 25 | [S]—按通知要求，对整个流程进行检查 |
| 26 | [S]—值班调度对现场倒罐过程进行实时监控并随时记录异常情况 |
| 27 | [S]—倒罐全过程结束，油罐显示低液位报警，提示倒空 |
| 28 | [P]—向值班调度汇报倒罐完成 |
| 29 | [M]—通知操作员关闭倒罐流程操作 |
| 30 | [P]—关闭P201泵出口阀门XV202 |
| 31 | [P]—停泵P201 |
| 32 | [P]—关闭泵入口阀门XV201 |

续表

| 汽油罐排污阀泄漏事故处置 | |
|---|---|
| 序号 | 步骤 |
| 33 | [P]—关闭管道阀门XV211 |
| 34 | [P]—关闭汽油储罐V301罐前阀XV301 |
| 35 | [M]—关闭汽油储罐V301罐前阀XV303 |
| 36 | [P]—关闭汽油储罐V301罐前阀XV305 |
| 37 | [P]—关闭汽油储罐V302罐前阀XV318 |
| 38 | [M]—关闭汽油储罐V302罐前阀XV316 |
| 39 | [P]—关闭汽油储罐V302罐前阀XV315 |
| 40 | [S]—开展检尺操作，并计算实际倒罐量 |
| 41 | [S]—做好倒罐后的各项记录工作 |
| 42 | [M]—向应急指挥中心汇报，油罐排污阀事故得到控制 |
| 43 | [S]—应急救援指挥发布通知，油罐排污阀事故得到控制，警报解除 |
| 44 | [S]—这时完成操作，可单击提交返回项目选择界面 |

| 汽油储罐冒顶事故处置 | |
|---|---|
| 情节设置：汽油储罐V301在码头收油过程中发生冒顶事故，立即停止往V301中收油，并将超出安全液位的V301内的汽油转油至20%液位的同类储罐V302中，V301和V302储罐均为5 000 $m^3$的储罐 | |
| 初始状态：XV304、XV303、XV301、XV214、XV109、XV102、XV101均处于开启状态，V301液位为100%，V302液位为20%，V301液位超过安全液位 | |
| 操作角色：班长[M]；操作员[P]；系统[S] | |
| 序号 | 步骤 |
| 1 | [P]—发现油罐冒顶，立即向班长汇报 |
| 2 | [M]—班长立即向应急指挥中心报告，发生了汽油储罐V301冒顶事故 |
| 3 | [S]—应急救援指挥中心宣布启动汽油罐冒顶事故应急处置预案 |
| 4 | [S]—值班调度通知码头调度立即停止输油 |
| 5 | [S]—值班调度立即关闭罐前紧急切断阀XV303、电动阀FV102 |
| 6 | [S]—值班调度立即通知操作员设立警戒线并关闭收油流程 |
| 7 | [P]—对罐区应急通道设置警戒线 |
| 8 | [P]—立即关闭罐前紧急切断阀XV304 |
| 9 | [P]—关闭罐前控制阀XV301 |
| 10 | [P]—关闭罐前控制阀XV214 |
| 11 | [P]—关闭罐前控制阀XV109 |
| 12 | [P]—关闭罐前控制阀XV102 |
| 13 | [P]—关闭罐前控制阀XV101 |

续表

| 汽油储罐冒顶事故处置 | |
|---|---|
| 序号 | 步骤 |
| 14 | [P]—报告值班调度码头来油已经切断 |
| 15 | [M]—值班调度通知操作员将V301内高于安全液位的油品转移至V302内 |
| 16 | [P]—开启汽油储罐V301罐前阀XV301 |
| 17 | [M]—开启汽油储罐V301罐前阀XV302 |
| 18 | [P]—开启汽油储罐V301罐前阀XV304 |
| 19 | [P]—开启汽油储罐V302罐前阀XV319 |
| 20 | [M]—开启汽油储罐V302罐前阀XV317 |
| 21 | [P]—开启汽油储罐V302罐前阀XV315 |
| 22 | [P]—开启管线控制阀XV211 |
| 23 | [P]—向值班调度汇报转油流程已开启完毕 |
| 24 | [S]—值班调度通知操作员执行转油操作 |
| 25 | [S]—操作员对泵P201进行排气放空后，准备启泵输油 |
| 26 | [P]—操作员打开泵入口阀XV201 |
| 27 | [P]—操作员开启转油泵P201 |
| 28 | [P]—当泵出口压力达到0.3 MPa后，缓慢开启泵出口阀XV202 |
| 29 | [P]—向值班调度汇报转油流程已完毕 |
| 30 | [S]—值班调度通知操作员关闭转油流程 |
| 31 | [P]—关闭泵P201出口阀XV202 |
| 32 | [P]—关闭泵P201 |
| 33 | [P]—关闭泵P201入口阀XV201 |
| 34 | [P]—关闭管线阀XV211 |
| 35 | [P]—关闭汽油储罐V302罐前阀XV315 |
| 36 | [M]—关闭汽油储罐V302罐前阀XV317 |
| 37 | [P]—关闭汽油储罐V302罐前阀XV319 |
| 38 | [P]—关闭汽油储罐V301罐前阀XV304 |
| 39 | [M]—关闭汽油储罐V301罐前阀XV302 |
| 40 | [P]—关闭汽油储罐V301罐前阀XV301 |
| 41 | [P]—向值班调度汇报转油流程已关闭 |
| 42 | [S]—对汽油储罐V302进行检尺操作，并做好记录 |
| 43 | [M]—班长通知其他操作员穿戴好防护用品对现场的地面油污回收处置 |
| 44 | [M]—班长向应急指挥中心汇报，冒顶事故得到控制 |
| 45 | [S]—应急指挥中心发出通知，V301号罐冒顶事故已得到处置，警报解除 |

# 实训6 油田联合站仿真教学系统实训

## 一、实训简介

油田联合站工艺流程是油气集输的核心和重点内容，本仿真实验是用流程演示板来演示油田联合站内油、气、水处理的整个过程，也可分别进行演示。学生通过对每种流程的观察，能够直观地理解油田联合站内的生产过程，从而可以更好地掌握油气集输的主要工作内容。

## 二、实训目的

（1）观察并掌握油田联合站内油、气、水处理的整个工艺流程。

（2）理解油田联合站运行时可能出现问题的原因及解决方法。

## 三、实训工艺流程

实训图6-1为油田联合站工艺流程图。

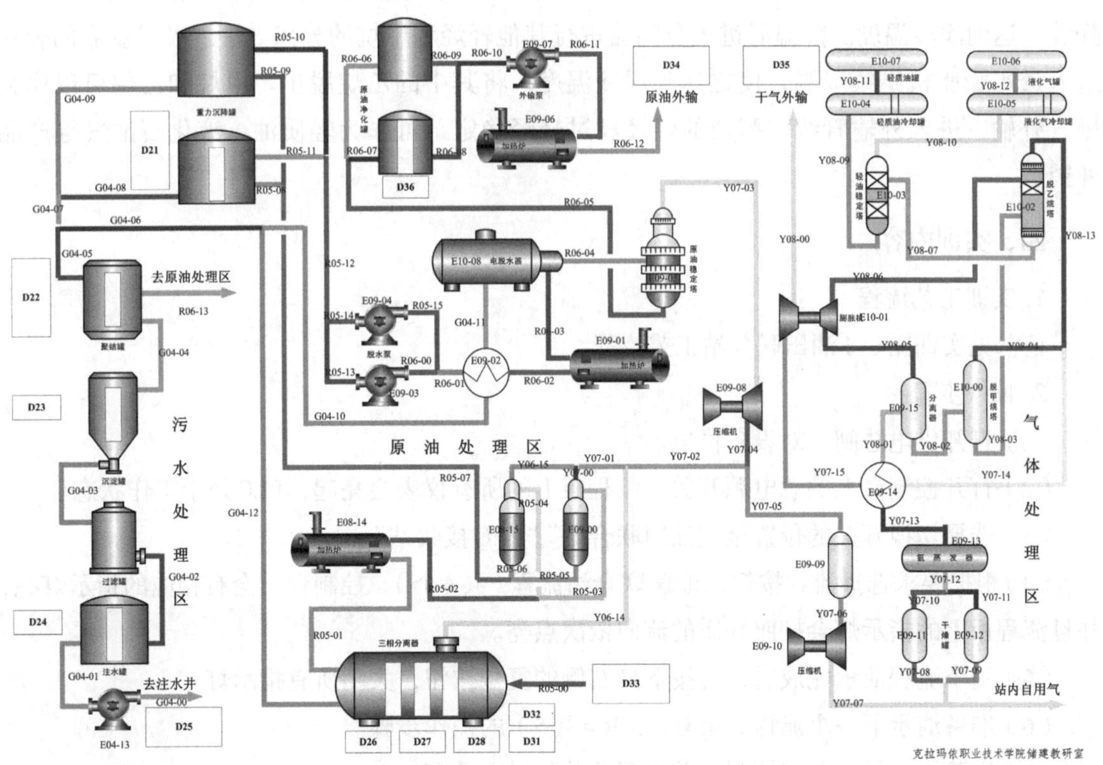


实训图6-1 油田联合站工艺流程图

油田联合站流程演示板显示了典型的油田联合站原油处理的流程，包括以下三大部分：

1. 原油处理区流程

计量间来液进入联合站，来液首先进入三相分离器，将油、气、水和固体杂质等进行初步分离。分离出来的油进入加热炉加热，将溶解在油中的伴生气在气液分离器中再次进行分离。从气液分离器分离出来的原油进入沉降罐，通过长时间静止大部分油和水会分离开来，之后水进入污水处理区，油通过泵再次进入加热炉加热。加热后的油进入电脱水器进行最后脱水，此次脱完水的油已经符合外输和商品油交易中对含水率的要求。油脱完水后还要进入稳定塔进行原油稳定，脱出原油中易挥发的组分，减少损失。处理完的原油就可以进入净化油储罐，等待外输。

2. 污水处理区流程

由三相分离器、沉降罐和电脱水器中分离出来的水要进入污水处理区进行处理。污水首先进入聚结罐，将水中含有的油除去。除完油的污水要进入沉淀罐，将水中含有的大颗粒固体杂质和部分未除净的油通过沉降的方法除去。沉降后的水经过过滤罐，再次净化后最终进入注水罐，等待回注。

3. 气体处理区流程

由三相分离器、气液分离器和原油稳定塔中分离出来的伴生气，先进入除油器，将气体中所含的重烃除去。出来的气体通过透平压缩机进行增压，部分气体供站内自用，剩余的气体要进入干燥器进行初步脱水处理。初步脱水后的气体进入氨蒸发器和外输气换热器进行降温，达到浅冷温度。降温后进入分离器进行其他轻烃和甲烷的分离处理。脱甲烷后的轻烃进入透平膨胀机继续降温，使之达到深冷温度，将其中的乙烷脱出。甲烷和乙烷可以作为燃气外输，进入外输管线。剩余的轻烃经过轻烃稳定，可作为轻质油、液化石油气等产品外销。

## 四、实训内容

1. 实训工艺流程

请参见实训图6–1油田联合站工艺流程。

2. 操作步骤

（1）打开供电总闸，对设备供电。

（2）打开控制台上的总电源开关，流程板上的所有仪表会亮起，PLC处于工作状态。

（3）选择切换开关的位置至“油田联合站”“LNG接收站”。

（4）根据要求选择流程按钮。油田联合站流程（共4个）。控制台上会有相应的指示灯亮，并且流程板上的指示灯会按照介质的流向依次点亮。

（5）一个流程演示完成后，要按下最右侧的复位按钮，关闭所有指示灯。

（6）准备演示下一个流程。重复（3）（4）（5）的操作步骤。

（7）实验结束后，关闭控制台总电源开关和供电总闸。

3. 实训报告

（1）将本装置的全部流程图画在一张A4大小的白纸上，并附在实训报告册内。

（2）在实训报告册内完成下列思考题。

4. 思考题

（1）简述原油处理工艺流程。

（2）简述气体处理工艺流程。

（3）简述污水处理工艺流程。

（4）分离器的类型都有哪些？

（5）实训图6-1中三个加热炉的作用分别是什么？

（6）实训图6-1中两个换热器的作用分别是什么？

（7）原油脱水的方法有哪些？

（8）原油稳定的目的是什么？

（9）原油处理过程中哪些过程分离出了气体？

（10）常用的气体脱酸方法有哪些？

（11）常用的气体脱水方法有哪些？

（12）简述气体凝液回收的目的和方法。

（13）浅冷和深冷的目的分别是什么？

（14）原油处理过程中哪些过程分离出了水？

（15）污水处理方法有哪些？

（16）常用的污水处理流程有哪些？

（17）简述处理后污水的主要去向。

# 实训7　LNG仿真教学系统实训

## 一、实训简介

LNG接收终端是指接收海运LNG的大型终端设施。它主要的作用就是接收LNG船运来的液化天然气，并将其储存和气化后分配给用户。本仿真实验用来演示LNG接收终端的主要工艺流程，通过对其整个工艺流程的观察，学生能够很直观地理解LNG接收终端的生产过程。

## 二、实训目的

（1）观察并掌握LNG接收终端的整个工艺流程。

（2）理解LNG接收终端运行时可能出现问题的原因及解决方法。

## 三、实训工艺流程

LNG接收终端工艺流程如实训图7-1所示。

**LNG 接 收 终 端 流 程**

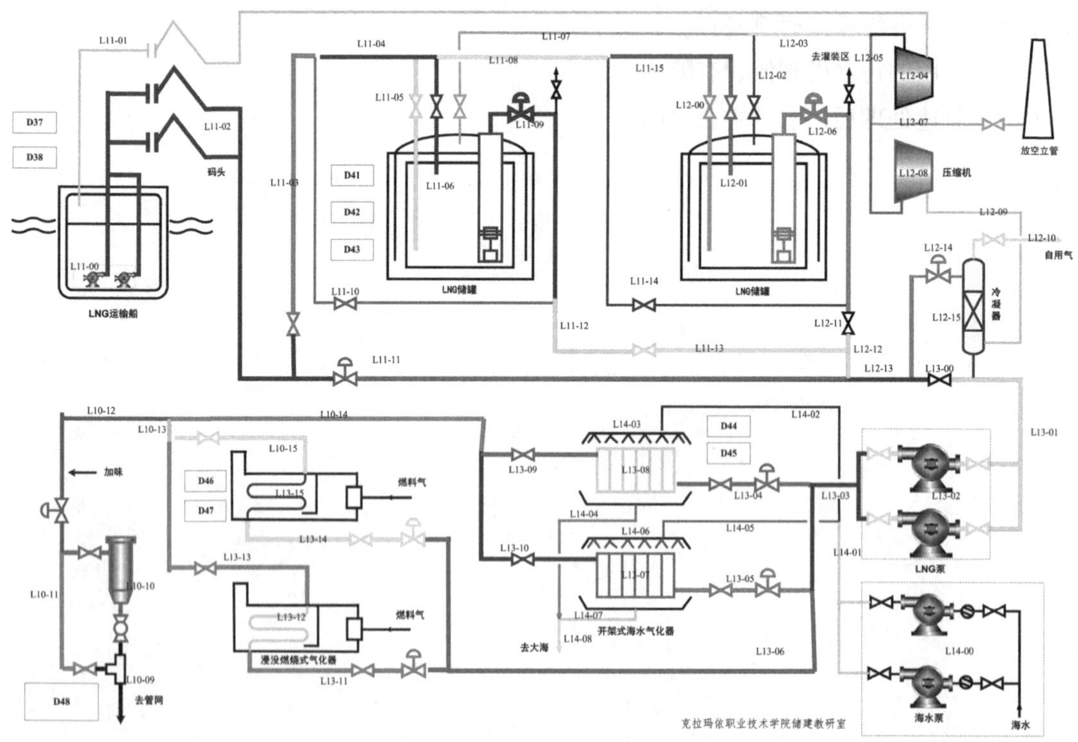


实训图7-1　LNG接收终端工艺流程图

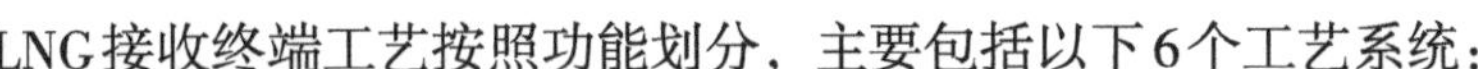

LNG接收终端工艺按照功能划分，主要包括以下6个工艺系统：

1. LNG卸船系统

LNG运输船到达接收站LNG专用码头后，LNG由运输船上的输送泵经过几台液体装卸船臂分别通过支管汇集到卸船总管，并通过卸船总管输送到LNG储罐中。LNG进入储罐后置换出的蒸发气，通过一根气相返回管线，经过气相返回臂，回到LNG运输船的LNG船舱中，以保持卸船系统的压力平衡。在无卸船的正常操作期间，通过一根从低压输出总管引出的循环管线以小流量LNG经卸船管线循环，以保持LNG卸船管线处于冷态备用。其主要包括卸料臂、蒸发气回流臂、LNG取样器、LNG卸船管线、蒸发气回流管线及LNG循环保冷管线等部分。

由于接收站可能装卸来自不同地区的LNG，所以在LNG船卸料前，必须取样，分析化验其组分、密度、热值和华白指数。

2. LNG储存系统

LNG储罐是LNG储存工艺系统中的核心设备，也是接收站中的重要设备。伴随着材料科学和焊接技术的发展，LNG储罐越来越趋于大型化和多样化方向发展。由于LNG具有可燃性和超低温性，因而对储罐有很高的要求。储罐在常压下储存LNG，罐内压力一般为3.4 ～ 30 kPa，储罐的日蒸发量一般要求控制在0.04% ～ 0.2%。为了安全起见，储罐必须防止泄漏。

低温常压液化天然气按储罐的设置方式及结构形式可分为地下罐及地上罐。地下罐主要有埋置式和池内式；地上罐有球形罐、单容罐、双容罐、全容罐及膜式罐，其中单容罐、双容罐及全容罐均为双层罐（即由内罐和外罐组成，在内、外罐间填充有保冷材料）。

3. LNG再气化系统

LNG经船运至接收站后，均需以气态的方式输送给用户。接收站工程设有两种气化器：浸没燃烧式气化器（SCV）和海水开架式气化器（ORV）。ORV用于每年海水温度高于9 ℃时使用；SCV用于低于9 ℃时使用。

4. 蒸发气（BOG）处理系统

由于LNG在储存过程中产生大量的蒸发气（日蒸发率为0.03% ～ 0.08%）。蒸发气压缩机用来处理储罐产生的过量蒸发气，维持储罐内压力恒定。冷凝器用于将加压蒸发气与从储罐输送的过冷LNG混合并使之冷凝，同时起到高压输出泵的入口缓冲罐的作用。按照处理方式的不同，分为直接输出法和再冷凝法两种。

BOG的处理按以下顺序进行：在卸料操作中蒸发气返回船舱，蒸发气去再冷凝器，蒸发气送往火炬，通过储罐压力安全阀放空。

5. 防真空补气系统

由于LNG储罐承受正压和负压的范围都较为有限，在储罐内压力超过设计正压时，可以通过控制压缩机的关停或者调节其排量来保持LNG储罐内的压力值。当LNG储罐内形成负压时，可由气化器出口管汇处引出的天然气来补充。

6. 火炬放空系统

火炬上游设有火炬分液罐，分液罐外带有电加热器，用于充分气化蒸发气所带有的液体。LNG接收站设置火炬系统的目的是泄漏正常操作时储罐内压缩机不能处理的低压蒸发气和因事故停产时气化器产生的高压蒸发气。

## 四、实训内容

1. 操作步骤

（1）打开供电总闸，对设备供电。

（2）打开控制台上的总电源开关，流程板上的所有仪表会亮起，PLC处于工作状态。

（3）选择切换开关的位置至“油田联合站”“LNG接收站”。

（4）根据要求选择流程按钮。LNG接收终端流程（共6个）。控制台上会有相应的指示灯亮，并且流程板上的指示灯会按照介质的流向依次点亮。

（5）一个流程演示完成后，要按下最右侧的复位按钮，关闭所有指示灯。

（6）准备演示下一个流程。重复（3）（4）（5）的操作步骤。

（7）实验结束后，关闭控制台总电源开关和供电总闸。

2. 实训报告

（1）将本装置的全部流程图画在一张A4大小的白纸上，并附在实训报告册内。

（2）对照本系统写出下列流程：卸船进A罐流程，卸船进B罐流程，A罐外输流程，B罐外输流程，A罐自循环流程，B罐自循环流程。

（3）在实训报告册内完成下列思考题。

3. 思考题

（1）简述LNG闪蒸气处理工艺流程。

（2）简述LNG开架式汽化器汽化外输工艺流程。

（3）简述LNG浸没燃烧式汽化器汽化外输工艺流程。

（4）简述罐自循环工艺流程。

（5）LNG接收终端工艺按照功能划分，主要有哪些工艺系统？

（6）气相返回管线和气相返回臂的作用分别是什么？

（7）常用的LNG低温储罐有哪些形式？

（8）LNG储罐的管壁一般分为几层，每层材料分别是什么？

（9）什么是蒸发气（BOG）？

（10）蒸发气的处理方法有哪些？

（11）LNG汽化器的种类有哪些？

（12）每种类型的汽化器都在什么条件下使用？

（13）火炬放空系统的作用是什么？

# 实训8　油气储运环道实训

## 第一节　系 统 概 述

### 一、基本构成

本实验装置由约600 m长的直径为DN25的不锈钢管道环路、4座模拟泵站（共8台泵）、1台储液罐、1台储气罐、2台空气压缩机以及相应的配电和自动化测控系统等组成。

### 二、主要功能

本实验装置具有在水力过程和基本操作上模拟包含多个泵站的密闭输送的长距离输油管道的基本功能，具备了招标方所要求的基本流程，并预留了可扩展的接口，可以实现多种实验的操作和演示。

配合油气储运专业教学，可开展的主要实验如下：

- “从泵到泵”密闭输送实验
- 管道动态调节实验
- 管道异常工况实验
- 管道堵塞工况实验
- 管道泄漏工况实验
- 管道收发清管器演示实验
- 管道不满流工况演示实验
- 气液混输工况演示实验

### 三、布置和流程

本装置从平面布置上分为以下几个区：环道区、泵站区、储罐区、压缩机区、控制区。具体布置详见实训图8–1。

环道区布置有模拟长距离输油管道的600 m长的管道，另外还有用于演示收发清管器和不满流工况的专用实验管段，这部分为装置的主体部分。

泵站区在环道的一侧，根据泵站的组成划分为4个子区域，每个子区域布置了一个模拟泵站，安装有水泵、站内管线、控制柜和仪表等。每个子区域之间留有一定的距离，以便区分各个泵站的设备和管线。

储罐区在环道区的一端，布置有1个清水罐和1个压缩空气罐，分别用于储存实验时所需的水和气。

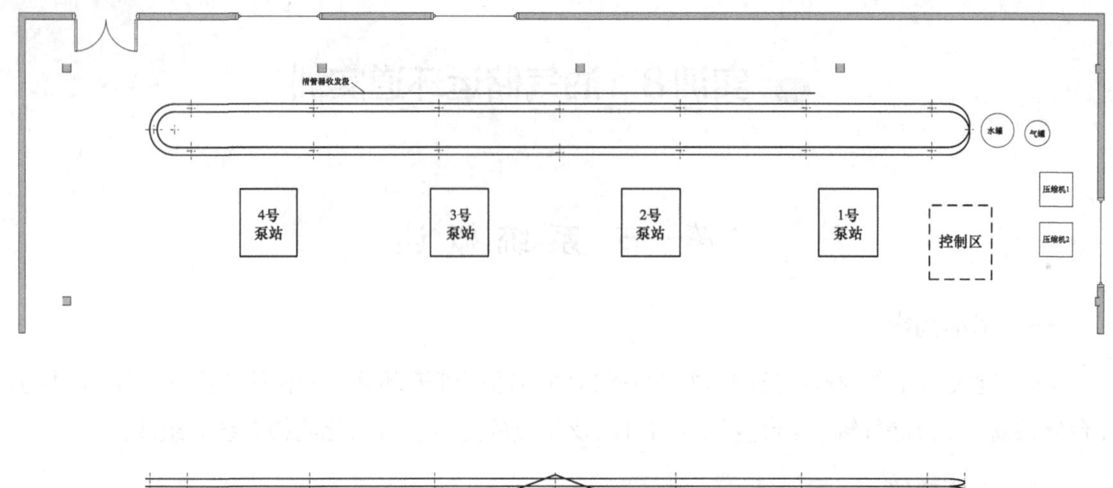

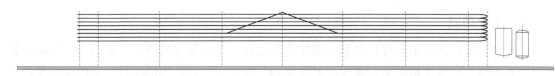

实训图8-1　实验装置布置图（上为俯视图，下为侧视图）

压缩机区布置有2台小型空气压缩机，主要用于为储气罐储气以及在实验后对装置进行吹扫。

控制区安装了1个控制台，内有工业计算机1台，并配有相应的数据采集和控制设备等，主要用于装置中各种工艺仪表参数的显示，以及对各个模拟泵站中水泵和调节阀的远程控制。

## 第二节　工 艺 流 程

本装置的主要工艺流程是仿照目前长距离输油管道的主要运行流程设置的。在整条管线的沿线上共设有4个增压泵站，从而形成一个密闭的水力系统，与目前长输管线所使用的密闭输油方式的基本流程是一致的。整个系统的基本流程可参见实训图8-2所示的系统流程图。本装置的流动介质是自来水，储存在水罐中。这里的水罐既是首站的储罐，同时也作为管线末站的储罐。水从水罐流入1号泵站，经增压后进入管道。1号泵站为模拟管道的首站，除1号泵站外，其余泵站还具有越站流程。在每个泵站内配有2台小型离心泵，可实现串、并联运行，其中1台可控制转速，用以模拟现场管线的调速泵。在2号泵站和3号泵站之间的管段上还设置了一段演示段，包括清管器收发管段以及不满流演示段。管道中输送的水依次经过各个泵站和管道后最终流回水罐。

为了实现更多的实验内容，在各站间的管道上安装有模拟管道堵塞的阻力阀，共4个；以及模拟管道泄漏的泄漏点，共3个。除此之外，在1号泵站后还设置了一个气液混输演示段，结合压缩空气系统和透明观察管段可演示和观察气液混输时管内的不同流型，使学生对油田集输过程中的气液两相流动有较为直观的认识。

环道上留有高、低点的放空阀各1个。

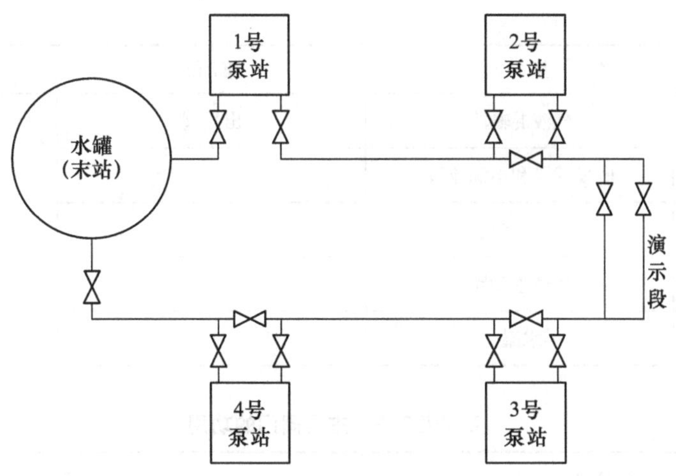


实训图8–2　系统流程图

为了准确测量实验过程中管道各处的工艺过程参数，在每个模拟泵站都配有电磁流量计1台和水泵的进出口压力计4台、进出站压力变送器2台，在每个站间还各设置有1台差压变送器。这些仪表的数据都可由控制区的计算机进行采集和集中显示。流量计、差压变送器还配有现场显示器，可供学生直接观察仪表的示数。本装置所采用的仪表均为工业级仪表，部分仪表的类型与管道企业所选用的型号是相似的。

为了方便对实验装置进行控制以及科研的开展，本实验装置设置有一套简单的直接控制方式的数据采集和控制系统。可实现现场信号的采集，记录和显示所有的模拟量，并对状态量进行控制。通过这套测控系统，所有模拟泵站中水泵的启停操作均可在控制区由计算机完成，也可在现场由手动操作完成。每个泵站的出站调节阀配有电动执行器，也可由计算机进行阀位的远程控制和显示，同时也具有现场手动操作功能。这些功能与目前现场的操作模式基本一致，通过这些操作可初步了解现场管道的多级控制模式。本系统所有软、硬件均采用工业通用产品，组态方式灵活，数据采集速度快，精度较高，并允许用户在平台上自行开发各种应用，适用于教学和科研的需要，而且具备较强的扩展能力，便于维护。

为了便于操作，在流程图上将所有的设备进行了编号，主要设备以字母开头，数字为序号；数目较多的阀门均使用3位数字编号，一般第1位为设备所在的泵站序号，第2位为区域或功能编号，第3位为设备序号。阀门编号的具体含义见实训表8–1和实训表8–2。

**实训表8–1　阀门编号说明**

| 数字含义 | 第1位 | 第2位 | 第3位 |
| --- | --- | --- | --- |
| 0 | | 序号 | 序号 |
| 1 | 1号泵站 | 泵入口 | |
| 2 | 2号泵站 | 单向阀 | |
| 3 | 3号泵站 | 泵出口 | |
| 4 | 4号泵站 | 站内流程切换 | |

续表

| 数字含义 | 第1位 | 第2位 | 第3位 |
| --- | --- | --- | --- |
| 5 | 气液混输段 | 出站阀 | 序号 |
| 6 | 收发球段和不满流段 | | |
| 7 | 压缩空气 | | |
| 8 | 环道主管路 | | |
| 9 | 水罐 | | |

**实训表8-2　主要阀门的功用**

| 阀门编号 | 用途 |
| --- | --- |
| 141、241、341、441 | 各站并联入口阀 |
| 142、242、342、442 | 各站串联连接阀 |
| 143、243、343、443 | 各站并联出口阀 |
| 246、346、446 | 各站越站阀 |
| 501、502 | 气液混输段流程切换阀 |
| 601、602 | 不满流段进出口阀 |
| 611、612 | 收球筒出液阀、发球筒进液阀 |
| 621、622 | 清管器收发端流程切换阀 |
| 631、632 | 收发球筒旁通阀 |
| 641、642 | 收发球筒通球阀 |
| 811、812、813、814 | 各站间环道阻力阀 |
| 801、802、803 | 各站间环道泄漏阀 |
| 901 | 罐底阀 |
| 902 | 首站进液阀 |
| 903 | 低点排空阀 |
| 904 | 水罐入口阀（末站入口阀） |
| 905 | 高点放空阀 |
| 906 | 外接流程回流阀 |

详细的工艺流程图如实训图8-3所示。

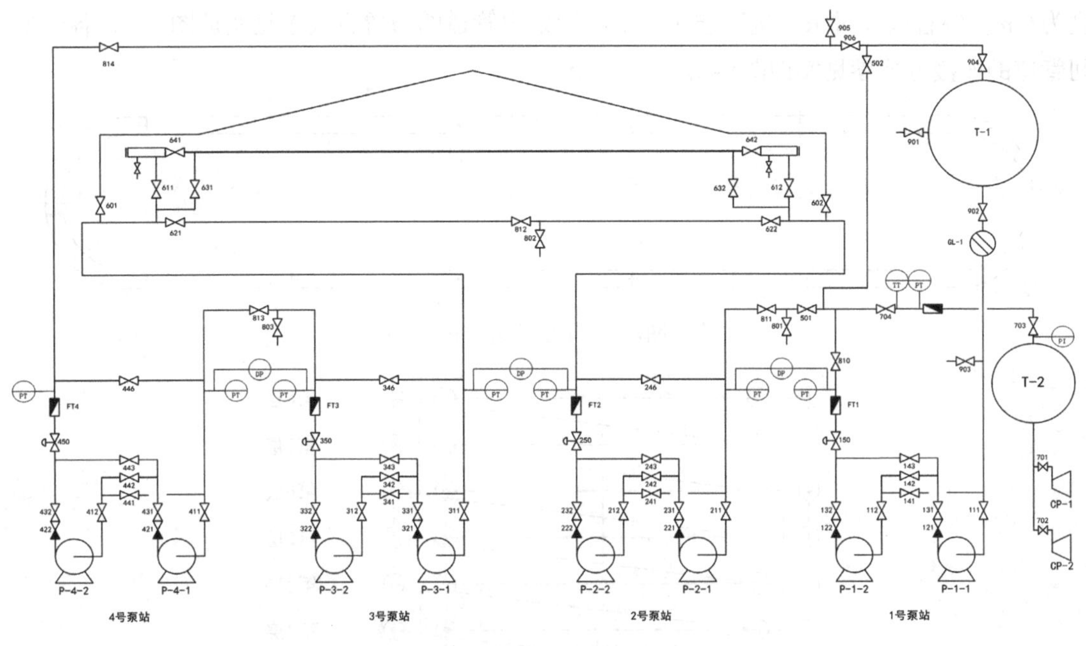


实训图8-3　工艺流程图

## 第三节　主要设备简介

本装置模拟了一个长距离输油管道的水力系统，包含了管道中常见的流体机械和功能设备。下面对装置中主要的机械设备、测控仪表和电器的功能做一下简单的介绍。

在每个模拟泵站的出口各安装了1台电动压力调节阀，用以控制出站的压力，可通过计算机调节其开度并监视其阀位。

本装置安装了多种测控仪表，均选用了高质量的工业级产品。其中电磁流量计4台、压力变送器8台、差压变送器3台。

本实验装置采用了一套简单、灵活的直接控制方式的数据采集和控制系统，可实现现场信号的采集，记录和显示所有的模拟量，以及控制调节阀开度，并对状态量进行监视。

### 一、环道及流体设备

1. 环道管路

本装置的管路分为模拟泵站管路、主管路和辅助管路几部分。管径主要为DN25的无缝不锈钢管，材质为SS304，管路的连接形式为焊接和法兰。

模拟泵站管路是指各个模拟泵站内的连接管路，主要实现进站增压、2台水泵的串并联流程切换等功能。在这部分管路上还安装了该站的各种检测仪表。

主管路指的是模拟长输管线的管路，是环道装置中最大的设备，本装置的主管路长度约为600 m。主管路均架设在一组管架上，共8层，每层盘绕了2圈管路。从第一个泵站的出口开始依次从下向上盘绕，并从第8层返回水罐。主管路由若干管段连接组成，最长的管段长度为6 m，各管段通过法兰进行连接。单层管架中管道的布置方式参见实训图8–4，各管架之间管道的连接方式参见实训图8–5。

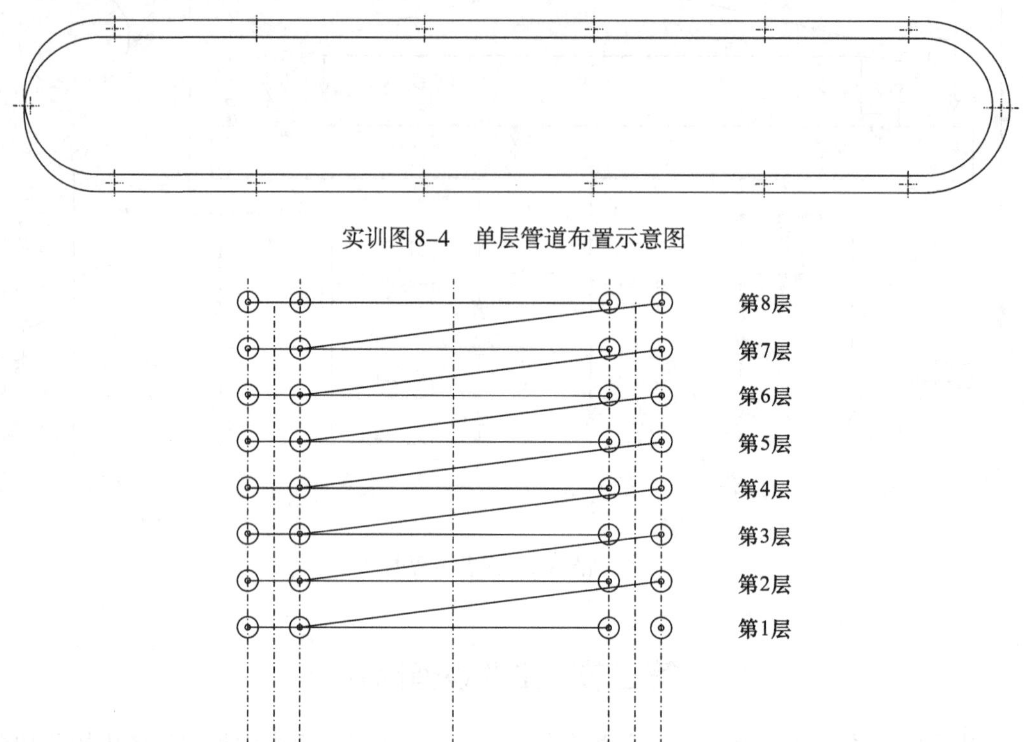


实训图8–4　单层管道布置示意图

实训图8–5　管架各层连接示意图

辅助管路是指与主管路相连的一些管路。辅助管路具有放空和排气等功能，主要用于连接水罐、气罐。

2. 模拟泵站

本装置共设有4座模拟泵站，每个泵站配有2台小型不锈钢离心式水泵。每座泵站的2台离心泵可单台运行，也可2台串联或并联运行。为了便于调节每个泵站的特性，每座泵站的第1台泵为工频定速泵，第2台泵可工频运行，也可通过变频器进行调速运行。通过这种配置，每座泵站的调节范围非常大，可以适应各种实验工况的要求。实训图8–6和实训图8–7分别为泵站工艺流程图和泵站平面布置图。

从图中可以看到，每台水泵设有一个进口阀和一个出口阀，出口还设有一个单向阀。2台泵的串、并联可通过两台泵中间的3个球阀实现。泵站的主要流程可参见实训图8–8，图中灰色的阀门表示关闭。另外除了1号泵站外，其余3个泵站均设有越站阀（编号为X46，X指代各站的序号），在一般情况下该阀是关闭的。如果需要实现全越站流程，可打开X46阀。因为模拟泵站未安装泵站的进出口阀，可采用同时关闭泵站中各泵的进出口阀的方法，或者关闭站内流程阀X41 ～ X43也可以实现相同的效果。

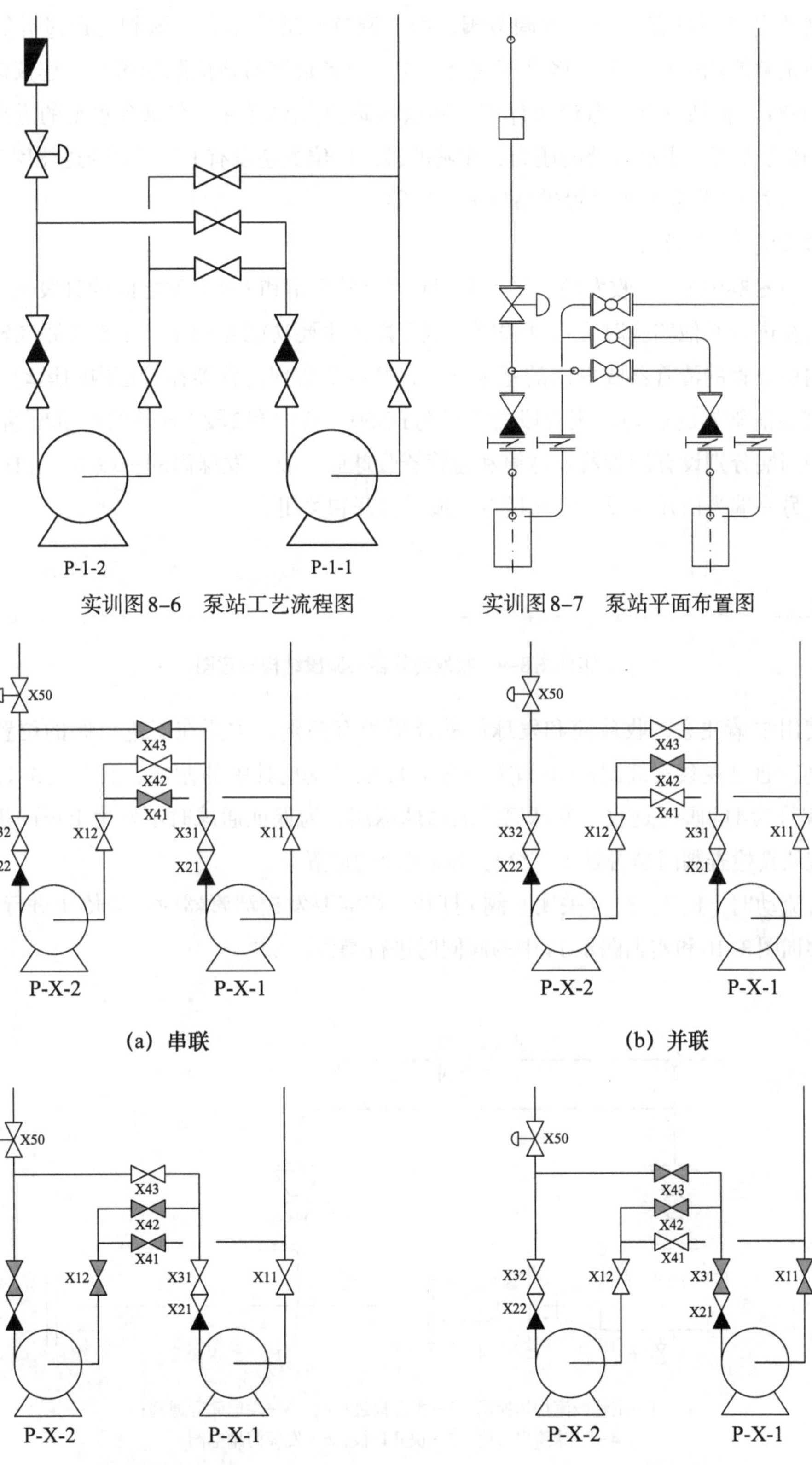


实训图 8-6　泵站工艺流程图

实训图 8-7　泵站平面布置图

(a) 串联

(b) 并联

(c) 单启1号泵

(d) 单启2号泵

实训图 8-8　泵站主要流程示意图

在站的出口还设有一台压力调节阀，用于调节出站的压力。该阀可通过计算机进行控制，但在正常使用中切记不可将该阀完全关闭，否者很容易造成憋压事故。建议调节范围为50% ～ 100%。各站设有一台流量计用于测量该站的出站流量。在每台水泵的进出口还分别设有1台压力表用于指示该处的压力，在站的进出口位置还设有1台压力变送器用于测量泵站的进出口压力（1号泵站未设置进站压力变送器）。

3. 收发清管器实验段

如实训图8-9所示，收发清管器实验段位于2号泵站和3号泵站之间的管段上，是一个旁通管段，在进行其他实验时可将其关闭。该管段的主要功能是用于演示在长距离输油管道的输油站内所设置的清管器收发筒的基本操作，并可观察到清管器在管道内的运动过程。为了更好地观察清管器的运动，该管段的管径为DN50，其中有2段2 m长的有机玻璃透明管段。在管段的两端分别设有清管器发球筒和清管器收球筒。收、发球筒的一端为1台DN50的不锈钢球阀，另一端为快开盲板，可通过专用扳手打开和关闭。

实训图8-9　收发清管器实验段结构示意图

在使用中请注意，收球筒和发球筒的外形稍有差别，主要在于进口阀的位置不同，应注意区别。通过观察实训图8-10和实训图8-11也可发现其中的差别。实训图8-10和实训图8-11中编号为4的阀门是收、发球筒前的通球球阀，为保证通球时不发生卡球的事故，操作该阀时应认真检查阀门是否处于完全打开和关闭的位置。

正常流动时，阀2、3、4关闭，阀1打开。当需要发送清管器时，应依次进行以下操作。另外，实训图8-10和实训图8-11中的阀同时进行操作。

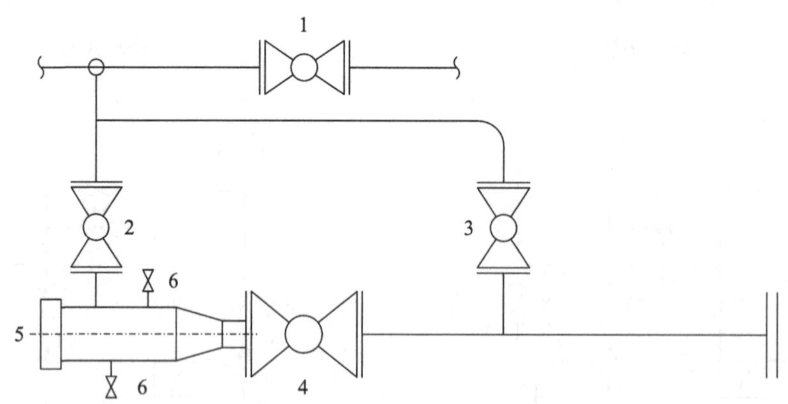


1—主管线流程切换阀；2—发球筒进口阀；3—发球筒旁通阀；
4—发球筒出口阀；5—快开盲板；6—发球筒排空阀。

实训图8-10　发球筒端设备示意图

- 检查并确认阀6已关闭；
- 首先打开阀3，关闭阀1，使流程切换到清管器模拟段，等待液体充满管道；
- 打开快开盲板5（实训图8-10），装入清管器，尽量靠近前部。关闭快开盲板5，认真检查是否安装到位；
- 打开阀2和阀4，使发球筒充压；
- 关闭阀3，观察清管器是否送出。
- 当通过透明管段观察到清管器已到达接收筒时，可依以下步骤收取清管器。
- 打开阀3，关闭阀2和阀4，将流程切换到旁通流程；
- 缓慢打开阀6进行卸压和排液；
- 打开快开盲板5，取出清管器；
- 实验演示完成后，打开阀1，关闭阀3，将流程切换回正常流程。

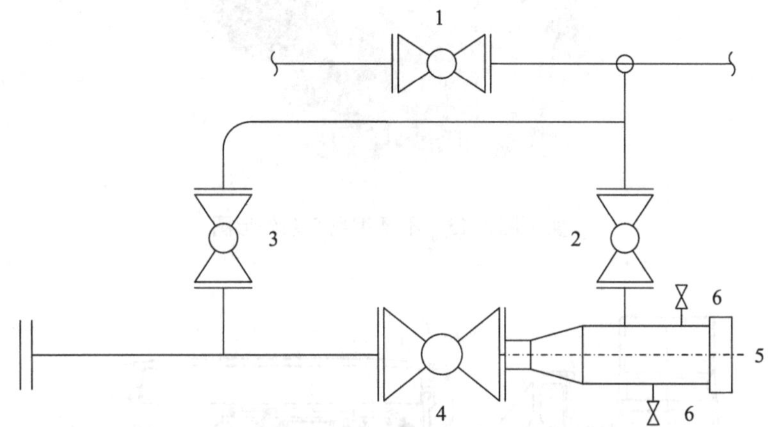


1—主管线流程切换阀；2—收球筒进口阀；3—收球筒旁通阀；
4—收球筒出口阀；5—快开盲板；6—收球筒排空阀。

实训图8-11　收球筒端设备示意图

4. 不满流实验段

不满流实验段用于演示在长距离输油管道的运行中，当存在翻越点时，管道内由于压力过低所造成的不满流工况，如实训图8-12所示。

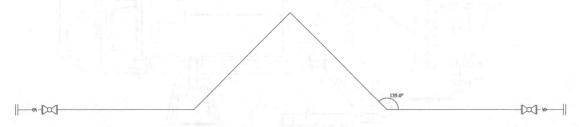

实训图8-12　不满流实验段结构示意图

在进行不满流实验时，应首先打开该试验管段前后的2个阀门，然后关闭主管路上的切换阀。逐步减小该管段入口阀的开度，观察透明段中液流，也可通知配合本站的转速和出站压力调节阀逐渐降低该管段的压力，以达到实验效果。

5. 离心泵

为管道中的流体提供能量的是安装在各个泵站中的8台离心泵，可串、并联运行，其中4台可分别通过变频器调节转速。

因为本实验选用的实验介质为清水和空气，因此本装置选用了8台小型单级离心式清水泵（编号：P-1-1、P-1-2、P-2-1、P-2-2、P-3-1、P-3-2、P-4-1、P-4-2），其体积紧凑，噪声小，泵体为不锈钢材质，参见实训图8-13～至实训图8-15。

实训图8-13　不锈钢离心泵外形图

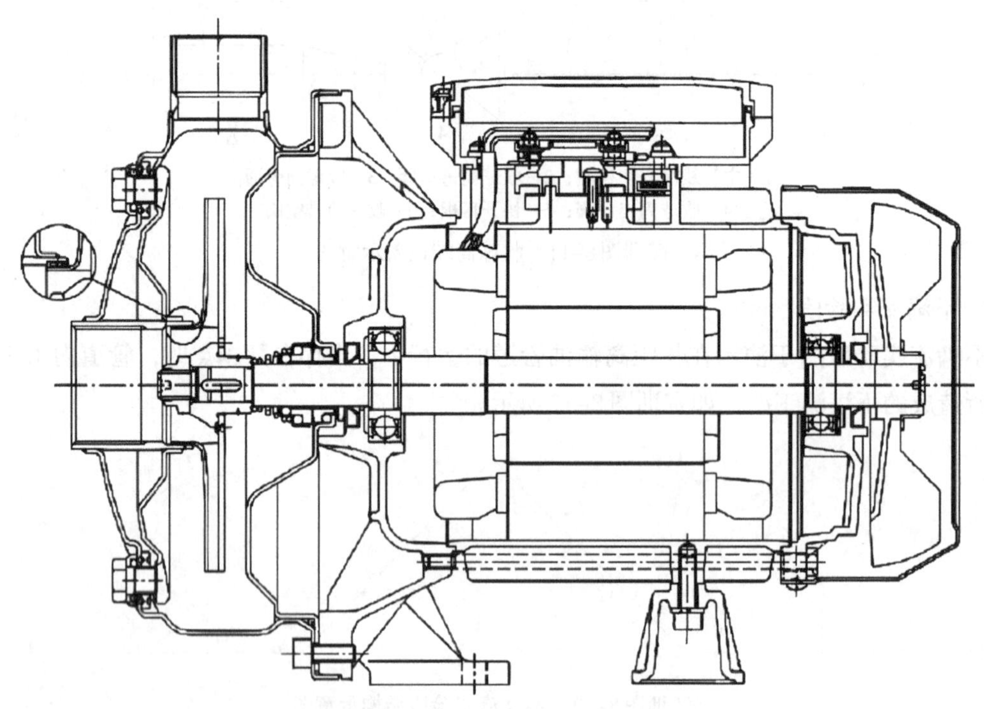

实训图8-14　离心式水泵结构图

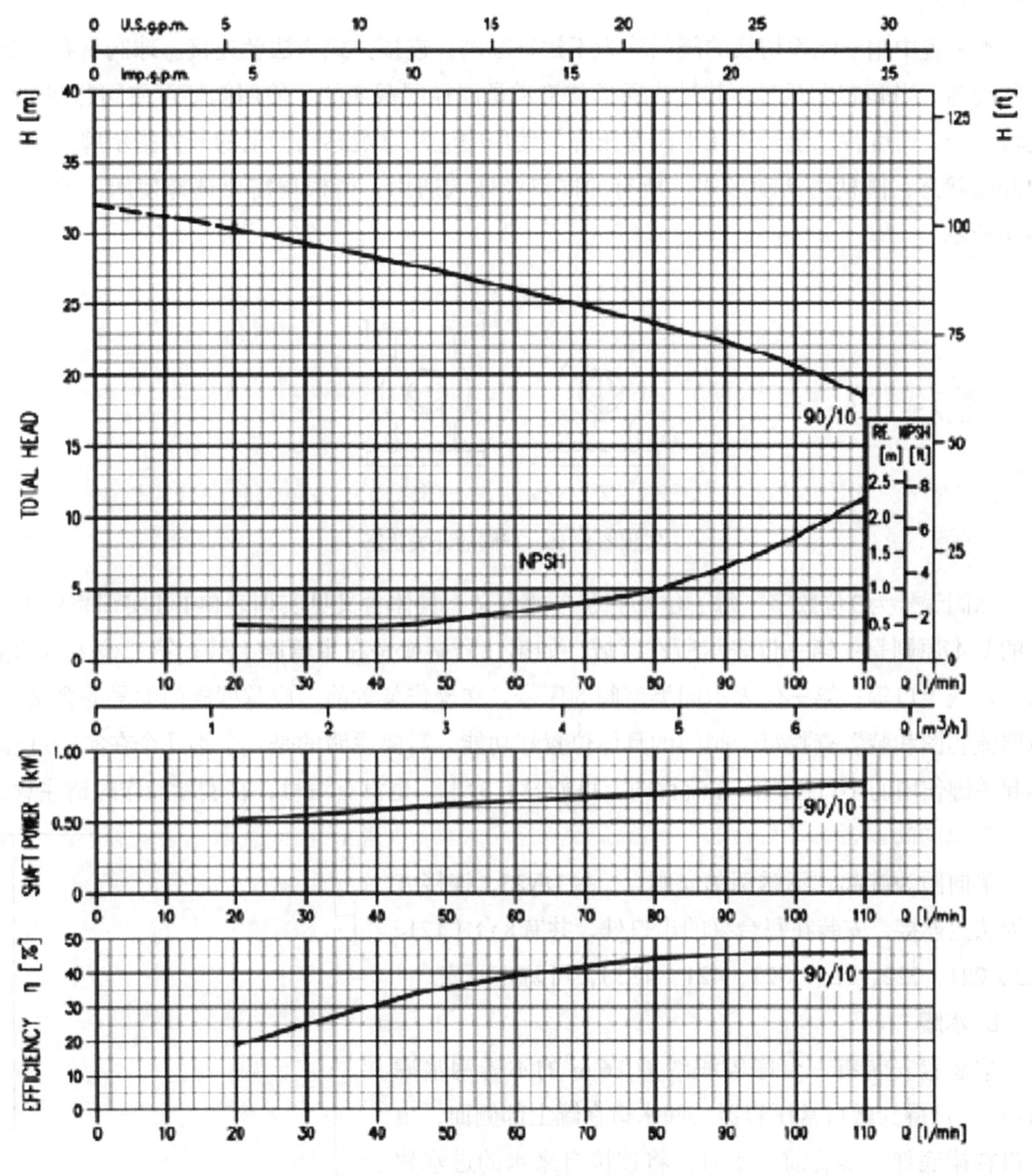


实训图8-15　离心式水泵特性曲线图

本装置设置了4个模拟泵站，每个模拟泵站配有2台离心泵，它们的启停和调速控制都可在每个站的控制柜上进行，其中绿色按钮为启动按钮，红色按钮为停止按钮。运行指示灯为橙色，亮起时表示泵运行，熄灭时表示泵停止。

其中一台为在工频下运行，工作电源为380VAC，即每个站的1号泵（位于右侧）；另一台可通过变频器调节转速，工作电源为380VAC，为2号泵（位于左侧）。2号泵也可在工频下工作，切换方法是将控制箱上的切换开关拨到标明“工频”的位置；拨到标明“变频”的位置时为通过变频器运行，此时切换开关上方的橙色变频指示灯亮起。

水泵的串、并联运行方式通过每个站内的流程切换阀进行切换，具体方法详见实训图8–8。

6. 球阀

本装置中用于流程切换的阀门均为不锈钢球阀，连接方式为法兰连接。球阀具有一个球形的阀芯，当阀芯全开时，其过流通道与管道是同径同截面的。使用阀柄可使阀芯在90° 内旋转，开关速度快，全开时几乎没有压降。使用中应注意观察阀柄上的开关指示牌以确定阀的开闭状态，阀柄为活动形式，所有的同口径球阀通用，请根据需要选择使用，如实训图8–16所示。

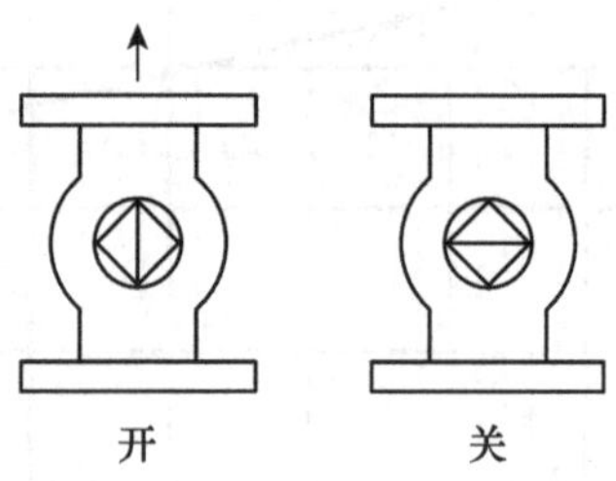


实训图8–16　球阀的开关状态

球阀编号为3位数字，每一位都有各自的含义，具体含义见实训表8–1和实训表8–2。编号的基本原则是：第一位表示所在区域，如第几号站或是在主管路上等；第二位表示功能，如入口或出口等；第三位表示同类型阀的序号。在操作装置前，应掌握阀门编号的含义，并对照流程图和装置查找每个阀门的具体位置和功能。需要说明的是，个别几个在实验过程中不起关键作用的小口径阀门在流程图上可能没有标出，也没有编号，在实际操作时请注意。

7. 单向阀

单向阀为旋起式不锈钢单向阀，口径DN25，连接方式为法兰连接，安装在每台泵的出口处，共有8台（121、122、221、222、321、322、421、422），可防止回流。

8. 水罐

本装置安装有一台净容积约为0.6 m$^3$的不锈钢水罐（T–1），该罐为敞口常压容器。回水口在罐上部侧面，出水口在罐底部。实验前上水时，将连接自来水的进水软管伸入罐内即可。罐内水位可通过水罐侧面的玻璃管液位计（LI）显示。水罐底部为出水管线和放空阀。当实验完成后，可由罐底放空阀（901）控制排水，将罐内存水排出，如实训图8–17所示。

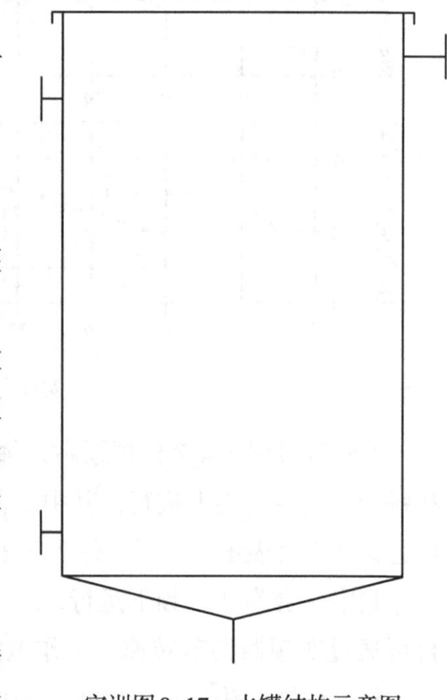

实训图8–17　水罐结构示意图

9. 过滤器

过滤器（GL–1）为一“Y”型不锈钢过滤器，连接方式为螺纹连接，安装在水罐与1号泵站之间，用于清除罐内存水中可能含有的机械杂质，以防杂质被吸入水泵，损坏叶轮。

装置运行一段时间后，应打开下部的堵头进行检查和清洁。

10. 空气压缩机

本装置配有2台空气压缩机（CP-1、CP-2）。其主要有2个功能：一是用于管线的扫线，即实验结束后将管道内的积水吹扫干净；二是可在演示气液混输管路实验时为其提供气源。该型压缩机额定排气压力为0.8 MPa，电源为380 V AC，功率为5.5 kW。

注意：由于场地供电容量的限制，配备的2台压缩机目前暂不能同时工作。压缩机也不能和水泵及计算机等设备同时工作。操作时可先将供电连接至压缩机，启动其中1台，为压缩空气罐充气至所需压力后，再将供电转换到其他设备上。

2台空气压缩机通过并联的方式与储气罐相连，每台压缩机出口有一个球阀作为出口阀。在运行压缩机前务必打开出口阀，以免压缩机出现超压故障。

每台压缩机均配有小型PLC，可自动完成启动、运行、监测等操作，一般只需要设置启停即可。具体操作请参见压缩机操作说明书。

11. 压缩空气罐

压缩空气罐（T-2）容积约为0.3 m$^3$，设计压力为1 MPa，材质为碳钢。如实训图8-18所示，气罐的进气口在侧面下部，出气口在侧面上部，出气口管线上设置有压力表用于检测罐内压力。罐顶部设有1个安全阀，底部有排污阀，使用过程中应定期检查。

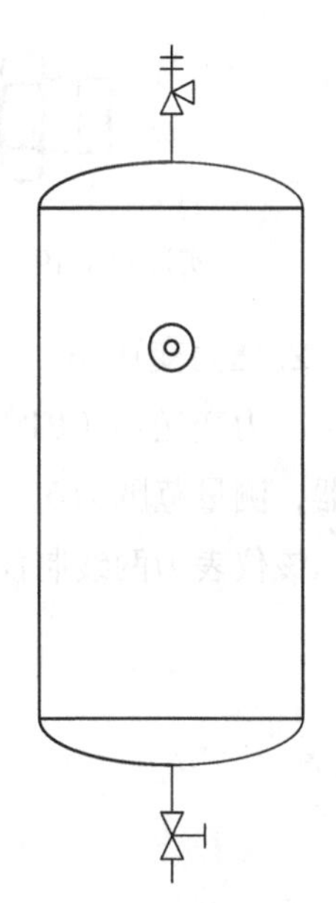
实训图8-18　气罐结构示意图

## 二、仪表及测控系统

本实验装置在各个关键的工艺位置均布置有过程参数测量仪表，可以测量各泵站的进出口压力、流量、压力调节阀开度以及各站间的压降。另外还设置有一套简单的直接控制方式的数据采集和控制系统，可实现仪表信号的采集、记录，能够显示所有的模拟量，并对部分状态量进行显示和控制。通过这套测控系统，所有模拟泵站中的水泵的启停操作均可在控制区由计算机完成，也可在现场由手动操作完成。每个泵站的出站调节阀配有电动执行器，也可由计算机进行阀位的远程控制和显示，同时也具有现场手动操作功能。

本套测控系统虽然简单，但可以模拟工业现场的多级控制模式。本系统所有软硬件均采用工业通用产品，组态方式灵活，数据采集速度快，精度较高。下面将分别介绍测控系统中的各种设备。

1. 电动调节阀

本装置在每个模拟泵站的出口各安装了一台Danfoss电动调节阀（150、250、350、450），阀体为铜材质，阀体上部安装有电动执行装置，该装置可通过输入电信号进行远程的开度调节（0% ～ 100%），并可将其阀芯位置进行远传。通过观察执行器上旋钮的角度也可在现场直接获知开度的大小。

阀门的执行装置安装在阀体的上部，由电力驱动，电源为24 V AC，其变压器安装在总配电柜内。在无电源的情况下，该执行器也可通过按下执行器上的黑色按钮后，用手旋动旋钮的方式进行启闭，旋钮指向红色位置为开，指向蓝色位置为关（实训图8–19、实训图8–20）。

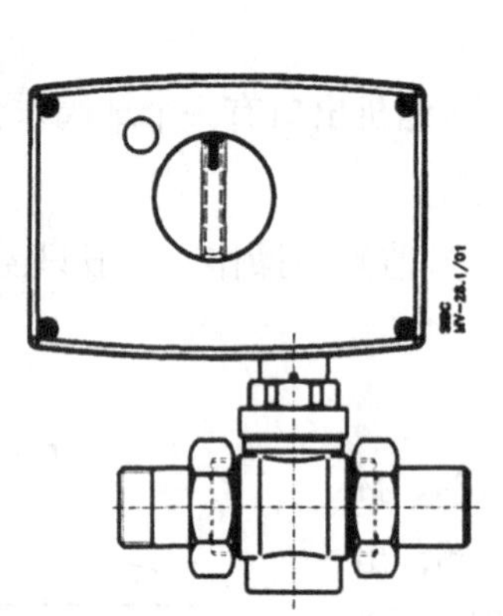

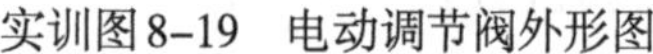

实训图8–19　电动调节阀外形图

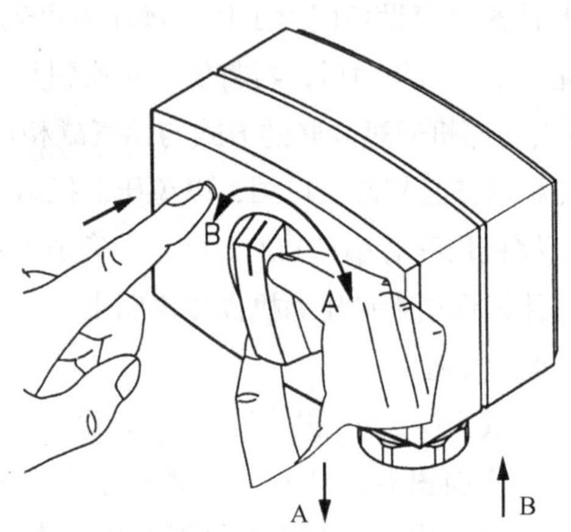



实训图8–20　电动执行器手动操作示意图

2. 压力变送器

压力变送器（PT）(实训图8–21）共10台（其中2台为备用），均为压电式工业级压力变送器，测量范围为0 ～ 1 000 kPa，精度为 ± 0.2%。

该仪表为两线制仪表，供电为24 V DC。

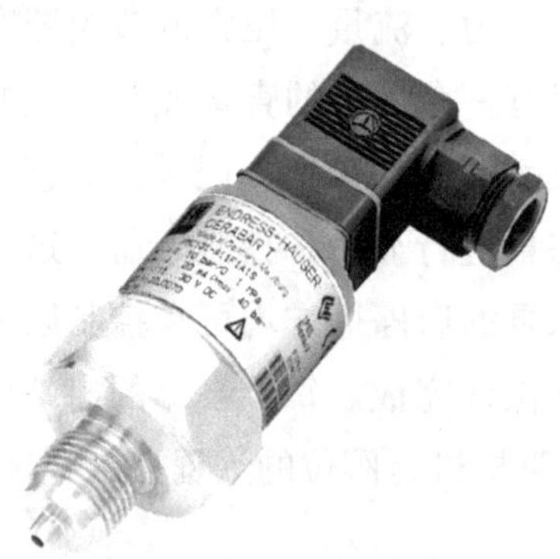



实训图8–21　压力变送器外形图

压力变送器分别安装在每个模拟泵站的进口和出口处，用于测量各站的进站压力和出站压力（1号泵站未设置进站压力变送器）。压力变送器通过一个截断阀与测压孔相连。

在气体流量计后还安装有1台压力变送器用于测量气体压力，以便于计算气体的实际流量。

另外，在每台水泵的进出口处均安装了一台弹簧管式的小型压力表用于指示该泵工作状态。

3. 差压变送器

差压变送器（DP）共有3台，均为智能型电容式工业级差压变送器。其测量范围为0～300 kPa，量程比为100：1，精度为±0.05%，配有LCD表头实现就地显示，便于现场观察读数。该差压变送器还具有丰富的组态功能，可适应不同的测量需求，具体操作方法请参考该仪表的使用说明书。

该差压变送器在过程连接法兰处配备了排气阀，便于对引压管进行冲洗和排气。该差压变送器的引压管与压力变送器通过一个三通相连，未单独设置截断阀，检修时应关闭测压孔处的截断阀。另外如果对差压变送器进行操作，请注意不要长时间单向受压。在变送器的过程连接法兰处标有“+”和“–”标记，分别表示所连接的高压端和低压端。请注意：不要让低压端所受压力长时间高于高压端，亦不要使所测量的差压值高于仪表的测量上限，以防止压力过载损坏仪表。

该仪表为两线制仪表，供电为24 V DC。其外形以及传感器结构参见实训图8–22及实训图8–23。

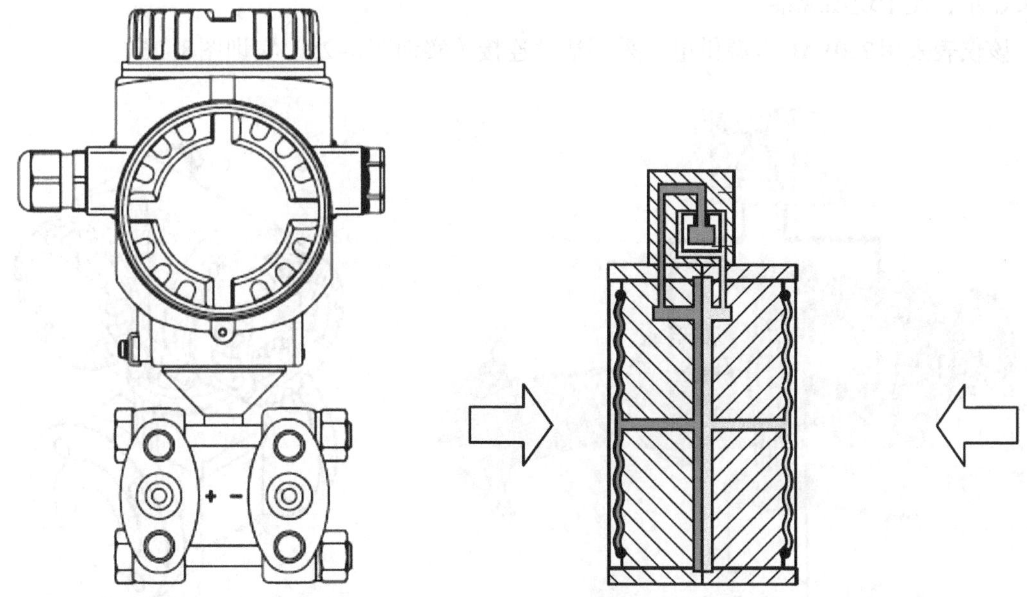


实训图8–22　差压变送器外形图　　　　实训图8–23　差压传感器结构示意图

每台差压变送器使用耐压透明软管作为引压管与测压孔相连，测压孔处安装有小型截止阀，不使用时可关闭。压力变送器端的引压管亦采用了快速接头。

DP1安装在1号和2号站之间，用于测量1号、2号站间的压降；DP2安装在2号和3号站之间，用于测量2号、3号站间的压降；DP3安装在3号和4号站之间，用于测量3号、4号站间的压降。

4. 温度变送器

温度变送器（TT）为1台TMR31型铂电阻一体化温度变送器，其结构紧凑，测量范围为0～100 ℃，精度为±0.1%。

该仪表为两线制仪表，供电为24 V DC。温度变送器外形图如实训图8-24所示。

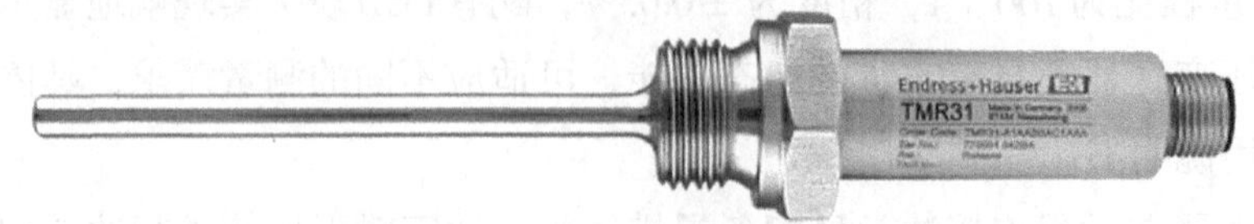


实训图8-24　温度变送器外形图

该仪表安装在气体流量计后用于测量气体温度，以便于计算气体的实际流量。

5. 电磁流量计

本装置一共安装了4台电磁流量计（FT1～FT4）。电磁流量计应用了导体切割磁力线产生感应电动势的原理，理论上只能用于具有导电特性的流体的流量测量。工业上常用于水、污水、各种水溶液等的流量测量。在本装置中该流量计用于水的流量测量，以及检测模拟泵站的出站流量。该流量计的测量范围为0～75 dm³/min，测量精度为±0.1%，配有背光LCD表头显示，便于现场观察。

该仪表采用220VAC电源供电，采用法兰连接（实训图8-25、实训图8-26）。

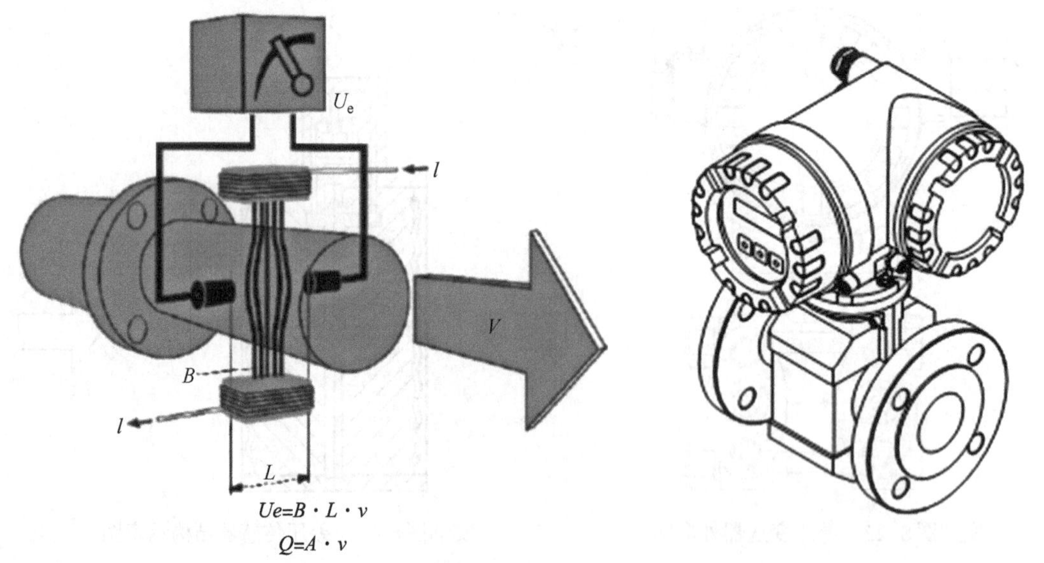


实训图8-25　电磁流量计测量原理图　　　　实训图8-26　电磁流量计外形图

6. 涡街流量计

本装置安装有涡街流量计（实训图8-27）1台，位于压缩空气罐的出口处。涡街流量计的测量原理是利用阻力元件两侧出现的有规律的漩涡的频率来测量流速，进而测量出流道内流体的体积流量。该装置理论上一般用于气体和轻质液体的流量测量。在本装置中用于压缩空气的流量测量。该涡街流量计的测量范围为0～150 $dm^3/min$，测量精度为±0.5%，配有LCD表头显示，便于现场观察。

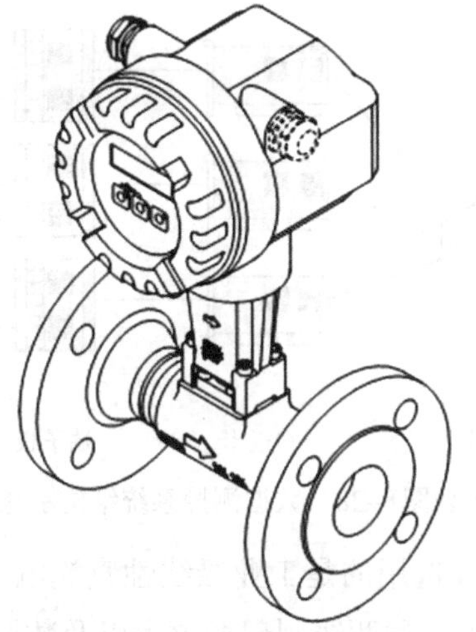

实训图8–27　涡街流量计外形图

该仪表为两线制仪表，采用24 V DC电源供电，采用法兰连接。

该仪表测量得到的是流量计处的体积流量。为了获得真实的气体流量，在流量计的下游还安装了1台压力变送器和1台温度变送器，分别用于测量流量计处的气体压力和温度。通过体积流量、压力、温度这些参数就可以计算出气体在标准状态下的流量。

7. 变频器

变频器共4台，均为小型多功能工业变频器，其操作简单，启动平稳，噪声小，可直接通过遥控面板上的按钮调节频率来控制水泵的转速和启停。具体操作方法请参考变频器的使用说明书。

8. 工业计算机

本装置中的计算机采用了一套简单、灵活的直接控制方式的数据采集和控制系统。主要包括工业计算机、工业数据采集板卡、工业直流电源、机柜等。

工业计算机为IPC610L型工业控制计算机，配置为P4/2.4 GHz，512 MB内存，320 GB硬盘，配有22英寸LCD显示器。工业计算机的结构与普通PC并不相同，其主要应用于工业控制。其特点是性能非常稳定，扩展能力强，机箱非常坚固，抗振、防尘能力强。并配有安全锁，可防止外人操作计算机。

本系统的计算机放置在一个控制台中，计算机机箱内插有多块数据I/O板卡用于工艺过程参数的采集以及设备的控制。

9. 数据采集设备

本系统采用内置于工业计算机中的数据I/O板卡实现对现场仪表信号的采集和控制。具体的型号为PCI系列产品，主要设备为两块PCI–1711型高速多功能卡，主要用于模拟量的输入和输出，采集速度为100 kHz，采集精度为12 bit；另配有两块调理端子板用于模拟量的调理和转换；还配有一块PCI–1762型继电器板卡用于对8台水泵进行远程启停控制。数据测控系统结构示意图如实训图8–28所示。

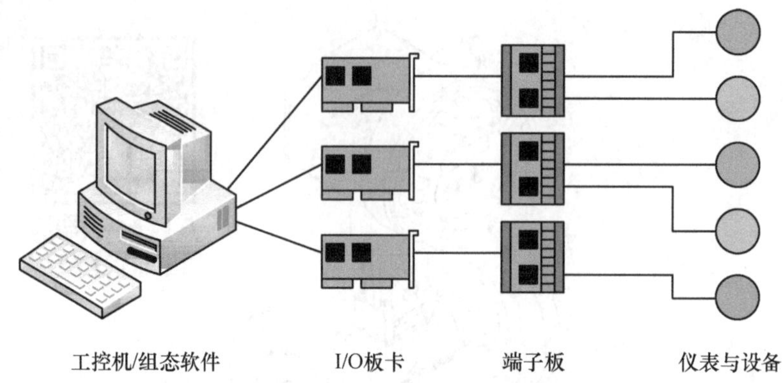


实训图8–28　数据测控系统结构示意图

与数据采集设备配用的电源选用的是工业级线性直流电源，其输出的电压稳定，波纹极小，抗干扰能力强。主要用于为各种两线制现场仪表以及数据采集设备供电。

10. 计算机操作系统及测控软件

本系统所选用的计算机操作系统为Windows XP中文版。

本系统采用的测控软件为针对实验室测控目的开发的DasyLab 8.0 Pro版组态软件。该软件特点是采用完全图形化的工作界面，使用灵活、方便，不需要进行编程，即可通过图形化的组态操作实现各种功能的数据采集和分析及控制等功能（实训图8–29）。该测控软件可通过多种板卡或模块实现对各种现场仪表信号的采集，能用多种方式记录和显示采集到的所有模拟量，并可对现场设备如调节阀开度、泵转速等进行监视和控制。

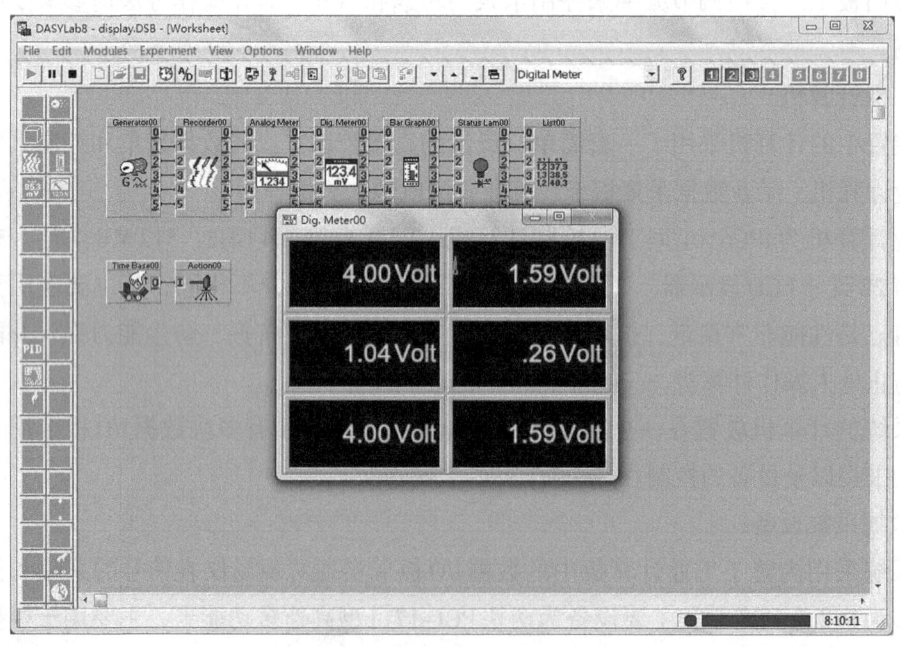


实训图8–29　组态软件操作界面

## 三、配电及电控系统

1. 配电柜

本装置中配电柜的功能是从房屋的配电盘引入电源，并根据装置中各项设备的用电需求进行分配，为每个独立的用电单元设置合适的容量和开关。

本装置的电源从房屋的防爆配电盘获取，该防爆配电盘的外形参见实训图8–30。防爆配电盘中间为开关，当旋钮指向“断”字时，开关断开；当旋钮指向“通”字时，开关接通。配电盘下方有三个防爆插座，左侧一个为380 V三相四线插座，右侧两个为220 V单相三线插座。由于装置的大部分设备均使用380 V交流电，并且插座容量有限，本装置一共使用了2个380 V插座。当需要使用压缩机时，请将标有“压缩机”字样的插头插入插座；当使用环道装置进行教学实验时，请将标有“环道”字样的插头插入插座。插入插头后注意旋紧压帽，以防脱落。

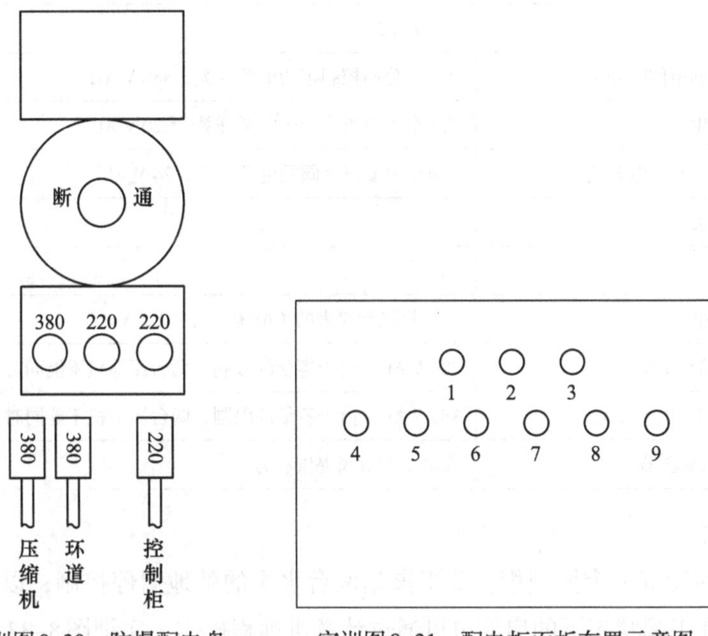


实训图8–30　防爆配电盘　　实训图8–31　配电柜面板布置示意图

实训图8–30中所示的指示灯说明请参见实训表8–3，该配电柜内开关的布置、设备布置和说明请参见实训图8–31、8–32和实训表8–4。

**实训表8–3　配电柜面板指示灯说明**

| 标号 | 用途 |
| --- | --- |
| 1、2、3 | 供电指示灯，当配电柜总闸闭合时亮起 |
| 4 | 分站控制柜供电指示灯，各控制柜供电分闸闭合时亮起，交流380 V |
| 5 | 流量计供电指示灯，流量计供电分闸闭合时亮起，交流220 V |
| 6 | 电动调节阀供电指示灯，调节阀供电分闸闭合时亮起，交流24 V |
| 7、8 | 备用指示灯，空余的供电分闸闭合时亮起 |
| 9 | 仪表供电指示灯，仪表供电分闸闭合时亮起，交流220 V |

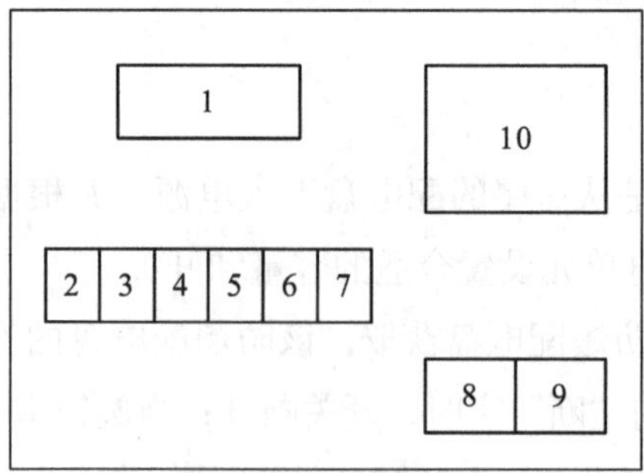


实训图 8-32　配电柜内部设备布置示意图

**实训表 8-4　配电柜内部设备说明**

| 标号 | 名称 | 用途 |
|---|---|---|
| 1 | 总电源开关 | 380 V AC |
| 2 | 分站控制柜供电开关 | 为4个分站控制柜的电源开关，380 V AC |
| 3 | 流量计供电开关 | 为4个电磁流量计的电源开关，220 V AC |
| 4 | 电动调节阀供电开关 | 为4个电动调节阀的电源开关，24 V AC |
| 5 | 备用开关 | |
| 6 | 备用开关 | |
| 7 | 仪表供电开关 | 为计算机和仪表的总电源开关，220 V AC |
| 8 | 1号压缩机供电开关 | 380 V AC，由于容量的限制，两台压缩机不能同时工作 |
| 9 | 2号压缩机供电开关 | 380 V AC，由于容量的限制，两台压缩机不能同时工作 |
| 10 | 24 V AC变压器 | 为电动调节阀提供动力 |

2. 水泵控制柜

每个模拟泵站设有一个控制柜，负责该站两台水泵的就地启停控制，以及变频调速泵的频率设定。水泵在工频状态下的启停也可通过计算机远程操作（实训图8-33、实训表8-5）。

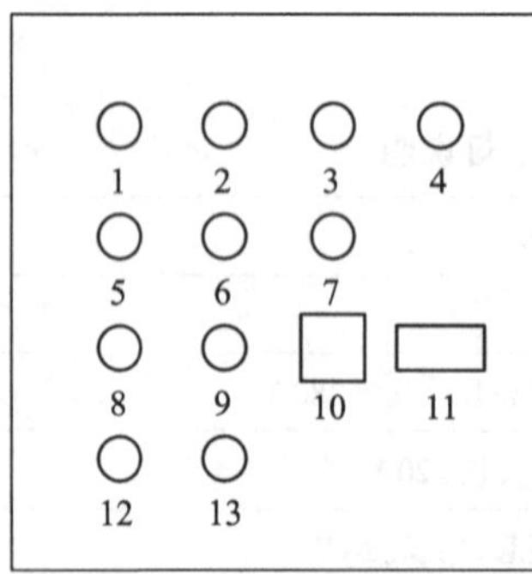


| | | | |
|---|---|---|---|
| 1 | 总电源指示灯 | 9 | 2号泵启动按钮 |
| 2 | 变频器参数设定按钮 | 10 | 工频/变频切换开关 |
| 3 | 变频器故障指示灯 | 11 | 变频器操作面板 |
| 4 | 紧急停车按钮 | 12 | 1号泵停止按钮 |
| 5 | 1号泵运行指示灯 | 13 | 2号泵停止按钮 |
| 6 | 2号泵运行指示灯 | | |
| 7 | 2号变频指示灯 | | |
| 8 | 1号泵启动按钮 | | |

实训图 8-33　泵站控制柜操作面板示意图

**实训表8-5　泵站控制柜面板说明**

| 序号 | 名称 | 用途 |
|---|---|---|
| 1 | 总电源指示灯 | 红色，控制柜总电源打开时亮起 |
| 2 | 变频器参数设定按钮 | 用于变频器操作；该按钮为蘑菇头按钮，按下后需要旋转后复位 |
| 3 | 变频器故障指示灯 | 红色，当变频器发生故障时亮起 |
| 4 | 紧急停车按钮 | 用于事故状态下的紧急停车，按下后将关闭该控制柜总电源；该按钮为蘑菇头按钮，按下后需要旋转后复位，否则控制柜无法重新通电 |
| 5 | 1号泵运行指示灯 | 绿色，亮起时表示1号泵正在运行 |
| 6 | 2号泵运行指示灯 | 绿色，亮起时表示2号泵正在运行 |
| 7 | 2号泵变频指示灯 | 橙色，亮起时表示变频器正在工作，2号泵可调速 |
| 8 | 1号泵启动按钮 | 按下后1号泵运行指示灯亮，并可直接启动1号泵 |
| 9 | 2号泵启动按钮 | 按下后2号泵运行指示灯亮；在工频模式下，可直接启动2号泵；当工频/变频切换开关指在变频位置时，只是让变频器通电，此时2号泵的启动需要在变频器操作面板上调频后再启动 |
| 10 | 工频/变频切换开关 | 切换2号泵的运行方式，箭头指向左侧，该泵以工频方式运行；箭头指向右侧，2号泵变频指示灯亮 |
| 11 | 变频器操作面板 | 可调节变频器输出频率，可控制2号泵的转速；并通过绿色启动按钮完成2号泵的变频启动，以及通过红色按钮实现2号泵的停车 |
| 12 | 1号泵停止按钮 | 按下后1号泵运行指示灯灭，并可直接停止1号泵 |
| 13 | 2号泵停止按钮 | 按下后2号泵运行指示灯灭；在工频模式下，可直接停止2号泵；在变频模式下，为切断变频器电源，此时泵的停车应先在变频器操作面板上进行操作 |

紧急停车按钮（4）为一个红色蘑菇头按钮，当需要紧急切断电源时应迅速按下，此时将切断整个控制柜的电源。该按钮按下后会自锁，当系统恢复时应按照按钮上的指示顺时针旋转使其复位。工频/变频切换开关（10）为一个3位置开关，扳手上方的指示标志将指示其工作状态。当其指向“工频”（左侧）时，按下2号泵启动按钮（9），2号泵将以工频启动；当其指向“变频”（右侧）时，按下2号泵启动按钮（9），变频器启动，此时可通过变频器操作面板（11）来对水泵进行操作。

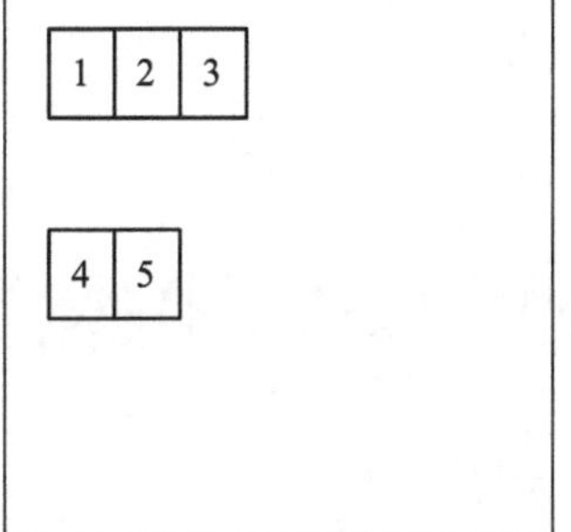


| 1 | 总电源开关 |
|---|---|
| 2 | 信号电源开关 |
| 3 | 指示灯电源开关 |
| 4 | 1号泵电源开关 |
| 5 | 2号泵电源开关 |

实训图8-34　泵站控制柜内部开关说明

正常工作时控制柜内的3个开关均应设为闭合状态，当总配电柜给电后，面板上的总电源指示灯亮起。如没有亮起，应检查以下方面：①总配电柜是否有电。②控制柜内1号开关是否闭合。③控制柜面板上紧急停车按钮是否弹起。

# 第四节　实 训 项 目

## 实训项目一　油气储运环道实训室认知

### 一、实训目的和内容

**目的：**

（1）熟悉实训设备及流程。

（2）会绘制实训流程图。

**内容：**

实训设备的指认及绘制流程图。

### 二、实训装置和流程

见前面三节中的内容。

### 三、实训步骤

（1）学生分好组进入实训室，劳保着装要整齐，工具、用具准备齐全。

（2）实训教师讲解实训设备。

（3）学生按照实训报告完成任务。

（4）教师检查任务的完成情况，完成评价表。

（5）整理好工具、用具，实训结束。

### 四、实训报告

（1）实训装置的基本构成是怎样的？

（2）实训装置分为哪些区？各有哪些设备？

（3）写出下列仪表、仪器安装的位置及作用。

①离心泵

②单向阀

③过滤器

④空气压缩机

⑤电动调节阀

⑥压力变送器

⑦差压变送器

⑧温度变送器

⑨电磁流量计

⑩涡街流量计

⑪变频器

（4）实训设备具有哪些功能?

（5）在流程图上将所有的设备进行编号，主要设备以字母开头，数字为序号；数目较多的阀门均使用3位数字编号，一般第1位为设备所在的泵站序号，第2位为区域或功能编号，第3位为设备序号。试完成实训表8-6的编制。

**实训表8-6　阀门编号说明**

| | 第1位 | 第2位 | 第3位 |
|---|---|---|---|
| 数字含义 | 设备所在的泵站序号 | 区域或功能编号 | |
| 1 | | | |
| 2 | | | |
| 3 | | | |
| 4 | | | 设备序号 |
| 5 | | | |
| 6 | | | |
| 7 | | | |
| 8 | | | |
| 9 | | | |

（6）写出实训表8-7中各主要阀门的功能。

**实训表8-7　各主要阀门的功能**

| 阀门编号 | 用途 |
|---|---|
| 141、241、341、441 | |
| 142、242、342、442 | |
| 143、243、343、443 | |
| 246、346、446 | |
| 501、502 | |
| 601、602 | |
| 611、612 | |
| 621、622 | |

续表

| 阀门编号 | 用途 |
| --- | --- |
| 631、632 | |
| 641、642 | |
| 811、812、813、814 | |
| 801、802、803 | |
| 901 | |
| 902 | |
| 903 | |
| 904 | |
| 905 | |
| 906 | |

（7）以首站为例，分别画出2台离心泵的串、并联，以及单启1号泵和单启2号泵的流程图。

（8）写出下列每个模拟泵站控制柜上数字的含义。

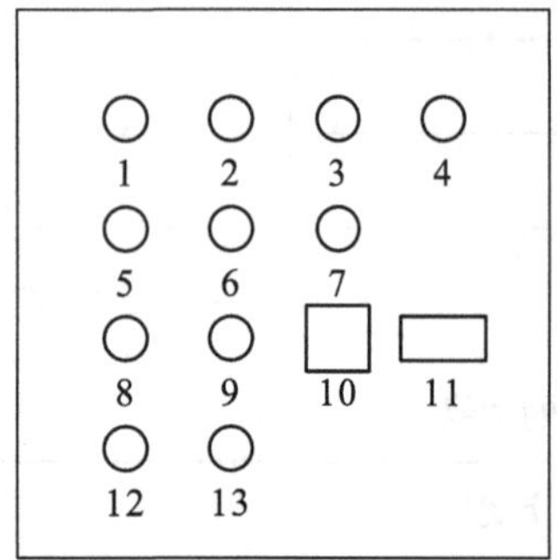


| 1 | | 9 | |
| --- | --- | --- | --- |
| 2 | | 10 | |
| 3 | | 11 | |
| 4 | | 12 | |
| 5 | | 13 | |
| 6 | | | |
| 7 | | | |
| 8 | | | |

实训图8-35　泵站控制柜操作面板示意图

（9）绘制本实训装置流程图。

（10）指认各设备的名称。（实训教师提问）

## 五、思考题

（1）长距离输油首站、中间站、末站的任务分别是什么？

（2）油气长距离管道输送的特点是什么？

# 实训项目二 “从泵到泵”密闭输送实训

## 一、实训目的和内容

**目的：**

（1）了解“从泵到泵”输油管路各泵站协调工作的情况和提高输送能力的主要措施。

（2）学会密闭正输倒压力越站流程。

（3）了解电动离心泵的工作特点，学会相应操作步骤和方法，学会离心泵的串并联操作。

（4）了解计算机数据采集系统的组成及运行情况。

**内容：**

（1）正常启动实训装置（输油泵机组的串联与并联）。

（2）密闭正输倒压力越站流程。

（3）管道的动态调节。

（4）管道的远程与就地控制。

## 二、实训装置和流程

见前面三节中的内容。

## 三、实训原理

从泵到泵输油流程的上站来油直接进入下站输油泵入口，全线组成了一个统一的水力系统，管道所消耗的能量（包括终点所要求的剩余压力）等于泵站所提供的压力能，二者必然保持能量供需的平衡关系。

全线的压力供需平衡关系式如下：

$$H_{S1}+n(A-BQ^{2-m})=iL+nH_j+\Delta Z+H_t$$

式中：$Q$— 任务输量，$m^3/s$；

$n$— 全线泵站数；

$i$— 水力坡降；

$H_{s1}$— 管道首站进站压力，m液柱；

$H_t$— 管道终点剩余压力，m液柱；

$L$— 管道总长度，m；

$\Delta Z_t$— 起、终点的高程差，m；

$H_j$— 每个泵站的站内损失，m液柱。

## 四、实训步骤

### （一）实验准备

实验人员在实验前应首先熟悉和掌握组成本装置的各种设备，了解设备的各项性能和操作方法。

- 实验前应首先检查实验装置的水、电系统是否安全、完善；
- 根据实验的具体内容检查所有的阀门状态；
- 如罐内无水，应先向罐内注水，注水前应首先关闭阀门901和902，一般当液位计指示到70～80刻度时可停止注水；
- 注水完毕后可打开各种设备的电源，进行预热准备；
- 打开计算机，运行组态软件；
- 检查各仪表读数和引压阀门的状态；
- 一般在各种实验进行前，需要将管道内充满水，此时可将流程切换为1号泵站单泵运行流程：T-1→902→GL-1→111→121→131→143→150→FT-1→810→811→246→812→346→813→446→814→904→T-1；
- 待水罐回水口出现回水，且压力稳定后，管道注水完毕。此时应检查所有的设备是否工作正常，仪表读数是否合理，法兰和各种连接处是否有滴、漏的现象。一切正常后即可开始实验。

**（二）输油泵机组的启动（以离心泵串联为例）**

1. 一般离心泵启动前的检查

（1）场地清洁，检查所有紧固件是否松动（如联轴器、地脚螺栓等）。

（2）检查转子是否灵活，用手或专用工具转动转子数圈，凭感觉其转动是否均匀，有无异常声音及不灵活等现象。发现问题查明原因，及时处理。

（3）检查轴承，润滑油的油位、油环、轴封，供电设备等是否完好，并调整到适合位置。

（4）将每站的两台离心泵串联，即打开每站的阀门X21，X31，X42，X42，关闭阀门X41，X43。如1号泵站串联运行，流程为：

→111→121→131→142→112→122→132→150→。

（5）打开每站泵的进口阀，关闭泵的出口阀。

2. 一般离心泵启动前的操作

（1）通知上、下站及本站有关岗位，并与调度联系，填写操作票，准备起泵。

（2）给实验装置操作控制台送电，开启泵站总电源，打开计算机数据采集系统，做好准备工作。

（3）先彻底检查各项准备工作是否完善，然后合上电源，按启动按钮。

（4）观察电流表和泵出口压力表，让电流由最大值降下来，并稳定片刻，泵压达到该泵的稳定压力并稳定到某一刻度后，缓慢打开每站泵的出口阀门。

（5）通知下站依次开启2号、3号、4号泵站。

（6）调到需要的排量（由泵出口压力表确定）。

（7）对机组进行全面检查。

（8）向调度汇报，通知上、下站及本站有关岗位。

（9）按实训表8-8记录相关数据。

3. 注意事项

（1）泵启动后，出口阀的关闭时间不能超过2～3 min，因为泵在关闭出口阀门时，叶轮

产生的能量全部变成热能而使泵发热，有可能使轴封和叶轮烧毁。

（2）开泵时如果不起压（压力降到零），必须关闭排出阀后再灌泵，重新启动。

**（三）输油泵机组的停运**

1. 串联泵流程的停泵顺序

（1）通知变电岗位及本站有关岗位，做好停泵配合。

（2）缓慢关闭待停输油泵的出口阀开度至50%。

（3）按停止按钮，停运输油泵。

（4）输油泵停运后，关严出口阀。

（5）向上级调度汇报停泵时间及参数变化情况。

2. 注意事项

（1）在操作中一定要注意应“先开后关，防止憋压”，错误的操作方法会导致错误的结果和设备的损坏。

（2）多泵站实验时，请按照泵站顺序依次启动水泵。实验结束时，反方向依次关闭水泵。当各站内有两台泵同时运行时，也应根据流程遵循以上原则。

**（四）小组讨论完成下列实训项目并填写《“从泵到泵”密闭输送实训》数据记录表（实训表8-8、实训表8-9）**

1. 输油泵机组的串联倒并联流程

（1）如1号泵站串联运行，流程为：

→111→121→131→142→112→122→132→150→；

如1号泵站并联运行，流程为：

→111→121→131→143→150→；

↑

→141 → 112 → 122 → 132

（2）打开143，141，关闭142使之变成并联流程。

（3）调节流量，以此改变2号、3号、4号泵站流程。

2. 单启每站的1号泵流程

如1号泵站，流程为：

→111→121→131→143→150→；

3. 输油机组的切换操作（每站的1号泵倒2号泵流程）（以1号泵站为例）

（1）通知上、下站及本站有关岗位，并与调度联系。

（2）填写操作票，并模拟操作无误。

（3）做好待启泵启动前的准备工作和待停机的准备工作。

（4）按照先启后停的原则进行操作，保证系统压力平稳。

（5）按启泵按钮启泵，待电流回降后开启泵出口阀，即开启132，122。

（6）关闭待停泵出口阀143，按停泵按钮停泵。

（7）检查机组各检测保护系统工作是否正常，运行参数是否符合当前工况要求。

（8）依次切换2号、3号、4号泵站。

（9）向调度汇报，并通知上、下站及本站有关岗位。

4. 密闭正输倒压力越站流程（以每站启动2号泵越2号泵站为例）

（1）接上级调度通知后，与上、下站及本站有关岗位联系。

（2）填写操作票，并模拟操作无误。

（3）对所属设备进行全面检查，当上站降量以后，关闭低压泄压阀。

（4）按照操作规程停运输油泵机组打开阀246，关小阀232，按停止按钮，待压力上升后关闭阀232。

（5）检查各部位工作状况和进出站压力情况。

（6）向上级调度汇报，通知上、下站，并做好流程切换记录。

（7）流程切换原则。

①流程的操作与切换，实行集中调度，统一指挥。非特殊紧急情况（如即将发生或已发生火灾、爆管等重大事故），任何人未经调度人员同意，不得擅自操作或改变流程。

②流程操作必须严格遵循“先开后关”原则，确认新流程已经导通并过油后，方可切断原流程。

③具有高低压衔接部位的流程，操作时必须先导通低压部位，后导通高压部位；反之，先切断高压，后切断低压。

④各种流程切换的程序必须根据流程切换内容，填写流程操作票，在实际操作中由专人监护。

⑤流程切换操作时，不得使输油干线压力、油温超高。

## 五、思考题

（1）离心泵启动或关闭时，为什么要先关闭出口阀门?

（2）倒流程操作时，为使管线不至于憋压，应注意什么?

（3）根据哪些运行参数来判断输油管线运行是否正常?

（4）还有哪些措施能提高输油的流量?

（5）用增加泵站的方法来提高输量有何利弊?

（6）流程切换时应注意哪些问题?

（7）从《“从泵到泵”密闭输送实训》数据记录表（实训表8-8、实训表8-9）中你能得出哪些结论?

## 六、实训预习要求

（1）了解实训目的及内容。

（2）对照实训流程与实训装置，弄清管线走向，以及泵、阀门、压力传感器、流量计等的实际位置。

（3）了解操作注意事项。

（4）参照实训报告设计数据记录表格进行相应实训。

**实训表 8–8 《“从泵到泵”密闭输送实训》数据记录表 1**

| 点次 | | 各站压力/kPa | | | | | | | | | | | | | | | | | | | | | | | | | | |
|---|---|---|---|---|---|---|---|---|---|---|---|---|---|---|---|---|---|---|---|---|---|---|---|---|---|---|---|---|
| | | 首站 | | | | | | | 2号泵站 | | | | | | | 3号泵站 | | | | | | | 4号泵站 | | | | | |
| | | 1号泵进 | 1号泵出 | 2号泵进 | 2号泵出 | 进站 | 出站 | $\Delta P_1$ | 1号泵进 | 1号泵出 | 2号泵进 | 2号泵出 | 进站 | 出站 | $\Delta P_2$ | 1号泵进 | 1号泵出 | 2号泵进 | 2号泵出 | 进站 | 出站 | $\Delta P_3$ | 1号泵进 | 1号泵出 | 2号泵进 | 2号泵出 | 进站 | 出站 |
| 串联 | 50% | | | | | | | | | | | | | | | | | | | | | | | | | | | |
| | 70% | | | | | | | | | | | | | | | | | | | | | | | | | | | |
| | 90% | | | | | | | | | | | | | | | | | | | | | | | | | | | |
| | 100% | | | | | | | | | | | | | | | | | | | | | | | | | | | |
| 并联 | | | | | | | | | | | | | | | | | | | | | | | | | | | | |
| 单启1号泵 | | | | | | | | | | | | | | | | | | | | | | | | | | | | |
| 单启2号泵 | 工频 | | | | | | | | | | | | | | | | | | | | | | | | | | | |
| | 转数1 | | | | | | | | | | | | | | | | | | | | | | | | | | | |
| | 转数2 | | | | | | | | | | | | | | | | | | | | | | | | | | | |
| | 转数3 | | | | | | | | | | | | | | | | | | | | | | | | | | | |
| 越2号泵站 | | | | | | | | | | | | | | | | | | | | | | | | | | | | |

实训表8-9 《“从泵到泵”密闭输送实训》数据记录表2

<table>
<tr><th colspan="2" rowspan="2">点次</th><th colspan="4">各站流量</th><th>液位/mm</th></tr>
<tr><th>首站</th><th>2号泵站</th><th>3号泵站</th><th>4号泵站</th><th>*H*</th></tr>
<tr><td rowspan="4">串联</td><td>50%</td><td></td><td></td><td></td><td></td><td rowspan="11"></td></tr>
<tr><td>70%</td><td></td><td></td><td></td><td></td></tr>
<tr><td>90%</td><td></td><td></td><td></td><td></td></tr>
<tr><td>100%</td><td></td><td></td><td></td><td></td></tr>
<tr><td colspan="2">并联</td><td></td><td></td><td></td><td></td></tr>
<tr><td colspan="2">单启1号泵</td><td></td><td></td><td></td><td></td></tr>
<tr><td rowspan="4">单启<br>2号泵</td><td>工频</td><td></td><td></td><td></td><td></td></tr>
<tr><td>转数1</td><td></td><td></td><td></td><td></td></tr>
<tr><td>转数2</td><td></td><td></td><td></td><td></td></tr>
<tr><td>转数3</td><td></td><td></td><td></td><td></td></tr>
<tr><td>越2号泵站</td><td></td><td></td><td></td><td></td><td></td></tr>
</table>

参加实验人员________________________________ 记录人_______ 日期____________

## 实训项目三　测定离心泵性能曲线与管路特性曲线

### 一、实训目的和内容

**目的:**

（1）熟悉离心泵的结构、特性和操作方法。

（2）学会离心泵特性曲线与管路特性曲线的测定方法，掌握用作图法处理实验数据的正确操作方法。

**内容:**

（1）测定离心泵的特性曲线和串并联规律以及扬程与转数的关系。

（2）测定管路的特性曲线，用图解法求出管路与泵站配合工作时的工作点。

### 二、实训装置和流程

实训图8-36为离心泵特性曲线流程示意图；实训图8-37为管路特性曲线流程示意图。

### 三、实训原理

#### （一）离心泵性能曲线

离心泵是一种液体输送机械，它借助于泵的叶轮高速旋转，使充满在泵体内的液体在离心力的作用下，从叶轮中心被甩至边缘，在此过程中液体获得能量，提高了静压能和动能。液体在离开叶轮进入壳体时，由于流动截面积的增大，部分动能变成静压能，进一步提高了静压能。流体获得能量的多少，不仅取决于离心泵的结构和转速，而且与流体的密度有关。

当离心泵内存在空气时，空气的重度远比液体的小，使离心泵所产生的离心力不足以在泵的进口处形成所需的真空度，无法吸入液体，该现象称为“气蚀”。为了保证离心泵的正常操作，在启动前必须在离心泵和吸入管路内充满液体，并确保运转过程中尽量不使空气漏入。

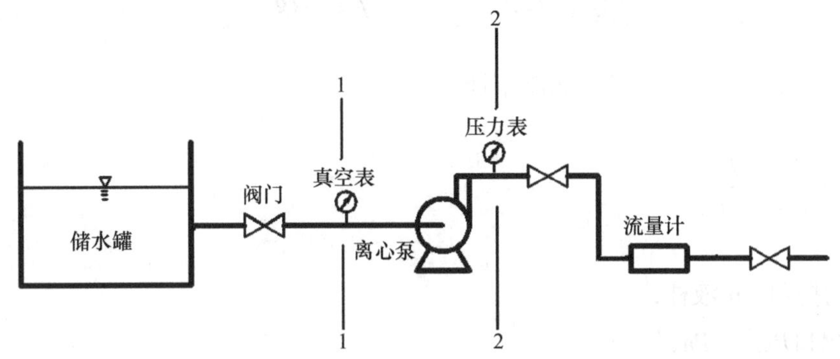


实训图 8–36　离心泵特性曲线流程示意图

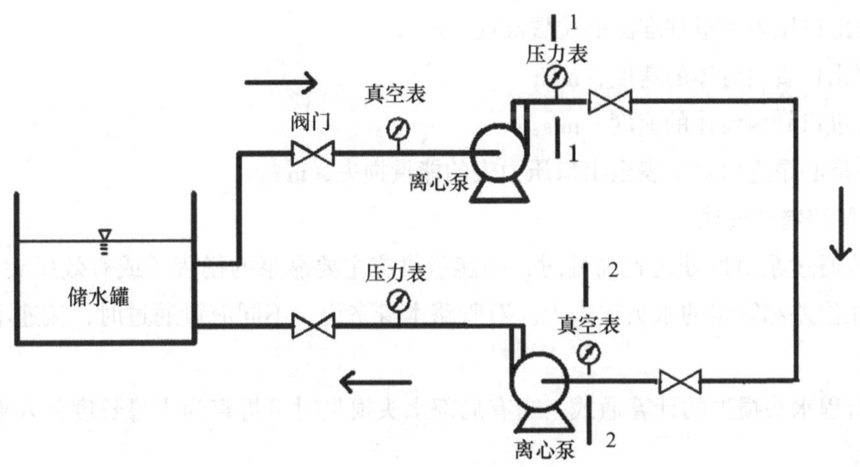


实训图 8–37　管路特性曲线流程示意图

在选用离心泵时，一般总是根据生产要求的扬程和流量，参照泵的特性来决定的。对于某种类型的泵来说，离心泵的特性主要是指在一定转速下泵的流量、扬程、功率和效率等。离心泵的特性曲线 $H \sim Q$ 的基本形状如实训图 8–38 所示。

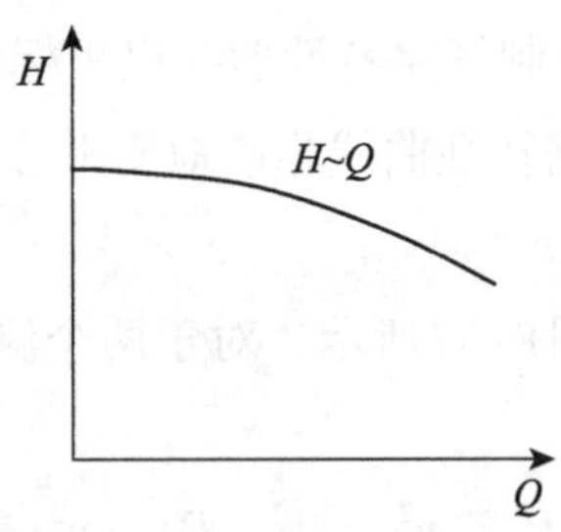


实训图 8–38　离心泵特性曲线 H ～ Q

如实训图8–36所示，特性曲线中的$Q$可设定。$Q$可通过公式计算。对于1–1与2–2截面列泵对液体做功的伯努利方程式得：

$$z_1+\frac{P_1}{\rho g}+\frac{v_1^2}{2g}+H=z_2+\frac{P_2}{\rho g}+\frac{v_2^2}{2g}+h_{L1-2}$$

其中：$z_1=z_2$，$\frac{v_1^2}{2g}=\frac{v_2^2}{2g}$，$h_{L1-2}$忽略不计

则：$H=\frac{P_2}{\rho g}-\frac{P_1}{\rho g}$

式中：

$H$—泵的扬程，m液柱；

$P_2$—泵出口压力，Pa；

$P_1$—泵入口压力，Pa；

$z_1$—泵入口真空表至基准面的位置高度，m；

$z_2$—泵出口压力表至基准面的位置高度，m；

$v_2$—泵出口管内流体的速度，m/s；

$v_1$—泵进口管内流体的速度，m/s。

$h_{L1-2}$—离心泵进口真空表至出口压力表的能量损失，m。

**（二）管路特性曲线**

当液体通过泵由低处送到高处时，则能量供应主要靠泵的扬程（或有效压头），而此能量将消耗在位差和管路的水头损失上。对管路本身来说，不同流量通过时，流速不同，水头损失不同。

根据沿程水头损失的计算通式，当有局部水头损失时可折算为当量长度并入沿程水头损失中，则有

$$h_L=\lambda\frac{L}{D}\frac{v^2}{2g}=\lambda\frac{L}{D}\frac{Q^2}{(\frac{\pi D^2}{4})^2.2g}=\frac{8\lambda}{\pi^2 g}\frac{L}{D^5}Q^2=\alpha Q^2$$

对一定管长和管径的管路，系数$\alpha$将随$\lambda$值而变化。

给不同流量$Q$，将可算出不同的水头损失$h_L$，绘成曲线如实训图8–39所示，称为管路特性曲线。当由泵输送液体时，绘制管路特性曲线纵坐标以泵的扬程为准。因泵给出的扬程$H_m$要克服位差和水头损失，故管路特性曲线相应地要平移一个位差和压差的高度，如实训图8–40所示。

那么如何来测定呢？如实训图8–37所示，对于两个测压点1–1与2–2断面列伯努利方程式得：

$$z_1+\frac{P_1}{\rho g}+\frac{v_1^2}{2g}=z_2+\frac{P_2}{\rho g}+\frac{v_2^2}{2g}+h_{L1-2}$$

其中：$z_1=z_2$，$\frac{v_1^2}{2g}=\frac{v_2^2}{2g}$

则 $h_{L1-2}=\frac{P_1}{\rho g}-\frac{P_2}{\rho g}=\frac{\Delta P}{\rho g}$

即 $h_{L1-2}=\alpha Q^2=\frac{\Delta P}{\rho g}$

即在不同的流量下择定两表的压差即可绘制管路特性曲线。

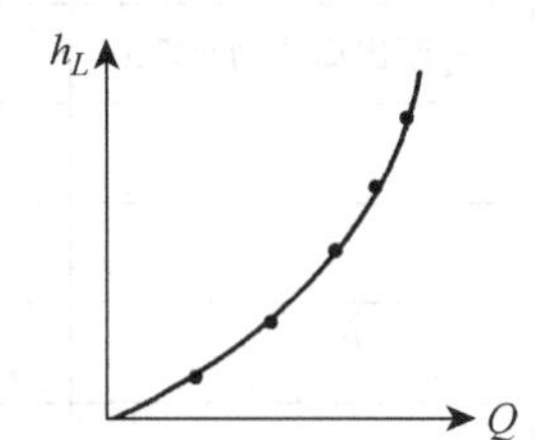

实训图 8–39　管路特性曲线图

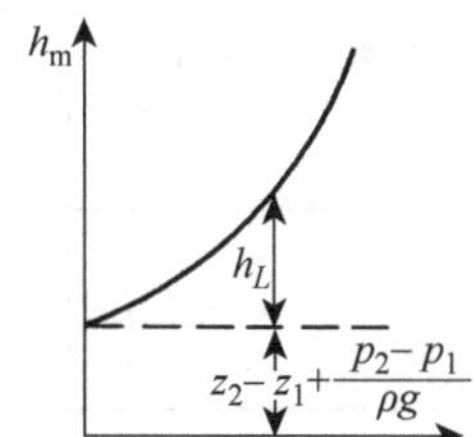

实训图 8–40　有泵的管路特性曲线

## 四、实训步骤

1. 离心泵性能曲线

（1）按照实训二中的步骤启动1号泵站与2号泵站的2号离心泵（调至工频）。

（2）开启泵的出口阀，调节出口阀的开度至最小（$Q$=0），记录流量计、压力表、真空表的读数（读取2号泵站的1号离心泵的数据）。

（3）记录最大流量，在最小至最大流量范围内分割流量，进行实验布点（一般前疏后密，在 $Q_{max}$ 附近尤其需注意读数）。

（4）由阀门调节流量，每次流量调节稳定后，读取各组实训数据。

（5）将2号泵站的2号离心泵调至变频，调节不同的转数，再调节流量，每次流量调节稳定后，读取各组实训数据。

（6）将2号泵站的1号离心泵启动，使之与2号离心泵串联。同理，由阀门调节流量，每次流量调节稳定后，读取各组实训数据。

（7）将2号泵站的1号离心泵启动，使之与2号离心泵并联。同理，由阀门调节流量，每次流量调节稳定后，读取各组实训数据。

（8）实训结束，实训装置恢复原状，并清理实验场地。

2. 管路特性曲线

（1）按照实训项目二　“从泵到泵”密闭输送实训中的步骤启动1号泵站与2号泵站的2号离心泵（调至工频）。

（2）开启泵的出口阀，调节出口阀的开度至最小（$Q$=0），记录流量计、压力表、真空表的读数。

（3）记录最大流量，在最小至最大流量范围内分割流量，进行实验布点（一般前疏后密，

在 $Q_{max}$ 附近尤其需注意读数）。

（4）由阀门调节流量，每次流量调节稳定后，读取各组实训数据。

## 五、数据记录

实训表 8–12 离心泵性能曲线

| 离心泵型号： | | | | 扬程： | |
|---|---|---|---|---|---|
| 进口管径＝ （mm） | | | | 出口管径＝ （mm） | |
| 序号 | | 流量/（$m^3/h$） | $P_1$ 泵入口压力/MPa | $P_2$ 泵出口压力/MPa | 扬程 $H$/m |
| 转数 1 | 1 | | | | |
| | 2 | | | | |
| | 3 | | | | |
| | 4 | | | | |
| | 5 | | | | |
| 转数 2 | 1 | | | | |
| | 2 | | | | |
| | 3 | | | | |
| | 4 | | | | |
| | 5 | | | | |
| 转数 3 | 1 | | | | |
| | 2 | | | | |
| | 3 | | | | |
| | 4 | | | | |
| | 5 | | | | |
| 串联 | 1 | | | | |
| | 2 | | | | |
| | 3 | | | | |
| | 4 | | | | |
| | 5 | | | | |
| 并联 | 1 | | | | |
| | 2 | | | | |
| | 3 | | | | |
| | 4 | | | | |
| | 5 | | | | |

实训表8–13　管路的特性曲线

| 流量/（$m^3/h$） | | $P_1$泵出口压力/MPa | $P_2$泵入出口压力/MPa | 能量损失$h_{L1-2}$/m | $\alpha=h_{L1-2}/Q^2$ |
|---|---|---|---|---|---|
| 1 | | | | | |
| 2 | | | | | |
| 3 | | | | | |
| 4 | | | | | |
| 5 | | | | | |

## 六、实训报告

（1）写出所测的离心泵的类型和规格，设备编号及与泵的性质有关的参数。

（2）根据实训表8–12中的转数1、转数2、转数3与实训表8–13中的数据计算求得的各参数在坐标纸上绘制单泵的性能曲线与管路的特性曲线图，并注明实验条件，找出它们各自的工作点。

（3）根据实训表8–12中的串联数据分别绘制理论与实际情况下离心泵的性能曲线图。

（4）根据实训表8–12中的并联数据分别绘制理论与实际情况下离心泵的性能曲线图。

（5）分析绘制的这3张图的规律。

## 七、思考题

（1）离心泵的流量、扬程功率与转数存在怎样的关系？

（2）泵系统调节的方法有哪些？

（3）如果两个压力测定点的压差为$\Delta z$，那么$h_{L1-2}$应该如何计算？

# 实训项目四　“从泵到泵”输油管线工艺异常工况实验

## 一、实训目的和内容

**目的：**

（1）通过在该实验装置上模拟“从泵到泵”输油管道运行时发生的各种异常工况实验，学会分析全线各站的工作参数变化规律。

（2）学会根据工作参数的变化情况，分析、判断引起异常工况的是何种事故和事故发生的大致地点。验证对异常工况的判断和调节，以及对全线工作点及泵站运行的调整情况。

（3）了解由于快关阀门引起水击压力的产生情况，掌握水击压力的变化规律和测试水压压力的方法。

**内容：**

（1）测定“从泵到泵”输油管道运行时发生的各种异常工况时的参数。

（2）会分析讨论站内管线泄漏、输油站长时间停电、输油泵区火灾、输油泵区原油泄漏等事故现场处置方案。

（3）会对危险因素进行识别。

## 二、实训装置和流程

见前三节内容。

## 三、实训步骤

以下前两种异常工况为必选实验，后两种异常工况为可选实验。

1. 中间站停运工况

将全线各泵站按照逐站启动的步骤正常运行后，把2号泵站停运，观察各站压力及流量变化情况，并利用数据采集软件记录实验过程，待运行稳定后记录各站压力及流量变化情况（每个泵站启动1#离心泵）。试比较全线各泵站正常运行工况与2号泵站停运工况两次所测得的数据，分析由于2号泵站停运对全线输量和进出口压力产生的影响。

2. 泄漏工况

全线各泵站正常运行后，把2、3号泵站间管路的泄漏阀（802阀）打开（模拟输油管腐蚀穿孔或破裂漏油），观察各泵站进、出站压力变化情况，并利用数据采集软件记录泄漏初始发生的实验过程，记录漏后各站进、出站压力和漏点前后流量变化情况（阀门801、802、803用于完成管道泄漏工况实验。801、802、803分别位于1号泵站和2号泵站、2号泵站和3号泵站以及3号泵站和4号泵站间）。

分析不同的管路漏油点位置对各站工作参数的影响情况。根据显示的压力流量变化情况，初步判断泄漏点的位置，并加以验证。

3. 水击工况

全线各泵站系统恢复到正常工况后，把2、3号泵站间管路的旋塞阀迅速关闭，观察各泵站进、出站压力变化情况，分析水击波传播规律。根据实测数据，掌握水击波传播速度\水击压强的产生和消失过程。

4. 堵塞工况

全线各泵站系统恢复到正常工况后，把某站间管路的阀门812阀关小（模拟输油管因运行操作失误或管路里进杂物等），记录各泵站进、出站压力和管内流量变化情况（堵塞工况实验可通过操作环道上的阀门811、812、813、814来完成。811、812、813、814分别为位于各模拟站管道中间的阻力阀，减小其开度可模拟管道的堵塞）。

分析不同的管路堵塞位置对各站工作参数的影响情况，根据各站工作参数的变化情况来判断管路堵塞的位置，理论分析应采取何种措施使输油管恢复正常运行。

## 四、实验报告要求

（1）将实验数据整理列表。

（2）在直角坐标纸上绘出全线及各泵站的泵特性、管路特性曲线。用图解法求出4个泵站运行时的工作点，各站进、出站压力，并与实测结果进行比较。

## 五、思考题

（1）哪些原因会造成管线泄漏？如何判断地下管道的渗漏情况？防漏措施及应急抢修的方法有哪些？

（2）若漏油发生在首站出口处或4号泵站末端，各站运行参数会怎样变化？如何根据参数变化情况来判断漏点的位置？

（3）比较各种事故工况与正常工况的数据，分析事故工况对运行参数的影响，并讨论应采取的调节措施。

（4）讨论并分析下列事故现场处置方案（原因分析、危害程度、应急处置与注意事项）：

①站内原油管线泄漏事故

②输油站长时间停电事故处置方案

③输油泵区火灾事故现场处置方案

④输油泵区原油泄漏事故现场处置方案

（5）讨论分析下列危险因素识别：

①储存输送介质危险因素识别

②管线危险因素识别

③站场设备危险因素识别

## 六、实验预习要求

（1）了解实验目的及主要内容。

（2）对照实验流程与实验装置，弄清管线走向，以及泵、阀门、压力传感器、流量计的实际位置。

（3）了解操作注意事项。

（4）需要记录及计算的数据有哪些？自行设计数据表格。

（5）设计全部实验程序，写出实验预习报告。

## 七、实验结束后的工作

实验结束后应进行以下操作：

- 应切断所有的电源；
- 检查和关闭所有离心泵和仪表的电源，检查和切断所有的水源；
- 检查和关闭各种阀门；
- 长时间不使用时应排尽所有的存水；
- 储水罐中的水可通过罐底阀排空；
- 排除环道中的水时，应首先打开环道和模拟泵站中所有的阀门，并关闭阀902，打开阀903，从此处排水；
- 当存水基本流尽后，关闭阀904，打开阀905，并将与之相接的软管与空气压缩机的出气口相连；

• 运行空气压缩机，缓缓打开其排气阀，保持一定的排气量，用压缩空气将环道中剩余的存水吹出，由于管道较长，该过程会持续较长时间，直至从阀903中排除的气中不含有水为止。

实训表8–14 《"从泵到泵"输油管线工艺异常工况实验》数据记录

| | 各站压力/kPa | | | | | | | | | | | |
|---|---|---|---|---|---|---|---|---|---|---|---|---|
| | 首站 | | | 2号泵站 | | | 3号泵站 | | | 4号泵站 | | |
| | 1号泵进 | 1号泵出 | $\Delta P_1$ | 1号泵进 | 1号泵出 | $\Delta P_2$ | 1号泵进 | 1号泵出 | $\Delta P_3$ | 1号泵进 | 1号泵出 | $\Delta P_4$ |
| 正常运行 | | | | | | | | | | | | |
| 中间站停运工况 | | | | | | | | | | | | |
| 泄漏工况 | | | | | | | | | | | | |
| 水击工况 | | | | | | | | | | | | |
| 堵塞工况 | | | | | | | | | | | | |

实训表8–15 《"从泵到泵"输油管线工艺异常工况实验》数据记录表

| 点次 | 各站流量 | | | |
|---|---|---|---|---|
| | 首站 | 2号泵站 | 3号泵站 | 4号泵站 |
| 中间站停运工况 | | | | |
| 泄漏工况 | | | | |
| 水击工况 | | | | |
| 堵塞工况 | | | | |

参加实验人员________________ 记录人________ 日期__________

## 第五节　自编实训项目

有兴趣的同学可根据以下资料设计并完成相关实验。

### 一、清管器收发演示实验

收发清管器实验段位于2号泵站和3号泵站之间的管段上，是一个旁通管段，在进行其他实验时可将其关闭。该管段的主要功能是用于演示在长距离输油管道的输油站内所设置的清管器收发筒的基本操作，并可观察到清管器在管道内的运动过程。为了更好地观察清管器的运动过程，该管段的管径为DN50，其中有两段2 m长的有机玻璃透明管段。在管段的两端分别设有清管器发球筒和清管器收球筒。收、发球筒的一端为1台DN50的不锈钢球阀，另一端为快开盲板，可通过专用扳手进行打开和关闭操作（实训图8–41）。

实训图8–41　收发清管器实验段结构示意图

在使用过程中请注意，收球筒和发球筒的外形稍有差别，主要在于进口阀的位置不同，应注意区别。通过实训图8–42和实训图8–43也可发现其中的差别。实训图8–42和实训图8–43中编号为4的阀门是收、发球筒前的通球球阀，为保证通球时不发生卡球的事故，操作该阀时应认真检查阀门是否处于完全打开和关闭的位置。

正常流动时，阀2、3、4关闭，阀1打开。当需要发送清管器时，应依次进行以下操作。另外，实训图8–42和实训图8–43的阀应同时进行操作。

- 检查并确认阀6已关闭；
- 先打开阀3，关闭阀1，使流程切换到清管器模拟段，等待液体充满管道；
- 打开5，装入清管器并尽量靠近前部，关闭5，认真检查是否安装到位；
- 打开2和4，使发球筒充压；
- 关闭3，观察清管器是否送出。

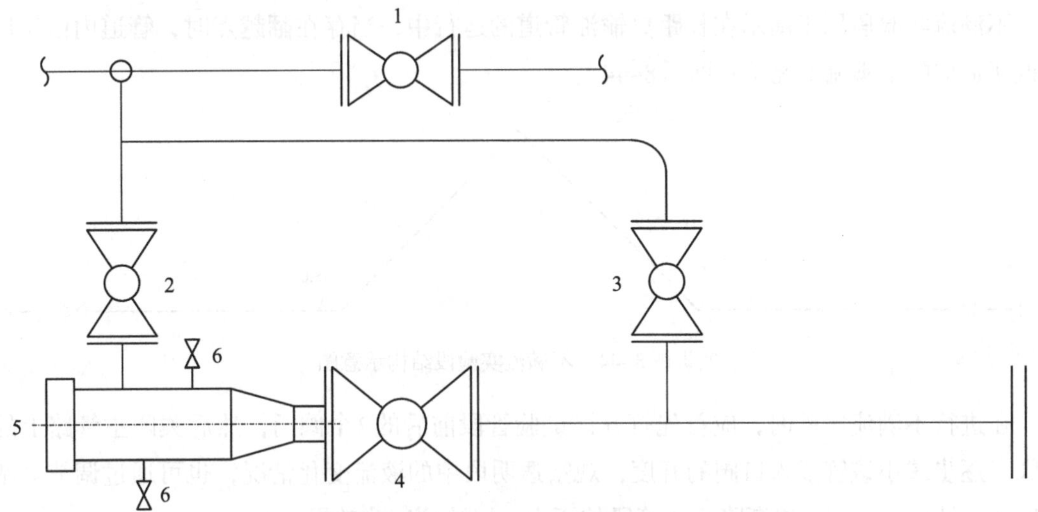


1—主管线流程切换阀；2—发球筒进口阀；3—发球筒旁通阀；
4—发球筒出口阀；5—快开盲板；6—发球筒排空阀。

实训图8–42　发球筒端设备示意图

当通过透明管段观察到清管器已到达接收筒时，可依以下步骤收取清管器。

- 打开阀3，关闭阀2和阀4，将流程切换到旁通流程；
- 缓慢打开阀6进行卸压和排液操作；
- 打开快开盲板5，取出清管器；
- 实验演示完成后，打开阀1，关闭阀3，将流程切换回正常流程（实训图8–43）。

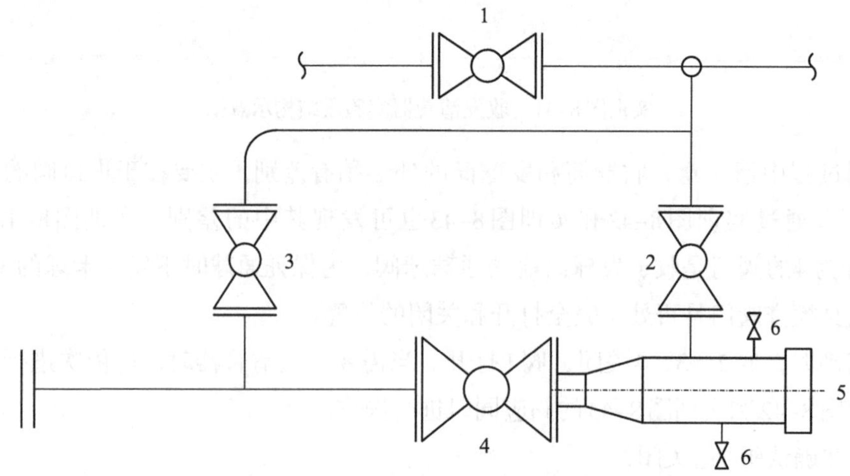


1—主管线流程切换阀；2—收球筒进口阀；3—收球筒旁通阀；
4—收球筒出口阀；5—快开盲板；6—收球筒排空阀。

实训图8-43　收球筒端设备示意图

## 二、不满流演示实验

不满流实验段用于演示在长距离输油管道的运行中，当存在翻越点时，管道内由于压力过低所造成的不满流工况（实训图8-44）。

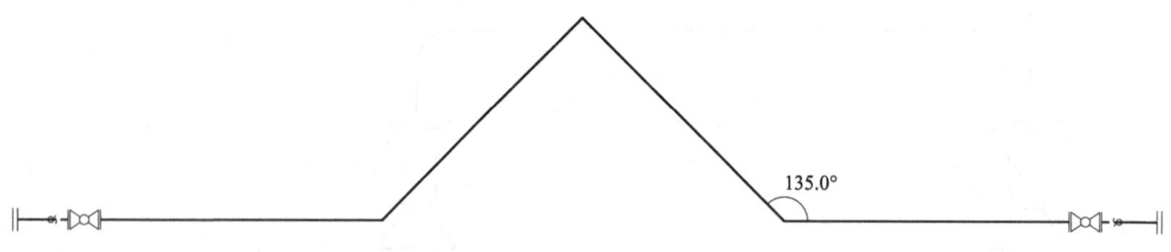


实训图8-44　不满流实验段结构示意图

在进行不满流实验时，应首先打开该试验管段前后的2个阀门，然后关闭主管路上的切换阀。逐步减小该管段入口阀的开度，观察透明段中的液流变化情况，也可通过调节本站的转速和出站压力调节阀逐渐降低该管段的压力，以达到实验效果。

# 参 考 文 献


[1] 潘晓梅．油气长距离管道输送[M]．北京：石油工业出版社，2017．

[2] 油气输送管道穿越工程设计规范：GB 50423—2013[S]．

[3] 张树文，陈振瑜．油气储运工程专业教学实验[M]．东营：中国石油大学出版社，2018．

[4] 陈利琼．油气储运安全技术与管理：第2版・富媒体[M]．北京：石油工业出版社，2022．

[5] 辛艳萍，丁玉波，马腾祥．油气集输：第二版・富媒体[M]．北京：石油工业出版社，2018．

[6] 戴静君，郭士军，田野．油气集输：第二版・富媒体[M]．北京：石油工业出版社，2021．

[7] 刘坤，王晓涛．油气储存与销售：第二版・富媒体[M]．北京：石油工业出版社，2019．

[8] 郭光臣．油库设计与管理[M]．东营：石油大学出版社，1994．

[9] 石油库设计规范：GB 50074—2014 [S]．

[10] 贾如磊，龚辉．油库工艺与设备[M]．北京：化学工业出版社，2012．

[11] 马秀让．油库安全技术与安全管理[M]．北京：石油工业出版社，2017．

[12] 张金亮，李小艳．油库设计与管理[M]．青岛：中国石油大学出版社，2021．

# 参考文献


[1] [illegible]

[2] [illegible]

[3] [illegible]

[4] [illegible]

[5] [illegible]

[6] [illegible]

[7] [illegible]

[8] [illegible]

[9] [illegible]

[10] [illegible]

[11] [illegible]

[12] [illegible]